核电工程质量通病防治手册

（土建篇）

中国核电工程有限公司工程管理部　编

中国原子能出版社

图书在版编目(CIP)数据

核电工程质量通病防治手册．土建篇/中国核电工程有限公司工程管理部编．—北京：中国原子能出版社，2013.12

ISBN 978-7-5022-6146-7

Ⅰ.①核… Ⅱ.①中… Ⅲ.①核电站—质量管理—手册②核电站—土木工程—质量管理—手册 Ⅳ.①TM623—62

中国版本图书馆 CIP 数据核字(2013)第 311502 号

内 容 简 介

本手册以在核电厂土建建设过程中出现的一些质量通病为示例，结合核电土建建筑工程的特点，列举了200余项质量通病项目。每项质量通病按照现象、产生原因、预防措施和治理方法进行编制。有的章节后面还按国家规范及行业标准的要求，列出了该工程项目的质量验收标准及检验方法，以供参考。

本书适合核电行业的管理人员和相关专业技术人员阅读。

核电工程质量通病防治手册(土建篇)

出版发行 中国原子能出版社(北京市海淀区阜成路 43 号 100048)

责任编辑 侯茸方

装帧设计 马世玉

责任校对 冯莲凤

责任印制 潘玉玲

印　　刷 保定市中画美凯印刷有限公司

经　　销 全国新华书店

开　　本 787mm×1092mm 1/16

印　　张 12.75

字　　数 335 千字

版　　次 2013 年 12 月第 1 版 2013 年 12 月第 1 次印刷

书　　号 ISBN 978-7-5022-6146-7 **定　价 65.00 元**

网址:http://www.aep.com.cn **E-mail:atomep123@126.com**

发行电话:010-68452845

核电工程质量通病防治手册

（土建篇）

编　著　者

杨子春　黄思伟　赵校波　刘　根　周连禹
连　军　王先培　季钊徐　张明皋　赵景发
余效义　张荣柱　詹作泰　曹白玉　王仁生
程秀玲　沈　兴　黄　辉　张塘生　陈尚锐
李敏华　王正宇　马　全　江方凯　杨德海
陈泽乐　任　愿　高　鹏　陈　玲　武　刚
何绍海　赵仲荣　陈　森　汪　虎　徐　威
徐　彪　马　建　阚海超　刘建木　周传心
蒋海珊

序　言

中国核电工程有限公司(China Nuclear Power Engineering Co.,Ltd.)是我国唯一具备核电、核化工、核燃料研发设计能力,专业配备最完整的工程公司,先后承接了福建福清核电工程、秦山核电扩建工程(方家山核电工程)、海南昌江核电工程、江苏田湾核电工程、辽宁徐大堡核电工程等核电项目及八二一厂放射性废物处理工程的总承包工作。

作为以研发设计为龙头,以工程总承包为核心的工程公司,工程管理能力建设是自中国核电工程有限公司成立以来关注的重点方向之一。尤其是在施二管理领域,为加强施工管理人才培养,认真总结中国核电工程有限公司在建核电二程建设实践经验,工程管理部组织了一批具有丰富实践经验的专业技术人员,编写了这套《核电工程质量通病防治手册》,分土建篇、安装篇两册分期出版。

希望这套书能为业界人士和相关专业技术、管理人员提供有益的帮助和借鉴,为我国核电工程建设专业管理者的成长作出贡献。

中国核电工程有限公司总经理

二〇一三年十一月

前 言

建筑工程质量通病是指建筑工程施工中经常发生的、普遍存在的一些工程质量问题。

当前，在核电项目建设过程中，尽管核电建设企业在加强管理、提高工程质量等方面取得了显著成绩，但是稍有不慎质量通病就会出现。究其原因，主要是某些施工环节由于施工环境、施工技术、施工设备、施工人员、施工材料等原因的不确定性，容易造成施工质量缺陷的发生。

本手册以在核电厂土建建设过程中出现的一些质量通病为示例，结合核电土建建筑工程的特点，参照《建筑工程质量通病防治手册》(第三版)而编制。全书共五章，列举了239项质量通病项目。每项质量通病按照现象、产生原因、预防措施和治理方法进行编制。有的章节后面，按国家规范及行业标准的要求，列出了该工程项目的质量验收标准及检验方法，以供参考。

本手册的编写得到了中国核电工程有限公司领导的支持和中国核工业第二二建设有限公司、中国核工业第二四建设有限公司、中国核工业华兴公司、中交第三航务工程局、中国核工业华东建设有限公司等单位的协助，在此表示衷心的感谢。

由于编者缺乏经验，又由于受时间、人力、编写人员水平和资料的限制，因此还存在不少缺点和遗漏之处，我们热诚地希望各位同仁将使用中发现的问题和意见随时告诉我们，以便今后补充修正。

中国核电工程有限公司副总经理

二〇一三年十一月

目　录

第一章
地基与基础工程

1 爆破工程

1.1 拒爆

1. 现象

拒爆，是指炮孔中的炸药、起爆雷管或起爆网路在起爆激发下，炮孔中的炸药、雷管未爆炸或起爆网路未被激发引爆的现象。

2. 原因分析

炸药等爆破器材质量不合格，或起爆网路被破坏，或起爆器发生故障。

3. 预防措施

1）在实施爆破作业前，检查炸药等爆破器材的质量，杜绝使用不合格的爆破器材；

2）起爆网路连接时，采用两人作业制度，一人连接起爆网路，另一人检查起爆网路；

3）进行装药、堵塞炮孔、覆盖爆破区域等工作时，注意保护炮孔中的起爆线路和起爆网路，避免造成破坏；

4）如果采用电起爆网路，起爆前，应对起爆网路进行导通检查；

5）保管好起爆器，防止受潮，起爆前，检查起爆器是否完好。

4. 治理方法

一旦出现拒爆，工程爆破技术人员必须在现场找出发生拒爆的原因，针对此原因，采取相应措施。

1）如果是炮孔中的炸药和起爆雷管不合格，可在不小于10倍炮孔直径的地方重新设置与原炮孔平行的炮孔，重新装填炸药爆破，爆破后，将未爆炸的炸药和雷管收集销毁；

2）如果是起爆网路的连接线不合格或起爆网路被破坏，可采用合格的连接线重新连接起爆网路，重新起爆；

3）如果是起爆雷管质量不合格，可将炮孔中的堵塞物掏出，采用聚能炸药包诱爆炮孔中的炸药；

4）出现拒爆后：

若爆破网路未破坏，且深孔爆破最小抵抗线无变化，可确定采用重新连线起爆的方法；

若爆破网路未破坏，但最小抵抗线有变化，应验算安全距离，确定采用加大警戒范围后再连线起爆的方法；

若爆破网路破坏，采取打平行孔装药爆破的方法处理；

浅孔爆破可用木、竹工具，轻轻地将炮孔内填塞物掏出，用药包诱爆；也可在安全地点外用远距离操纵的风水喷管吹出盲炮填塞物及炸药，但应回收雷管。

5）如果炮孔内的炸药是不防水的硝铵炸药，且炮孔穿越岩体完整，不漏水，可向炮孔中注水，使炸药失效，然后再进行处理。

6）如果是起爆器出现故障，应更换起爆器，重新起爆。

1.2 早爆

1. 现象

雷电、或点火、或通电引爆炸药时，出现药包比预定时间提前爆炸的现象。

2. 原因分析

1）导火索燃速不稳定，或采用了不同燃速的导火索，燃速快的就早爆；

2）不同厂家生产的电雷管混用，易点燃的雷管先爆；

3）电起爆网路中雷管分组不均，易引起电流分配不均，雷管数少的组因电流充足而先爆；

4）爆破区域存在杂散电流、静电、感应电或高频电磁波等，引起电雷管早爆；

5）爆破作业过程中，雷电直接击中爆破区域内的雷管和炸药，引起早爆。

3. 预防措施

1）选择燃烧速度稳定的导火索进行爆破；

2）在同一电起爆网路中，选用同厂、同批、同型号的电雷管；

3）电起爆网路设计尽量使电雷管分组均匀，使各组电流基本一致；

4）用电设备较复杂的场所，应对爆破范围的杂散电流进行检测，有可能引起早爆的改用导爆索、导爆管雷管、火雷管起爆；

5）避免在雷雨天气进行爆破作业。

4. 治理方法

按照上述预防措施，严格要求后续爆破作业。

1.3 爆破超挖

1. 现象

采用爆破方法开挖基岩时，基坑周边或基坑底板、厂址场地基岩超出设计开挖范围的现象，如图 1-3-1、图 1-3-2 所示。

图 1-3-1　爆破超挖（一）

图 1-3-2　爆破超挖（二）

2. 原因分析

1）基岩是非连续匀质岩体，岩体中存在大量的节理、层理、裂隙；

2）爆破施工时，炮孔深度偏大，炮孔位置偏差；

3）爆破施工时，装药结构不合理，炸药单耗偏大；

4）炮孔堵塞长度偏大。

3. 预防措施

1）了解岩体的力学性能和工程地质条件，精心施工，控制好炮孔的位置和深度；

2）选择合适的炸药单耗，采用合理的装药结构；控制合理的堵塞长度和最小抵抗线；

3）基坑四周采用预裂爆破技术或光面爆破技术；

4）在炮孔底部采用柔性材料防护，避免炸药直接接触基岩。

4. 治理方法

1）如果是基坑底板爆破超挖，根据建筑物的重要程度，可采用碎石填平找齐或采用一定强度等级的混凝土填平找齐；

2）如果是基坑四周爆破超挖，可根据基坑四周岩体的完整性、边坡稳定性、暴露时间的长短，采用喷射一定强度等级的混凝土填平找齐，或基坑建筑物完工后对基坑进行回填时，采用符合要求的回填料回填。

1.4　爆破欠挖

1. 现象

指采用爆破方法开挖基岩时，基坑周边或基坑底板、厂址场地基岩未达到设计开挖范围的现象，如图 1-4-1 所示。

2. 原因分析

1）基岩是非连续匀质岩体，岩体中存在大量的节理、层理、裂隙；

2）爆破施工时，炮孔深度偏小，炮孔位置偏差，炮孔位于设计轮廓线以内；

3）爆破施工时，炸药单耗偏小；炮孔堵塞长度偏小。

图 1-4-1　爆破欠挖

3. 预防措施

1）了解岩体的力学性能和工程地质条件，精心施工，控制好炮孔的位置和深度；

2）选择合适的炸药单耗；

3）控制合理的堵塞长度和最小抵抗线；

4）基坑四周采用预裂爆破技术或光面爆破技术，在具备条件的地方，基坑底板采用水平预裂爆破技术。

4. 治理方法

1）爆破欠挖，可采用反铲挖掘机改装的液压破碎锤进行机械凿除或人工凿除；

2）采用浅眼爆破的方法爆破找平。

1.5　爆破飞石

1. 现象

爆破作业过程中，起爆后，在爆破作用下，岩体破碎、抛掷，绝大部分堆积在爆破设计范围以内，极少数石块在爆轰产物作用下飞出爆破设计范围以外的现象。

2. 原因分析

1）岩体存在夹层、破碎带等软弱带，或孔壁上裂缝较多，造成漏气，使最小抵抗线变小；

2）炮孔偏差，导致最小抵抗线变小；

3）堵塞长度偏小，堵塞质量差，使爆炸气体从孔口冲出；

4）炸药单耗偏大；

5）炮孔起爆顺序发生改变。

3. 预防措施

1）了解爆破区域岩体的力学性能和工程地质条件，精心施工，控制好炮孔的位置，确保最小抵抗线符合爆破设计要求；

2）炮孔施工过程中，发现岩体存在夹层、破碎带等软弱带时，可改变装药结构，或软弱带内不装炸药；

3）爆破设计时，根据岩体强度、节理、层理、裂隙发育程度，选择合适的炸药单耗；

4）爆破施工中，控制合理的堵塞长度，保证炮孔堵塞质量；

5）爆破设计时，精心选择各炮孔的起爆时间间隔，控制好炮孔的起爆顺序；

6）根据被保护对象的重要程度和爆破地点距离被保护对象的远近，可采取对炮孔覆盖；

7）对整个爆破区域进行覆盖；或对被保护对象进行围挡，进行近体防护。

4. 治理方法

按照上述预防措施，严格要求后续爆破作业。

1.6 冲天炮

1. 现象

冲天炮是起爆后，岩体破坏，形成许多石块，随爆破气体一起冲向天空中，形成“天女散花”的现象。

2. 原因分析

1）最小抵抗线(或排距)很大；或炮孔装药高度过高；

2）起爆顺序发生变化，导致后排炮孔比前排炮孔先起爆。

3. 预防措施

1）爆破施工过程中，在装药前，检查炮孔的最小抵抗线和炮孔排距，发现与设计的最小抵抗线和炮孔排距偏差很大时，可在相邻两排炮孔之间增加辅助炮孔，减小可能产生冲天炮的炮孔最小抵抗线；

2）施工过程中，应严格控制各炮孔的装药高度，不得超出炮孔设计装药高度；

3）爆破设计时，精心选择各炮孔的起爆时间间隔，控制好炮孔的起爆顺序；

4）爆破施工中，起爆网路连接必须符合设计要求。特别是采用孔外延期起爆网路时，应认真、仔细地检查孔外延期雷管是否与设计一致。

4. 治理方法

按照上述预防措施，严格要求后续爆破作业。

1.7 爆破石块粒径过大

1. 现象

爆破石块粒径过大，是在爆破作用下，岩体破坏形成许多石块，少量石块的粒径大于爆破设计要求的现象，如图 1-7-1 所示。

2. 原因分析

1）岩体存在夹层、破碎带等软弱带；

2）岩体存在节理、层理、裂隙；

3）炸药单耗偏小；或堵塞长度过大，破碎力度不够；

4）装药结构不合理；或最后一排炮孔爆破后，石块从母岩中分离。

图 1-7-1　爆破石块粒径过大

3. 预防措施

1）在岩体存在夹层、破碎带等软弱带和岩体存在节理、层理、裂隙改变装药结构，在岩体完整性好的部位采用爆力大、猛度大炸药；

2）根据岩体强度和完整性选择合适的炸药单耗；

3）确定合适的堵塞长度或采用分段装药结构，适当减少最后一排炮孔的排距和延期时间。

4. 治理方法

采用液压油锤将爆破石块粒径过大的石块二次解体，或采用浅孔爆破方法将爆破石块粒径过大的石块二次解体。

1.8　爆破基岩面不平整

1. 现象

爆破开挖后，基坑底板或基坑四周边坡侧面凸凹不平超出设计要求或超出有关施工规范要求的现象，如图 1-8-1 所示。

2. 原因分析

1）岩体存在夹层、破碎带等软弱带；

2）岩体存在节理、层理、裂隙；或炮孔底部高程不一致。

图 1-8-1　爆破基岩面不平整

3. 预防措施

1）在岩体存在夹层、破碎带等软弱带和岩体存在节理、层理、裂隙的炮孔底部选用柔性材料进行防护，选用爆力小、猛度小的炸药；

2）发现炮孔超深时，在装药前，采用砂土回填至设计高程；

3）发现炮孔深度不够时，重新钻孔至设计高程。

4. 治理方法

根据建筑物和构筑物对基岩面的要求，采用碎石或一定强度的混凝土回填至设计高程。

1.9　爆破基岩面产生有害裂缝

1. 现象

爆破基岩面产生有害裂缝，是爆破开挖后，基坑底板或基坑四周边坡侧面在爆破作用下，使原有的节理、层理、裂隙发展成较大的裂缝，并对基岩产生危害的现象，如图 1-9-1 所示。

2. 原因分析

1）爆破基岩面附近岩体存在节理、层理、裂隙；爆破基岩面处使用的炸药猛度过大，爆力过大；

2）炸药单耗过大。

3. 预防措施

在爆破基岩面附近选用猛度和爆力合适的炸药，在炮孔底部采用柔性材料，避免炸药直接与基岩面接触，选用合适的炸药单耗。

4. 治理方法

采用人工沿有害裂缝撬开松动岩石，采用灌浆方法灌实基岩面的有害裂缝。

图 1-9-1　爆破基岩面产生有害裂缝

1.10　石质边坡失稳

1. 现象

石质边坡失稳是爆破开挖后，基坑四周边坡局部地段的岩体从母岩中分离、发生滑塌的现象，如图 1-10-1 所示。

2. 原因分析

1）边坡岩体存在较大断层，或存在较大的节理面、裂隙发育；

2）在爆破作用下，使边坡岩体破坏；或边坡太陡，边坡上部载荷过大。

3. 预防措施

1）采用光面爆破或预裂爆破技术，减少爆破对边坡岩体的破坏，选择合适的边坡坡面角；

2）在边坡 1.5 m 以内不得堆放物体；

3）边坡形成后，发现有边坡岩体存在较大断层，或存在较大的节理面、裂隙发育，可采用锚杆、钢筋网片加喷射混凝土支护。

图 1-10-1　石质边坡失稳

4. 治理方法

根据边坡的高度和坡度，可采用爆破方法减缓边坡；或采用锚杆、钢筋网片加喷射混凝土支护边坡。

1.11　爆破对临近建筑物和构筑物破坏

1. 现象

爆破对临近建筑物和构筑物破坏，是在爆破施工过程中，由于爆破作用，形成爆破飞石、空气冲击波、爆破振动，由其对临近建筑物和构筑物造成破坏的现象。

2. 原因分析

1）岩体存在夹层、破碎带等软弱带，使最小抵抗线变小；

2）炮孔偏差，导致最小抵抗线变小；或堵塞长度偏小，堵塞质量差；或炸药单耗偏大；

3）炮孔起爆顺序发生改变；

4）最大段装药量过大，最小抵抗线过大，炮孔超深过大。

3. 预防措施

1）了解爆破区域岩体的力学性能和工程地质条件，精心施工，控制好炮孔的位置，确保最小抵抗线符合爆破设计要求；

2）炮孔施工过程中，发现岩体存在夹层、破碎带等软弱带或溶洞、空洞时，可改变装药结构，或软弱带内不装炸药；

3）爆破设计时，根据岩体强度、节理、层理、裂隙发育程度，选择合适的炸药单耗；

4）爆破施工中，控制合理的堵塞长度和保证炮孔堵塞质量；爆破设计时，精心选择各炮孔的起爆时间间隔，控制好炮孔的起爆顺序；

5）采用微差爆破技术，控制最大段的装药量；选择合理的最小抵抗线和炮孔超深；

6）在爆破区域与保护对象之间采用预裂爆破；在爆破区域与保护对象之间挖减震沟；

7）根据被保护对象的重要程度和爆破地点距离被保护对象的远近，可采取对炮孔覆盖；

8）对整个爆破区域进行覆盖；或对被保护对象进行围挡，进行近体防护；

9）爆破前，将保护对象的门窗打开，保持室内气压平衡；避免在阴雨天气、气压较低的天气进行爆破作业。

4. 治理方法

1）因爆破飞石对建筑物和构筑物破坏，可对破坏部位进行更换修补；

2）因爆破冲击波对建筑物和构筑物门窗破坏，可更换门窗；

3）因爆破地震效应造成建筑物和构筑物破坏，可根据破坏程度，对裂缝进行加固修补，或拆除重建。

附　录

表 1-11-1　爆破振动安全允许标准

序号	保护对象类别	安全允许振速/(cm/s)		
		<10 Hz	10～50 Hz	50～100 Hz
1	土窑洞、土坯房、毛石房屋	0.5～1.0	0.7～1.2	1.1～1.5
2	一般砖房、非抗震的大型砌块建筑物1)	2.0～2.5	2.3～2.8	2.7～3.0
3	钢筋混凝土结构房屋1)	3.0～4.0	3.5～4.5	4.2～5.0
4	一般古建筑与古迹2)	0.1～0.3	0.2～0.4	0.3～0.5
5	水工隧道3)	7～15		
6	交通隧道3)	10～20		
7	矿山巷道3)	15～30		
8	水电站及发电厂中心控制室设备	0.5		
9	新浇大体积混凝土4)： 龄期：初凝～3 d 龄期：3～7 d 龄期：7～28 d	 2.0～3.0 3.0～7.0 7.0～12		

注：1. 表中频率为主振频率，系指最大振幅所对应波的频率。

2. 频率范围可根据类似工程或现场实测波形选取。选取频率时亦可参考下列数据：硐室爆破<20 Hz；深孔爆破 10～60 Hz；浅孔爆破 40～100 Hz。

1）选取建筑物安全允许振速时，应综合考虑建筑物的重要性、建筑质量、新旧程度、自振频率、地基条件等因素。

2）省级以上（含省级）重点保护古建筑与古迹的安全允许振速，应经专家论证选取，并报相应文物管理部门批准。

3）选取隧道、巷道安全允许振速时，应综合考虑构筑物的重要性、围岩状况、断面大小、深埋大小、爆源方向、地震振动频率等因素。

4）非挡水新浇大体积混凝土的安全允许振速，可按本表给出的上限值选取。

2 土方工程

2.1 挖方边坡塌方

1. 现象

挖方边坡塌方，是在土方开挖过程中，或土方开挖后，边坡土方局部或大面积塌陷或滑塌的现象，如图 2-1-1 所示。

2. 原因分析

1）基坑（槽）开挖较深，边坡坡度不够，边坡过陡；

2）在有地表水、地下水作用的土层开挖基坑（槽），未采取有效降排水措施，由于水的影响，土体湿化，内聚力降低，失去稳定性而引起塌方；

3）边坡上方堆放物品，荷载过大或受外力震动影响，使边坡土体内剪切应力增大，土体失去稳定而导致塌方；或土质松软，开挖次序、方法不当而造成塌方。

图 2-1-1 挖方边坡塌方

3. 预防措施

1）根据不同土层土质情况采取用适当的挖方坡度；

2）做好地面排水措施，基坑开挖范围内有地下水时，采取降水措施，将水位降至基底以下 0.5 m；

3）严禁在基坑边坡坡顶 1～2 m 范围边坡顶部弃土、堆放物品，土方开挖应自上而下分段分层依次进行；

4）随时做成一定坡度，以利泄水；

5）避免先挖坡脚，造成坡体失稳；

6）相邻基坑（槽）开挖，应遵循先深后浅或同时进行的施工顺序。

4. 治理方法

1）如果在土方开挖过程中，开挖工作面塌方，可自上而下清理塌方，使工作面的边坡坡度变缓，同时减小开挖高度；

2）如果土方边坡存在时间较长，可将坡脚塌方清除，减缓边坡坡度，使边坡坡面角小于土体自然安息角，当坡面角大于土体自然安息角时，可设置挡土墙、堆装土草袋、设支撑护墙等做临时性支护措施；

3）如果土方边坡为永久性边坡，将塌方清除后，可在边坡坡脚设置挡土墙，将塌方土体夯实，对土质边坡采用浆砌片石护坡或将浆砌块石骨架，骨架内绿化护坡，或采用土层锚杆护坡；

4）根据土层的物理力学性质确定基坑边坡坡度，并于不同土层处做成折线形边坡或留设台阶。

2.2 挖方边坡滑坡

1. 现象

滑坡是指斜坡上的土体或者岩石体，受河流或地表水冲刷、地下水活动、地震及人工切坡等因素影响，在重力作用下，沿着一定的软弱面或者软弱带，整体地或者分散地顺坡向下滑动的现象，俗称“走山”“垮山”“地滑”“土溜”等，如图 2-2-1 所示。

2. 原因分析

1）地表水冲刷或沿与地表贯通的裂隙、岩层破碎带渗入；地下水进入岩层破碎带；

2）地震等作用；

3）人工开挖后边坡角大于土体或岩体的自然安息角（即边坡过陡）；

4）由于爆破作用，使边坡附近岩体破坏；

5）断层、节理、裂隙切割边坡。

图 2-2-1　挖方边坡滑坡

3. 预防措施

1）将边坡坡度放缓，使边坡坡面角小于土体或岩石体的自然安息角，保持边坡的自然稳定；

2）在滑坡前，边坡上方设置截水沟，对土质边坡，在边坡坡脚设置挡土墙，将塌方土体夯实，对土质边坡，采用浆砌片石护坡或将浆砌块石骨架，骨架内绿化护坡，或采用土层锚杆护坡；

3）对石质边坡采用锚杆支护、喷射混凝土防护、喷锚联合支护等措施来保护。

4. 治理方法

1）边坡滑坡后，根据现场实际情况，自上而下逐级清理滑坡体，滑坡体清理完成后，视情况在边坡上方设置截水沟，防止地表水进入，在边坡上施工水平钻孔疏干，或垂直孔排水，或竖井抽水，或隧洞疏干，或支撑盲沟将地表水排出；

2）对土质边坡，在边坡坡脚设置挡土墙，将塌方土体夯实，对土质边坡，采用浆砌片石护坡或将浆砌块石骨架，骨架内绿化护坡，或采用土层锚杆护坡；

3）对石质边坡采用锚杆支护、喷射混凝土防护、喷锚联合支护、固结灌浆或电化学加固法加强边坡岩体或土体的强度、SNS 边坡柔性防护技术（见图 2-2-2）等来保护边坡。

图 2-2-2　SNS 边坡柔性防护

2.3　挖方基坑底板超挖

1. 现象

挖方基坑底板超挖，是在土方基坑开挖后，基坑底板高程超出设计要求或相关施工规范要求的现象。

2. 原因分析

1）施工过程中，高程测量错误；

2）施工过程中，采用机械开挖一次到位，从而造成基坑底板超挖；

3）施工期间，使基坑积水、浸泡，从而将浸泡土层挖除。

3. 预防措施

1）施工过程中，及时检查测量结果，控制底板高程；采用机械开挖时，预留 200 mm 采用人工开挖；

2）在基坑开挖前，在基坑四周地表设置截水沟，配置水泵，一旦出现积水立即抽水排干。

4. 治理方法

1）基坑超挖后，根据建筑物的重要程度和设计地基承载力要求，可采用级配碎石回填至设计高程；

2）采用一定强度素混凝土回填至设计高程。

附　录

表 2-3-1　土方开挖工程质量检验标准　　单位：mm

项目类型	序号	项目名称	允许偏差或允许值					检验方法
			柱基基坑基槽	挖方场地平整		管沟	地（路）面基层	
				人工	机械			
主控项目	1	标高	−50	±30	±50	−50	−50	水准仪
	2	长度、宽度（由设计中心线向两边量）	150	+300　−100	+500　−150	100		经纬仪，用钢尺量
	3	边坡	设计要求					观察或用坡度尺检查
一般项目	1	表面平整度	20	20	50	20	20	用 2 m 靠尺和楔形塞尺检查
	2	基底土性	设计要求					观察或土样分析

注：地（路）面基层的偏差只适用于直接在挖、填方上做地（路）面的基层。

2.4　填方边坡塌方

1. 现象

填方边坡塌方，是在填筑区域进行填筑施工过程中或施工完成后，填筑边坡发生开裂、边坡土体外移的现象，如图 2-4-1 所示。

2. 原因分析

1）原地面坡度较陡，填筑前，没有清理原地面的腐殖土，没有将原地面修筑成台阶状；

2）人工边坡形成后边坡坡度大；或人工边坡支护不当，不足以抵挡填筑区域填方土体的侧压力；

3）人工边坡不密实。

图 2-4-1　填方边坡塌方

3. 预防措施

1）在填筑前，清理原地面的腐殖土，如果原地面坡度较陡，应将原地面修筑成台阶状，台阶宽度为 500 mm 以上，同时将填筑料分层压实；

2）对填方边坡进行护坡，填方边坡的支护应由设计确定支护形式和支护结构，施工单位严格按设计要求施工；

3）填方边坡坡度不宜设置过陡，并将填方边坡压实，根据填筑高度设置平台。

4. 治理方法

1）可将塌方地段边界外 5 m 范围内的土体挖除，使原地面形成台阶，再用填筑料分层填筑压实，减缓填筑人工边坡坡度，重新恢复边坡支护；

2）按原人工边坡恢复填筑，重新加强边坡支护，使加固后的边坡支护足够阻挡人工边坡土体的侧压力。

2.5　填方下陷

1. 现象

填方下陷，是在填筑区域进行填筑施工过程中或施工完成后，填筑区域内填筑料开裂、不均匀下沉的现象。

2. 原因分析

1）填筑区的地基承载力差；

2）填筑料级配不符合填筑技术要求；

3）填筑料未压密实；

4）填方区域未经过自然沉降。

3. 预防措施

1）在填筑前，将原地面的腐殖土挖除，并进行压实或采用塑料排水板固结，提高地基承载力；

2）选用符合填筑要求的填筑料进行分层填筑，分层压实；

3）对填筑区域进行自然沉降或对填筑区域进行堆载预压。

4. 治理方法

1）如果是由于填筑料级配不合格造成的下陷，应将不合格的填筑料挖除，采用合格的填筑料分层填筑，分层压实；

2）如果是由于填筑材料未压实或填方区域未经过自然沉降造成的下陷，应将下陷区域挖开，分层压实；或采用强夯；或堆载预压。

2.6　填方区域底板超高

1. 现象

填方区域底板超高，是在填筑区域进行填筑施工过程中或施工完成后，填筑区域局部地方或填筑区域的高程超出设计高程的现象。

2. 原因分析

1）填筑过程中，高程测量错误；

2）填筑施工，填筑层厚度大，对压实系数估计偏差；或压实没有达到设计要求。

3. 预防措施

1）施工过程中，及时检查测量结果，控制底板高程；通过现场测定压实系数，利用此压实系数估算填筑层厚度；

2）及时检查压实系数是否达到设计要求。

4. 治理方法

将超出填筑区域底板高程以上填筑料挖除，并按要求压实；如果是由于未压实造成的底板超高，应重新压实。

2.7 填方区弹簧土

1. 现象

弹簧土是指因土的含水量高于达到规定压实度所需要的含水量而无法压实的黏性土体；当地基是黏性土，且含水量较大，趋于饱和时，夯打后地基踩上去有一种颤动的感觉，故名为弹簧土。弹簧土也叫橡皮土。

2. 原因分析

填筑施工时，选土不当，土方含水量过大。

3. 预防措施

1）夯（压）实填土时，应适当控制填土的含水量，土的最优含水量应通过击实试验确定；

2）严禁采用透水性不同的土杂填；开沟排水。

4. 治理方法

1）对弹簧土部位挖开翻晒、降低土方含水量，使之达到最佳含水量范围，重新分层压实；

2）换土填筑，压实；

3）赶工期时可加石灰碾压；

4）铺碎石或打石桩；

5）掺灰土吸水等。

2.8 填方区密实度达不到要求

1. 现象

填方区密实度达不到要求，是填筑区域在填筑过程中或填筑后，填方密实度不符合设计要求的现象。

2. 原因分析

1）填筑料级配不符合填筑技术要求；

2）填筑料未压密实；填筑料含水量过大或过小；

3）碾压或夯实机具能量不够，达不到影响深度要求，使密实度降低；填土厚度过大或压（夯）实遍数不够；机械碾压行驶速度太快。

3. 预防措施

1）选用符合填筑要求的填筑料进行分层填筑，分层压实；

2）减少分层厚度；或选用大型碾压设备；使填筑材料保持在最佳含水量的范围；

3）采用强夯。

4. 治理方法

1）如果是由于填筑料级配不合格造成的密实度达不到要求，应将不合格的填筑料挖除，采用合格的填筑料分层填筑，分层压实；

2）如果是由于填筑材料未压实或填方区域未经过自然沉降造成的，应将下陷区域挖开，分层压实，或采用强夯；

3）如果是由于填筑料含水量过大造成的，可翻晒，或增加含水量小的填筑料，使填筑料达到最佳含水量，分层压实填筑；

4）如果是由于填筑料含水量过小造成的，可适量洒水，或增加含水量大的填筑料，使填筑料达到最佳含水量，分层压实填筑。

2.9　基坑回填土沉陷

1. 现象

基坑回填土沉陷，是位于建筑物或构筑物基础外墙与基坑四周范围内的回填土出现下沉、开裂的现象。

2. 原因分析

1）回填料不合格；

2）回填土方未压实；

3）回填土方分层厚度过大；

4）未分层回填；

5）基槽宽度较窄，采用手夯回填夯实，未达到要求的密实度。

3. 预防措施

选择合格的回填料，分层回填，控制合理的回填厚度，采用机械碾压密实，机械碾压不到的部位，采用人工夯实并减小每层虚铺厚度。

4. 治理方法

将基坑回填土沉陷部位外 2 m 范围的回填料挖除，采用符合回填设计要求的回填料、分层回填、分层压实。

2.10　基础墙体被挤动变形

1. 现象

基础墙体被挤动变形，是夯实填筑基础墙两侧土方或用推土机送土时，将基础、墙体挤动变形，造成基础墙体裂缝、破裂，轴线偏移，严重地影响墙体受力性能的现象。

2. 产生原因

1）回填土时只填墙体一侧，或用机械单侧推土压实，基础、墙体在一侧受到土的较大侧压力而被挤动变形；

2）墙体两侧回填土设计标高相差悬殊（如暖气沟、室内外标高差较大的外墙），只在单侧夯填土，墙体受到侧压力作用；

3）在基础墙体一侧临时堆土，堆放材料、设备或行走重型机械，造成单侧受力使墙体变形。

3. 预防措施

1）基础两侧用细土同时分居回填夯实，使受力平衡。两侧填土高差控制不超过 300 mm；

2）如遇暖气沟或室内外回填标高相差较大，回填土时可在另一侧临时加木支撑顶牢；

3）基础墙体施工完毕，达到一定强度后再进行回填土施工；

4）防止在单侧临时大量堆土或材料、设备，以及行走重型机械设备。

4. 治理方法

基础墙体开裂、变形、轴线偏移等严重影响结构受力性能的质量事故，会同设计部门，根据具体损坏情况，可采取如填塞缝隙、加围护套等加固措施进行处理，或将基础墙体局部或大部分拆除、重新砌筑。

2.11　地基扰动

1. 现象

地基扰动，是基坑挖好后，地基土表层局部或大部分出现松动、浸泡等情况，使原来的土体结构遭到破坏，造成承载力降低、基土下沉的现象。

2. 原因分析

1）基坑挖好后，未及时浇筑垫层进行下道工序施工，施工机械及车辆在基土上行走，造成扰动；

2）地基被长时间曝晒、失水；

3）冬期施工，地基表层受冻胀；

4）基坑周围未做好排水降水措施，被雨水、地表水或地下水浸泡。

3. 预防措施

1）基坑挖好后，立即浇筑混凝土垫层保护地基；

2）不能立即进行下道工序施工时，应预留一层100～200 mm厚土层不挖，待下道工序开始再挖至设计标高；

3）机械开挖应由深而浅，基底应预留一层厚度为200 mm的土层，用人工清理找平，以避免超挖和基底土遭受扰动；

4）基坑挖好后，避免在基土上行驶施工机械和车辆或大量堆放材料；

5）必要时，应铺设路基箱或垫道木保护；基坑四周应做好排水、降水措施，降水工作应持续到基坑回填土完毕；

6）下雨期间施工时，基坑应挖好一段，浇筑一段垫层，并在基坑周围筑土堤或挖排水沟，以防地面雨水流入基坑（槽），浸泡地基；

7）冬季期间施工时，如基坑不能立即浇筑垫层，应在表面进行适当覆盖保温，防止受冻。

4. 治理方法

已被扰动的地基土，可根据具体情况采取原土碾压、夯实，或填碎石、小块石夯实。对扰动较严重的土方，采用3∶7或2∶8灰土或砂砾石回填夯实，或换去松散土层，加深基础；或局部扰动可挖去松散土，用砂石填补夯实。

2.12　基坑泡水

1. 现象

基坑泡水，是基坑（槽）开挖后，地基土被水浸泡，造成地基松软，承载力降低，地基下沉的现象，如图2-12-1所示。

图2-12-1　基坑泡水

2. 原因分析

1）开挖基坑未设排水沟或挡水堤，地面水流入基坑；

2）在地下水位以下挖土，无降排水措施，水位未降至基底开挖面以下；

3）施工中未连续降水，或停电影响。

3. 预防措施

1）开挖基坑(槽)周围应设排水沟或挡水堤，防止地面水流入基坑(槽)内；开挖土方、放坡时，坡顶和坡脚至排水沟均应保持一定距离，一般为 0.5～1.0 m；

2）在潜水层内开挖基坑(槽)时，根据水位高度、潜水层厚度和涌水量，在潜水层标高最低点设置排水沟和集水井，防止流入基坑；

3）在地下水位以下挖土，应在开挖标高坡脚设排水沟和集水井，并使开挖面、排水沟和集水井的深度始终保持一定差值，使地下水位降低至开挖面以下不少于 0.5 m；

4）当基坑深度较大，地下水位较高以及多层土中上部有透水性较强的土，或虽为同一种土，但上部地下水较旺时，应采取分层明沟排水法，在基坑边坡上再设 1～2 层明沟，分层排除地下水；

5）基坑(槽)除明沟排水以外，还可采用井点降水方法，将地下水位降至基坑(槽)底标高以下 500 mm 再开挖；

6）施工中保持连续降水，直至基坑(槽)回填完毕。

4. 治理方法

1）已被水淹泡的基坑(槽)，应立即检查排、降水设施，疏通排水沟，并采取措施将水引走、排净；

2）对已设置截水沟而仍有小股水冲刷边坡和坡脚时，可将边坡挖成阶梯形，或用编织袋装土护坡将水排除，使坡脚保持稳定；

3）已被水浸泡扰动的土，可根据具体情况，采取排水晾晒后夯实，或抛填碎石、小块石夯实；换土(3∶7 或 2∶8 灰土)夯实；或挖去淤泥加深基础等措施处理。

附　录

表 2-12-1　土方回填分层厚度和压实遍数

压实机具	分层厚度/mm	每层压实遍数
平碾	250～300	6～8
振动压实机	250～350	3～4
柴油打夯机	200～250	3～4
人工打夯	＜200	3～4

3　桩基工程

3.1　预应力管桩桩身断裂

1. 现象

预应力管桩在施工过程中发生桩身断裂的现象。

2. 原因分析

1）桩身在施工过程中出现较大弯曲，在集中荷载作用下，超过桩身抗弯强度而断裂；

2）压应力大于桩身混凝土抗压强度，桩身混凝土发生破碎；

3）制作桩的水泥标号不符合要求，砂、石中含泥量大，石子中有大量碎屑，使桩身局部强度不够，施工时在该处断裂；

4）桩在起吊、堆放、运输过程中，产生裂纹或断裂；

5）沉桩倾斜导致施工偏压产生，造成桩身断裂。

3. 预防措施

1）控制桩的长细比不宜过大，一般不超过 30；

2）在初沉桩过程中，如果发现桩身不垂直应及时纠正；

3）接桩时，要保证上下两节桩在同一直线上；

4）桩在起吊、堆放、运输过程中，应严格按照有关规范和操作规程执行；

5）普通预制桩经蒸压达到要求强度后，宜在自然条件下再养护一个月，以提高桩的后期强度。

4. 治理方法

当施工过程中出现桩身断裂时，应停工，会同设计人员研究处理方法。应根据工程地质条件、上部荷载及所处的结构部位，采取补桩的方法。

3.2　预应力管桩达不到设计要求

1. 现象

预应力管桩在施工过程中出现外形尺寸、长细比、钢筋保护层厚度、桩身强度等达不到设计要求的情况。

2. 原因分析

1）预应力管桩在进行模板加工时误差太大或模板拼装完成后加固不牢造成外形尺寸不合格，出现偏心、长细比增大等情况，致使在沉桩过程中出现断桩、桩身倾斜等情况；

2）钢筋绑扎时制作保护层垫块尺寸偏差过大，造成保护层厚度达不到设计要求；

3）桩身强度设计不合理；

4）配制混凝土没有严格按照设计配合比进行。

3. 预防措施

1）严格按照国家相关标准控制模板安装偏差；

2）增强模板加固措施，保证浇筑混凝土不会发生涨模等情况；

3）按照设计钢筋保护层要求和国家相关标准严格控制混凝土垫块尺寸偏差；

4）若出现设计不合理的情况应根据现场实际情况重新进行设计；

5）配制混凝土时必须严格按照设计要求进行，且应先制作样品，合格后方可大批量生产。

4. 治理方法

严格按照设计要求、相关国家规范重新制作管桩样品，待成品养护完成后测定强度，若不合格，应将情况报送至项目的业主部门、监理机构，再组织相关的技术、设计、施工、管理人员加以分析、研究，同时制定完整、可行的处理方案。

3.3　预应力管桩桩顶位移

1. 现象

预应力管桩在沉桩过程中可能导致相邻管桩产生横向位移或上升的现象，即桩顶位移。

2. 原因分析

1）桩数较多，土层饱和密实，桩间距较小；

2）在沉桩时土被挤到极限密实度而向上隆起，相邻的桩一起被涌起；

3）在软土地层施工时，由于沉桩引起的空隙压力把相邻的桩推向一侧或涌起；

4）桩位放线不准，偏差过大；

5）桩位标志与墙、柱轴线标志混淆搞错，造成桩位错位较大；

6）选择的行车路线不合理；

7）土方开挖的方法及顺序不正确。

3. 预防措施

1）沉桩期间不得同时开挖基坑，需待沉桩完毕相隔适当时间后方可开挖；

2）基坑开挖要有一定的排水措施，并留置边坡；

3）基坑边不得堆放土方，基坑较深应分层开挖；

4）认真按设计图纸放好桩位，设置明显标志，并做好复查工作；

5）选择合理的桩机行车路线。

4. 治理方法

根据现场实际情况，对发生桩顶位移的预应力桩作补强处理，可按以下两种方案进行：

1）当原桩的上节桩段的完整性和垂直度符合设计要求，具备扶正条件时，直接采取扶正措施；

2）当原桩不具备上述条件时，采取凿出相应桩段后再接桩的方式处理。

3.4　预应力管桩桩身倾斜

1. 现象

预应力管桩在施工过程中发生桩身倾斜，造成垂直度偏差过大的现象。

2. 原因分析

1）压桩机大身（平台）没有调平；

2）压桩机立柱和大身（平台）不垂直；

3）相邻送桩孔的影响；

4）地下障碍物或暗浜、场地下陷等影响；

5）送桩杆、压头、桩不在同一轴线上，或桩顶不平整所造成的施工偏压；

6）桩尖偏斜或桩体弯曲；

7）接桩质量不良，接头松动或上下节桩不在同一轴线上；

8）压桩顺序不合理，后压的桩挤先压的桩；

9）基坑围护不当，或挖土方法、顺序、开挖时间、开挖深度不当等。

3. 预防措施

1）压桩施工时一定要用顶升油缸将桩机大身（平台）调平；

2）压桩施工前应将立柱和大身（平台）调至垂直满足要求；

3）送桩孔应及时回填；

4）施工前详细调查掌握工程环境、场址建筑历史和地层土性、暗滨的分布和填土层的特性及其分布状况，预先清除地下障碍物，处理暗浜等；

5）施工时应确保送桩杆、压头、桩在同一轴线上，并在沉桩过程中随时校验和调正；

6）提高桩的制作质量，加强进场桩的质量验收，防止桩顶和接头面的歪斜及桩尖偏心和桩体弯曲等不良现象发生。不合格的桩坚决不用；

7）提高施工焊接桩质量，保证上下节同轴，严格按规范要求进行隐蔽工程验收；

8）制定合理的压桩顺序，尽量采取“走长线”压桩，给超孔隙水压力消散提供尽量长的时间，避免其累积叠加，减小挤土影响；

9）压桩结束后 10 天左右，待超孔隙水压力充分消散后方可开挖；且围护结构应有足够的强度与刚度，避免侧向土体位移；机械开挖至桩顶 30 cm 时采用人工开挖，避免挖斗碰撞桩头。

4. 治理方法

根据现场实际情况，对发生桩身倾斜的预应力桩作补强处理，可按以下两种方案进行：

1）当原桩上节桩段的完整性和垂直度符合设计要求，具备扶正条件时，直接采取扶正措施；

2）当原桩不具备上述条件时，采取凿出相应桩段后再接桩的方式处理。

3.5 预应力管桩接桩处开裂

1. 现象

预应力管桩经过锤击，接桩处会出现松脱开裂等现象，影响管桩的质量。

2. 原因分析

1）钢桩连接处，留有浮锈、油污等杂质，未清除干净；

2）采用焊接或法兰连接时，连接件及法兰不平，有较大间隙，造成焊接不牢或螺栓拧不紧；

3）上下节接桩前不垂直，有偏心部位产生应力集中（锤击时），破坏连接；

4）焊接质量不好，焊缝不连续、不饱满，有夹渣、咬肉等现象；

5）焊接（现场施接）未考虑季节接桩要求，造成接桩质量不良；

6）法兰连接，螺栓拧紧后未作处理，造成锤击产生强大振动，有松扣现象；

7）遇到坚硬大块障碍物或坚硬较厚的砂、砂卵石夹层，穿入困难，经长时间大能量锤击，造成接头处松脱开裂。

3. 预防措施

1）接桩前，对连接部位上的浮锈、油污等杂质必须清理干净，保证连接部件清洁；

2）下节桩顶经锤击后的变形部分应割除，以保证顺利接桩。上下节桩焊接时应严格校正垂直度，对口的间隙应按设计要求留隙。一般为 2～4 mm；

3）焊丝（自动焊）或焊条应烘干；

4）焊接应对称进行，应用多层焊，钢管桩各层焊缝的接头应错开，焊渣应清除；

5）季节焊接应有防寒、防雨措施。冬季气温低于－10 ℃时不得焊接，夏季雨天，无可靠措施确保焊接质量时，不得焊接；

6）法兰连接螺栓拧紧后，螺帽应点焊或螺纹凿毛，以免较长时间锤击造成松动脱扣，影响正常施打；

7）放桩位时，应用钎探查找坚硬地下物并及时清除，要求每个桩位都要钎探。场地平整坚实，以使桩垂直击入，遇到硬夹层，应采取射水、气吹或管中取土，以使桩顺利沉入，保证沉桩质量；

8）导向圈的焊缝质量应与钢管桩相同；

9）插桩、打桩及接桩时，必须控制桩的垂直度，防止桩管变形，偏差过大，接头处出现松脱开裂等现象；

10）用于有腐蚀性地下水位时，应按设计要求对桩身进行防腐处理，钢管桩的壁厚选择应考虑使用年限。

4. 治理方法

将预应力管桩接桩处开裂应与设计人员加以分析、研究，同时制定完整、可行的处理方案。

3.6　预应力管桩桩达到设计标高或深度，但桩的承载能力不足

1. 现象

预应力管桩达到设计标高或深度后，检测时桩的承载能力不足。

2. 原因分析

1）预应力管桩施工的前期测量、勘察工作不到位，难以保证有关施工地基的承载力、土体的性质与构造等必要数据、信息的质量，实际施工所依据的勘察报告与实际情况不符；

2）虽然预应力管桩的施工深度已达到设计标准，但管桩的底端并未沉入地基的持力层；

3）预应力管桩的施工出现桩身断裂、倾斜，从而直接降低单桩的承载力；

4）压桩施工过程中产生土体隆起，施工结束后，在自重作用下固结，对桩产生负摩擦阻力，导致桩承载力下降。

3. 预防措施

1）详细了解工程地质情况，正确选择持力层；

2）根据工程地质条件合理选择施工机械、施工方法及打桩顺序；

3）施工过程中加强监测，通过对地基位移、地面隆起、空隙水压力和临近建筑物位移、裂缝的观测，控制和调整压桩顺序和进度；

4）当桩端持力层面起伏较大时，应对其分区并且采用不同的桩长。压桩施工时除标高控制外，尚应控制最终压入力；

5）压桩时，当发现某个区域最终压桩力明显比其他区域偏低时，应进行补堪，以查清是否存在古河道切割区等不良地质现象。针对特殊情况，及时和设计单位联系，变更设计，通过采取改变布桩、增加桩数、增加桩长等措施来满足设计承载力。对开口桩，可考虑在桩尖端设置十字形加劲架或其他半闭口桩尖等形式，以谋求增加尖端闭塞效应的方法，来提高桩的承载能力；

6）试桩的休止期一定要满足规范要求，试桩时桩周 1.5 倍桩长范围内严禁打桩等作业。

4. 治理方法

将预应力管桩达到设计标高或深度，但桩的承载能力不足等现象的具体形式、规模报送至项目的业主部门、监理机构，再组织相关的技术、设计、施工、管理人员加以分析、研究，同时制定完整、可行的处理方案，最后由项目设计部门出具详细的设计变更通知书。

3.7　预应力管桩压桩阻力与地质资料或试验桩所反映阻力相比有异常现象

1. 现象

预应力管桩压桩阻力与地质资料或试验桩所反映阻力相比有异常现象。

2. 原因分析

1）桩端持力层层面起伏较大；

2）地面至持力层层间存在硬透镜体或暗浜；

3）地下有障碍物未清除掉；

4）压桩顺序和压桩进度安排不合理。

3. 预防措施

1）按照持力面的起伏变化减小或增大桩的入土深度，压桩时以标高控制为主外，还应以压入力作参考；

2）配备有足够压入力的压桩设备，提高压桩精度，防止桩体破损；

3）用钢送桩杆先进行桩位探测，查清并清除遗漏的地下障碍物；

4）确定合理的压桩顺序及合适的日沉桩数量。对有砂性土夹层分布区，桩尖可适当加长，压桩顺序应尽量采用中心开花的施工方法，严禁形成“封闭”桩。

4. 治理方法

将预应力管桩压桩阻力与地质资料或试验桩所反映阻力相比有异常等现象的具体形式、规模报送至项目的业主部门、监理机构，再组织相关的技术、设计、施工、管理人员加以分析、研究，同时制定完整、可行的处理方案，最后由项目的设计部门出具详细的设计变更通知书。

3.8 预应力管桩桩体破损，影响桩的继续下沉

1. 现象

预应力管桩在压桩下沉过程中桩体破损，影响桩的继续下沉。

2. 原因分析

1）制桩质量不良或运输堆放过程中支点位置不准确；

2）吊桩时，吊点位置不准确、吊索过短，以及吊桩操作不当；

3）压桩时，桩头强度不足或桩头不平整、送桩杆与桩不同心等所引起的施工偏压，造成局部应力集中；

4）送桩阶段压入力过大超过桩头强度，送桩尺寸过大或倾斜所引起的施工偏压；

5）桩尖强度不足，地下障碍物或孤块石冲撞等；

6）压桩时桩体强度不足，桩单节长度较长且桩尖进入硬夹层，桩顶冲击力过大，桩突然下沉，施工偏压，强力进行偏位矫正，桩的细长比过大，接桩质量不良，桩距较小且桩布较密。

3. 预防措施

1）桩身混凝土强度达到设计值70%方可起吊脱模，达到100%方可施工。运桩时，桩体强度应满足设计施工要求，支点位置正确，上下支点应对齐；

2）吊桩时，桩体强度应满足设计施工要求，支点位置正确，起吊均匀平稳。起吊过程中应防止桩体晃动或其他物体碰撞；

3）使用同桩径的送桩杆，保持压头、送桩杆、桩体在同一轴线上，避免施工偏压；

4）确保桩的养护期，提高砼强度等级以增强桩体强度。桩头设置钢帽、桩尖设置钢桩靴等；

5）根据地基土性和布桩情况，确定合理的压桩顺序；

6）保证接头质量，用楔型垫铁填实接头间隙。提高桩的就位和压入精度，避免强力矫正。压入时应保证一根桩连续压入，严禁中途停歇。

4. 治理方法

将预应力管桩在压桩下沉过程中桩体破损，影响桩的继续下沉等现象的具体形式、规模报送至项目的业主部门、监理机构，再组织相关的技术、设计、施工、管理人员加以分析、研究，同时制定完整、可行的处理方案，最后由项目的设计部门出具详细的设计变更通知书。

附　录

表 3-8-1　预制桩施工验收标准　　单位：mm

项次	项　目	允许偏差
1	盖有基础梁的桩 (1) 垂直于基础梁的中心线 (2) 沿基础梁的中心线	 100 + 0.01H 150 + 0.01H
2	桩数为 1～3 根桩基中的桩	100
3	桩数为 4～16 根桩基中的桩	1/2 桩径或边长
4	桩数大于 16 根桩基中的桩 (1) 最外边的桩 (2) 中间桩	 1/3 桩径或边长 1/2 桩径或边长

注：H 为施工现场地面标高与桩顶设计标高的距离。

3.9　人工挖孔桩垂直偏差过大

1. 现象

人工挖孔桩施工完成后，存在桩体垂直度偏差过大，达不到设计要求，影响桩体受力的情况。

2. 原因分析

1) 开挖前未对桩位置进行定位放线；

2) 开挖过程中未按要求每节核验垂直度，致使挖完以后垂直超偏；

3) 开挖完成后未按桩身垂直度允许偏差小于 0.5%H(H 为桩高)的要求进行验收；

4) 开挖好的桩孔孔壁土质不均匀或局部有夹杂，强度达不到混凝土的侧压力，导致混凝土桩变形；

5) 成孔后，未及时检验，并及时浇筑混凝土；

6) 桩孔开挖后的孔底及孔壁虚土等杂质清理不彻底，混凝土浇筑时受力不均匀，导致桩体偏差。

3. 预防措施

1) 依据建筑物测量控制网的资料和基础平面布置图，测定桩位轴线方格控制网和高程基准点。确定好桩位中心，以中点为圆心，以桩身半径加护壁厚度为半径画出上部的圆周。撒石灰线作为桩孔开挖尺寸线，桩位线定好之后，必须经有关部门进行复查，办好预检手续后开挖；

2) 对桩孔进行分节开挖，对桩孔的垂直度进行分段控制，对达不到垂直度要求的孔壁进行修正；

3) 混凝土浇筑时须对桩孔进行彻底清理并通过质量验收合格后方可进行混凝土浇筑。

4. 治理方法

1) 每挖完一节，必须根据桩孔口上的轴线吊直、修边，使孔壁圆弧保持上下顺直；

2) 施工前，由测量定位放出中心点，并在井壁顶面标出控制轴线，每挖完一节，必须根据桩孔口上的轴线吊直、修边，使孔壁圆弧保持上下顺直；

3) 每挖完一节，必须对桩孔孔壁的土质进行现场鉴定，对不能承受混凝土侧压力的孔壁土质应进行加强处理。

3.10 人工挖孔桩孔壁坍塌

1. 现象

人工挖孔桩桩孔在开挖过程中，可能出现孔壁侧壁坍塌的现象。

2. 原因分析

1）每一层土方开挖区的形状没有按上小下大圆台体形状，高度为 1 000 mm 的原则执行；

2）遇细砂、粉砂层地质，再加上地下水的作用，形成流砂。

3. 预防措施

1）缩短循环的开挖深度，将正常为 1 m 左右一段，缩短为 0.5 m 段，以减少孔壁的暴露时间，及时进行护壁混凝土灌注；

2）有选择地先挖几个桩孔进行连续降水，使孔底不积水，周围桩土体黏聚力增强，并保持稳定；尽可能避免桩孔内产生较大水压差；挖孔深度控制不大于稳定极限高度；并防止偏位或超挖；在松软土层挖孔，及时进行支护。

4. 治理方法

1）当孔壁塌落，有泥砂流入而不能形成桩孔时，可用编织袋逐渐堆堵，形成桩孔的外壁，并控制保证内壁满足设计要求；

2）下钢套筒，钢套筒与护壁用的钢模板相似，以孔外径为直径，可分成 4～6 段圆弧，再加上适当的肋条，相互用螺栓或钢筋环扣连接，在开挖 0.5 m 左右后，即可分片将套筒装入，深入孔底不少于 0.2 m，插入上部混凝土护壁外侧不小于 0.5 m，装后即支模浇筑护壁混凝土，若放入套筒后流砂仍上涌，可采取突击挖出后立即用混凝土封闭孔底的方法，待混凝土凝结后，将孔心部位的混凝土清凿以形成桩孔；

3）分段开挖，并对每段孔壁进行加固处理，通常是只设圆弧钢模板，用素混凝土对孔壁进行加固，对局部可在混凝土内配筋以加强护臂的稳定性；

4）桩孔护壁混凝土每挖完一节以后应立即浇筑混凝土。人工浇筑，人工捣实，确保孔壁的稳定性。

3.11 人工挖孔桩钢筋笼扭曲变形

1. 现象

人工挖孔桩的钢筋笼施工时，在钢筋笼的加工制作、吊装、焊接连接和混凝土浇筑等工序中，由于操作不当，存在钢筋笼扭曲变形的情况。

2. 原因分析

1）钢筋笼制作时的形状定型存在误差，未使用专业的定型模具；

2）钢筋笼制作完成后，堆放场地不平整或存放不规则导致钢筋笼变形；

3）钢筋笼掉在吊装过程中因受力不均匀而变形；

4）钢筋笼吊装连接钢筋搭接焊时，焊接在一起的两根钢筋轴线不在一条直线上，导致连接的两节钢筋笼错位或变径；

5）混凝土浇筑过程中，钢筋笼上浮或向侧壁位移，由于各节钢筋笼受混凝土侧压力受力不均匀，导致钢筋笼扭曲变形。

3. 预防措施

1）钢筋笼放入前应先绑好砂浆垫块，按设计要求一般为 70 mm，钢筋笼四周在主筋上每隔 3～4 m 左右设一个耳环；

2）两段钢筋笼连接时，应采用焊接（搭接焊或帮条焊），双面焊接，接头数按 50%错开，以确保钢筋位置正确，保护层厚度符合要求，搭接焊时两根钢筋轴线必须在一条直线上；

3）为防止钢筋笼上浮或侧向位移，最好在孔内进行钢筋绑扎，保持钢筋笼的垂直度，防止局部弯曲和变形；

4）吊放钢筋笼时，要对准孔位，直吊扶稳、缓慢下沉，避免碰撞孔壁。钢筋笼放到设计位置时，应立即固定。

4. 治理方法

1）用专用的钢筋笼制作器进行钢筋笼制作；

2）用平整的场地存放钢筋笼；

3）对严重扭曲的钢筋笼，更换被扭曲的钢筋；

4）在桩孔侧壁安装钢筋笼限位钢筋支架；

5）对钢筋笼根部进行加固，防止混凝土浇筑时钢筋笼上浮。

附　录

表 3-11-1　人工挖孔桩的平面位置和垂直度允许偏差

成孔方法		桩径允许偏差/mm	垂直度允许偏/%	桩位允许偏差/mm	
				1～3 根、单排桩基垂直于中心线方向和群桩基础的边桩	条形桩基沿中心线方向和群桩基础的中间桩
人工挖孔桩	混凝土护壁	+50	<0.5	50	150
	钢套管护壁	+50	<1	100	200

3.12　冲击钻孔灌注桩孔径不足

1. 现象

施工成型孔径小于设计值，这种缩孔现象必然降低桩承载力。

2. 原因分析

1）地质条件差：在黏土地质中钻孔，缩颈现象时有发生，特别是在软塑、流塑状态土中钻孔，如施工不当，容易引起缩孔；

2）施工荷载及其他堆载影响：在钻孔过程中由于施工时产生的荷载原因，造成土层挤压缩孔；

3）钻头直径小：严重磨损的钻头小于设计桩径。

3. 预防措施

1）对地质情况进行分析采用合适的钻孔方式，根据土质情况确定钻速；

2）合理安排施工，避免桩孔外露时间过长，导致缩孔；

3）选用适当的钻头直径，钻头磨耗严重时要及时补焊；

4）采用可行手段（如孔径检测仪）对成孔质量进行检测；

5）根据实际情况选择合适的泥浆比重，且保持泥浆的新鲜度，有软塑土时，采用失水率小的优质泥浆护壁；

6）采取块、卵、片石土回填，而后用重量较大的冲击钻冲击，挤紧钻孔孔壁，成孔一定时间内孔壁形成坚实泥皮，则孔壁不会渗水，不会引起膨胀。

4. 治理方法

1）埋设护筒固定桩孔尺寸；

2）在导正器外侧焊接一定数量的合金刀片，或使用钻头在孔径不足的范围上下反复扫孔，以扩大孔径。

3.13 冲击钻孔灌注桩孔深不够

1. 现象

在桩基钻孔施工中，桩孔的深度未达到要求的现象。

2. 原因分析

1）测量误差或错误；

2）清孔不彻底，造成沉渣太厚；

3）锥形铅成孔时，未按规范要求扣除钻头高度。

3. 预防措施

1）作好现场取样记录及钻进记录，检查芯样，与设计地质剖面图对照，防止误判；

2）根据钻杆和钢丝绳的长度控制，并随时用测绳检查；

3）改善测量手段，适当延长清孔时间；

4）改善泥浆质量采用反复一次清孔；

5）灌注混凝土前进行二次清孔，并认真检测；

6）扣除钻头高度。

4. 治理方法

重新钻（冲）达到深度后，调整泥浆浓度按照一次清孔的方式进行清孔处理。

3.14 钻(冲)孔灌注桩桩位偏差较大

1. 现象

在桩基钻孔施工中，由于受到土质、施工工艺、钻机类型等因素的影响产生桩位置偏差的现象。

2. 原因分析

1）测量误差或错误；

2）钻孔位移，钻孔过程检查不及时、不认真产生偏位；

3）护筒成型后偏位；

4）上部荷载施压偏位。

3. 预防措施

1）积极做好技术交底工作，要求施工人员熟记工序技术标准，清楚易出现的缺陷的情况及处理措施；

2）加强对测量控制，施工过程中加强对测量基准点的保护，不让扰动，并经常对桩位进行测量复核，切实保证桩位的准确性；

3）钻孔时防止钻头触碰护筒使之发生位移；护筒外填土密实，防止护筒水位差太大引起位置移动；

4）合理优化施工场地、施工顺序：在钻孔过程中，一般有多台设备同时施工，设有泥浆循环的场地，车辆来回行驶。加之钻孔灌注浆的施工场地通常比较松软，原桩位极易移动；

5）钢筋骨架偏位造成桩位偏差的预防措施：钢筋笼下部增设保护层垫块，钢筋笼上部与可靠稳固的支点焊接固定钢筋笼，放导管从中心垂直下落，防止碰触钢筋笼。

4. 治理方法

桩位偏差超出规范允许偏差范围，应请设计人员核定。

3.15　钻孔灌注桩钢筋笼上浮

1. 现象

浇筑桩基混凝土时，如果操作不当，很容易引起钢筋笼子上浮，造成工程质量事故。

2. 原因分析

1）钻孔底部泥渣清理不符合要求。当钻孔深度达到设计标高后，孔内沉渣过深，桩底的泥块还没有完全搅碎和冲出孔外，就将钻头、钻杆卸掉，安装导管。在浇筑桩基水下混凝土时，混凝土将沉渣、泥块一起向上顶起，而泥块在混凝土的冲击作用下将钢筋笼子整体托起，造成钢筋笼子的上浮；

2）浇筑混凝土过快。现在很多钻孔灌注桩设计的钢筋笼子都是半笼（笼子比桩身短几米或十几米），当混凝土面接触到钢筋笼子时，如果继续快速浇筑混凝土，则钢筋笼子在上泛的混凝土的冲击作用下将整体上浮；

3）调整好混凝土的坍落度。一般浇筑桩基的混凝土坍落度应控制在 18～22 cm，浇筑桩基的混凝土都要求有很好的和易性与流动性，以此来保证混凝土在浇筑的过程中能有很好的“泛浆”。若混凝土的和易性和流动性不好，浇筑桩基将是十分困难的，先浇筑的混凝土已经快要凝固成整体，而将钢筋笼子整体托起，从而引起其上浮。

3. 预防措施

1）防止桩底泥渣、泥块过多的方法是：在钻孔深度达到设计标高时，不要立即停止钻机转动，而是要空转（吊住钻杆，孔深不增加）半小时至一个小时，这期间泥浆坑内的泥浆与孔内的泥浆要不间断地循环，并且要注意，泥浆坑内的泥浆不能太稀，密度要不小于 1.2 g/cm^3，如果孔底有砂，还要进行涝砂工作，待泥浆调均匀、泥块搅碎，方可进行下一道工序的施工，即拔钻杆和安装浇筑水下混凝土的导管；

2）在施工半笼的桩基时，当浇筑的混凝土接触到钢筋时，要将浇筑混凝土的速度适当放缓，待浇筑的混凝土高度高出钢筋笼子底面 1～2 m 时，再加快混凝土的浇筑速度，这时桩中的混凝土已经将钢筋笼子裹住，钢筋笼子将不会再上浮。另外减导管时，应计算准其底口的位置，使导管口不要处在与钢筋笼子顶面相近的地方，否则从上面导管下来的混凝土正好冲击钢筋笼子的底面，从而造成钢筋笼子上浮；

3）控制混凝土的塌落度与连续浇筑，也是防止钢筋笼子上浮的有效方法之一。如施工现场搅拌的混凝土，要根据搅拌机的规格、型号，满足规定的搅拌时间要求，即搅拌的混凝土不能太“生”，塌落度也要满足桩基施工的要求；如果是商品混凝土，则要严格避免混凝土出厂时间过长（尤其在夏季天热的时候，混凝土在运输途中时间不能过长），这些都是造成混凝土流动性与和易性丧失的原因；

4）强制防止钢筋笼上浮的措施也可以是把笼子钢筋接长几根，焊至钻架上面顶住。

3.16 钻孔灌注桩导管拔空

1. 现象

在混凝土浇筑过程中，导管脱离混凝土，泥水进入导管中，造成断桩。

2. 原因分析

施工人员操作失误，过快上拔导管。

3. 预防措施

严格控制导管提升速度，在提升前应测量混凝土面高度，计算导管埋入混凝土的长度及本次可提升高度。

4. 治理方法

1）当导管拔空时，应迅速将导管插入混凝土中，利用小型水泵或小口径抽水设备，将导管中水抽出，继续浇筑混凝土；

2）迅速提出导管，重新设隔水球冲出导管后，应将导管继续下降，直至导管不能插入时，再少许提升导管，继续灌注混凝土。

3.17 钻（冲）孔灌注桩桩控偏斜（垂直偏差）

1. 现象

现场钻（冲）成的桩孔，垂直桩不竖直，斜度不符规范要求，或桩位偏离设计桩位等。

2. 原因分析

1）钻机底座安置不水平，产生不均匀沉陷或坐标定位偏离；

2）在有倾斜度的软硬地层交界处，岩面倾斜处钻进，或在粒径大小悬殊的砂卵石层中钻进，钻头受力不均；

3）扩孔较大处，钻头摆动偏向一方；

4）钻孔中遇有较大孤石或探头石；

5）钻杆弯曲，接头不正。

3. 预防措施

1）安装钻机时要使转盘、底座水平，起重滑轮轮轴、固定钻杆的卡孔和护筒中心三者应在一条竖直线上，并经常检查校正；

2）由于主动钻杆较长，转动时上部摆动幅度较大，必须在钻架上增设导向架，控制钻杆上的提引水笼头，使其沿导向架向中钻进；

3）钻杆、接头应逐个检查，及时调正。主动钻杆弯曲时，要及时调直或更换钻杆；

4）在有倾斜的坎、软硬地层中钻进时，应吊着钻杆控制进尺，低速钻进，或回填片石、卵石，冲平后再钻进；

5）钻孔机具及工艺的选择，应根据桩型、钻孔深度、土层情况、泥浆排放及处理条件综合确定；

6）钻进过程中，如发生斜孔时，应停钻，采取以下措施：

① 在偏斜处吊住钻头，上下反复扫孔，使孔校直；或在偏斜处回填砂黏土，待沉积密实后再钻；

② 偏斜严重时应回填砂黏土到偏斜处，待沉积密实后再继续钻进；也可以在开始偏斜处设

置少量炸药爆破，然后用砂土和砂砾石回填到该位置以上 1 m 左右，重新冲钻；

冲击钻进时，应回填砂砾石和黄土，或片块石，待沉积密实后再钻进。

4. 治理方法

先将场地夯实平整，轨道枕木宜均匀着地；安装钻机时要求转盘中心与钻架上起吊滑轮在同一轴线，钻杆位置偏差不大于 20 cm。在不均匀地层中钻孔时，采用自重大、钻杆刚度大的钻机。进入不均匀地层、斜状岩层或碰到孤石时，钻速要打慢挡。另外，安装导正装置也是防止孔斜的简单有效的方法。钻孔偏斜时，可提起钻头，上下反复扫钻几次，以便削去硬土，如纠正无效，应于孔中局部回填黏土至偏孔处 0.5 m 以上，重新钻进。

3.18　钻(冲)孔灌注桩坍孔

1. 现象

在钻孔过程中，如果钻孔内水位突然下降，孔口冒细密的水泡就显示已坍孔。此时，出渣量显著增加而不见钻头进尺，但钻机负荷显著增加，泥浆泵压力突然上升，造成憋泵等现象。

2. 原因分析

1）泥浆密度不够或其他泥浆性能指标如黏度、胶体率等不符合要求，在孔壁不能形成坚实泥皮；或不能随地质条件变化调整泥浆密度，造成孔壁不稳；

2）由于清孔而未及时补充泥浆或水，或河水、潮水上涨，或孔内出现承压水，或钻孔通过砂砾等强透水层，或孔壁遇到流砂层而造成孔内水头高度低于孔外时，压向孔壁的水压力减小，造成坍孔；

3）护筒埋置太浅，孔口附近地面受水浸变软，孔口坍塌造成护筒漏水形成坍孔。

3. 预防措施

1）在松散粉沙土或流沙中钻孔时，应选用密度、黏度较大的泥浆，并放慢进尺速度。也可投入黏土掺片石或卵石，低锤冲击，将黏土膏、片石卵石挤入孔壁稳定孔壁；

2）根据不同地质，调整泥浆密度，确保泥浆具有足够的稠度，维护孔壁稳定；

3）如地下水位变化过大，应升高护筒，增大水头，确保孔内外水位差；

4）清孔时应指定专人负责补水，保证钻孔内必要的水头高度。

4. 治理方法

一旦发生坍孔，应查明原因，采取相应的措施，如保持或加大水头、移开重物、排除振动等，防止继续坍孔。然后用吸泥机吸出坍入孔中的泥土；如不继续坍孔，可恢复正常灌注。如坍孔仍不停止，坍塌部位较深，宜将导管拔出，将混凝土钻开抓出，同时将钢筋抓出，只求保存孔位，再以黏土掺砂砾回填，待回填土沉实时机成熟后，重新钻孔成桩。坍孔不严重时，可回填片石或土到坍孔位以上，采取改善泥浆性能，加高水头，深埋护筒等措施，继续钻进。在坍孔较严重时，则应将钻孔全部回填，待回填稳。

3.19　钻(冲)孔灌注桩颈缩

1. 现象

孔径小于设计孔径。

2. 原因分析

1）钻具焊补不及时，严重磨损的钻锥往往钻出比设计桩难径稍小的孔；

2）钻进地层中有软塑土，遇水膨胀后使孔径缩小。

3. 预防措施

1）应经常检查钻具尺寸，及时补焊或更换钻齿；

2）有软塑土时，采用失水率小的优质泥浆护壁。

4. 治理方法

采用优质泥浆，降低失水量。成孔时，应加大泵量，加快成孔速度，在成孔一段时间内，孔壁形成泥皮，则孔壁不会渗水，亦不会引起膨胀。或在导正器外侧焊接一定数量的合金刀片，在钻进或起钻时起到扫孔作用。如出现缩颈，采用上下反复扫孔的办法，以扩大孔径。

3.20 冲孔灌注桩梅花孔现象

1. 现象

孔断面形状不规则，呈梅花形。

2. 原因分析

1）钻头的转向装置失灵，冲击时钻头未转动；

2）泥浆黏度过大，冲击转动阻力太大，钻头转向困难；

3）冲程太小，钻头转动时间不充分或转动很小；

4）当桩径较大时，而使用的冲锤头翼板少，翼板之间的距离较大。

3. 预防措施

1）经常检查转向装置是否灵活；

2）根据地质条件，实时调整泥浆的黏度和密度；

3）用低冲程时，隔一段时间要更换高一些的冲程，交替冲击休整孔型；

4）当桩径大于 1 200 mm 时，应采用翼板较多的锤头。

4. 治理方法

重新修整孔锤修孔；向桩孔内回填块石至梅花孔顶面以上，检修好桩锤的转向环，然后低锤密冲，反复修孔。

3.21 钻(冲)孔灌注桩钢筋笼放置与设计要求不符

1. 现象

钢筋笼吊运中变形，钢筋笼保护层不够，深度、位置不符合要求，钢筋笼底面标高与设计不符。

2. 原因分析

1）堆放、起吊、运输没有严格执行规程，支垫数量不够或位置不当，造成变形；

2）钢筋笼吊放入孔时不是垂直缓缓放下，而是斜插入孔内；

3）清孔时孔底沉渣或泥浆没有清理干净，造成实际孔深与设计要求不符，钢筋笼放不到设计深度。

3. 预防措施

1）如钢筋笼过长，应分段制作，吊放钢筋笼入孔时再分段焊接；

2）钢筋笼在运输和吊放过程中，每隔 2.0～2.5 m 设置加强箍一道，并在钢筋笼内每隔 3～4 m 装一个可拆卸的十字形临时加劲架，在钢筋笼吊放入孔后再拆除；

3）在钢筋笼周围主筋上每隔一定间距设置混凝土垫块，混凝土垫块根据保护层的厚度及孔径设计；

4）用导向钢管控制保护层厚度，钢筋笼由导管中放入，导向钢管长度宜与钢筋笼长度一致，在浇筑混凝土过程中再分段拔出导管或浇筑完混凝土后一次拔出；

5）清孔时应把沉渣清理干净，保证实际有效孔深满足设计要求；

6）钢筋笼应垂直缓慢放入孔内，防止碰撞孔壁。钢筋笼放入孔内后，要采取措施，固定好位置；

7）钢筋笼吊放完毕，应隐蔽工程验收，合格后应立即浇筑水下混凝土。

4. 治理方法

1）钢筋笼根据运输吊装能力分段制作运输，吊入钻孔内再焊接相连接成一根；

2）钢筋笼在运输及吊装时，除预制焊接时每隔 2.0 m 设置加强箍筋外，还应在钢筋笼内每隔 3.0～4.0 m 装一个可拆卸的十字形临时加劲架，待钢筋笼吊入钻孔后拆除；

3）钢筋笼周围主筋上，每隔一定间距设混凝土垫块或塑料小轮状垫块，使混凝土垫块厚和小轮半径符合设计保护层厚；

4）最好用导向钢管固定钢筋笼位置，钢筋笼顺导向钢管吊入孔中。这样，不仅可以保证钢筋的保护层厚符合设计要求，还可保证钢筋笼在浇筑混凝土时不会发生偏离；

5）做好清孔工作，严格控制孔底沉淀层厚度。清孔后，及早进行混凝土浇筑。

3.22 混凝土灌注桩(水下灌注)桩身夹渣及断桩

1. 现象

成桩后，桩身中部没有混凝土，或夹有泥土。

2. 原因分析

1）集料级配差，混凝土和易性差而造成的离析卡管；

2）泥浆指标未达到要求、钻机基础不平稳、钻架摆幅过大、钻杆上端无导向设备、基底土质差甚至出现流沙层，致使扩孔或坍孔而引起浇筑时间过长；

3）搅拌设备故障而无备用设备引起混凝土浇筑时间过长；

4）混凝土浇筑间歇时间超过混凝土初凝时间；

5）混凝土浇筑过程中导管埋置深度偏小，则管内压力过小；

6）导管埋深过大，管口的混凝土已凝固。

3. 预防措施

1）严格控制混凝土集料级配、坍落度与和易性，配合比应通过实验确定，坍落度宜为 180～220 mm，水泥用量应不少于 360 kg/m^3，为了改善和易性和缓凝，混凝土宜掺加外加剂；

2）确保清孔泥浆的黏度、密度、砂率指标达到要求；

3）对于有流沙层的桩基掺加膨润土、羟基纤维素、铬铁木质素磺酸钠盐、煤碱剂、碳酸钠等密度低、黏度好、固壁能力强的外加剂以加强泥浆的粘结性能；

4）混凝土应连续浇筑，边浇混凝土边拔管，一气呵成。浇筑时间不能过长，防止后续浇筑的混凝土冲破顶层；

5）浇筑时勤测混凝土顶面上升高度，随时掌握导管埋入深度，避免导管埋入过深或导管脱离混凝土面。导管埋入混凝土不得小于 2 m，导管不得漏水，导管第一节长度应大于 4 m；

6）钢筋笼主筋接头要焊平，导管法兰连接处罩以圆锥形白铁罩，底部与法兰大小一致，并在套管头上卡住，避免提导管时，法兰挂住钢筋笼；

7）浇筑时，经常精确测定已浇筑混凝土面标高，确保导管的埋深控制在 2～6 m 范围内；

8）导管下口至孔底的距离宜为 300～500 mm，以保证导管的初始埋深。

4. 治理方法

1）断桩或夹泥发生在桩顶部时，可将其剔除；

2）接长护筒，并将护筒压至浇筑好的混凝土面以下，抽水、除渣，进行接桩处理；

3）对桩身在用地质钻机钻芯取样，表明有蜂窝、松散、裹浆等情况（取芯率小于 40%时）；桩身混凝土有局部混凝土松散或夹泥、局部断桩时，应采用压浆补强方法处理；

4）对于严重夹泥、断桩，要进行重钻补桩处理。

3.23 混凝土灌注桩（水下灌注）桩身沉渣过厚

1. 现象

混凝土桩身下部沉渣超过规范要求。

2. 原因分析

1）护壁泥浆选用不当。施工中采用原土造浆护壁的形式，且在施工进入各类地基层中没有按规定测定泥浆各项指标，这种施工方法就容易出现塌孔现象及钻孔过程中清渣困难；

2）清孔清渣程度不足。泥浆指标控制不当，且为避免塌孔，清孔程度不够，未能将孔底钻渣清除干净；孔内泥浆置换不充分，也是造成孔底沉渣厚度过大的主要原因；

3）施工历时过长。施工工序间不紧凑，一次清孔结束至混凝土浇筑间隔时间过长，对二次清孔不够重视，导致孔内泥浆中的砂粒沉淀，泥浆失水、沉淀；

4）混凝土初浇量不足且未设置隔水栓。建筑工地的贮料斗的容积小，无法满足初浇量能使导管一次埋入的要求；未设置隔水栓通过剪球（或者抽动隔板）进行浇筑，而是直接把混凝土浇入充满泥浆的导管内进行下水混凝土浇筑，造成桩端混凝土离析，从而增加孔底沉渣量。

3. 预防措施

1）选择合适的钻孔机具及钻孔方式：根据施工地段的工程地质勘查资料，选择合适的钻孔机具。对土层松软、易坍塌的桩位，应尽量避免采用振动大、负压过低的施工机具和工艺方法。钻机钻进时的转速和钻压与钻进深度、土质、钻头型式、供浆压力和供浆量等要素有关，钻进时应根据这些要素以适宜的转速和钻压进行钻进，并随着土层的变化及时进行调整，使钻进时成孔的泥、砂、砾和渣料能随着泥浆畅通排出孔外。

2）选择合适的钻孔泥浆指标：钻孔灌注桩主要靠泥浆的静压力来平衡土对孔壁的压力。因此，在施工过程中，应根据钻进过程中各土层的情况，选择合适的钻孔泥浆指标，确保在孔壁形成有效的泥皮保护层。钻孔灌注桩成孔时的泥浆，除了起护壁作用外，还是重要的排渣媒介。泥浆悬浮粘渣的能力与泥浆的密度、黏度、含砂率和胶体率紧密相关，其中泥浆的密度是主要的因素。为了让钻进过程中的泥、砂和石屑排出孔外，钻进时应根据土层的变化和钻进的深度调整泥浆的密度。

3）确保清孔彻底：

① 一次清孔。灌注桩成孔至设计标高或预定层面后，应充分利用钻杆或送浆管在原位进行第一次清孔，将孔内的颗粒状物排出孔外，减少孔底沉渣，节省二次清孔时间。当测得孔底沉渣厚度小于 50 mm 时，及时吊放钢筋笼；

② 二次清孔。第一次清孔是在终孔后进行，经过安放钢筋笼、焊接、下放导管等过程，在混凝土浇筑前利用导管进行第二次清孔。二次清孔应做到边循环清孔边测孔底沉渣，当孔底沉渣厚度符合设计及规范要求时，再在循环中调整泥浆各项指标，当测得泥浆各项指标均符合规范要

求后，应立即进行水下混凝土的浇筑工作，在等待混凝土过程中应继续循环清孔，直到混凝土到场后装料斗浇筑；

③ 清孔后，应从孔口、孔中部和孔底三部分提取泥浆，测定要求的各项指标。要求这三部分指标的平均值应符合质量标准的要求。

4）选择合适的清孔方式：施工过程应根据不同的钻孔方法、施工设备、设计要求及地层条件，合理选用清孔方法。

5）准确测定沉渣厚度：沉渣厚度测量必须采用正确的测量方法，若测量方法不当，造成沉渣厚度误判，就不能对沉渣厚度进行有效控制。要准确测量孔底沉渣厚度，首先需准确测量桩的终孔深度，桩的终孔深度应采用丈量钻杆长度或钢测绳的方法测定，钻杆长度或钢测绳长度应采用标准的卷尺进行复核。清孔直至沉渣厚度满足规范要求。

6）确保混凝土首灌量：水下混凝土初始灌注时，为了避免和减少从导管下口涌出的混凝土与孔内泥浆杂混和，确保桩身混凝土质量，首灌时除了要求贮料斗内的混凝土与导管内泥浆面与面之间设置隔水栓外，应有足够的混凝土储备量，使导管一次埋入混凝土面以下 0.8 m 以上。在确保清孔效果的同时，应加强工序连接，提高工作效率，尽量缩短清孔至混凝土浇筑之间的时间。

4. 治理方法

浇筑混凝土前，应重新测定沉淀厚度，如沉淀量不符合规范要求，则应利用导管进行二次清孔，直至沉淀厚度、泥浆密度等均符合规范要求。并保证首批混凝土的数量，使导管首次埋置深度大于 1.0 m，以利用混凝土的冲击力彻底清除孔底沉渣。

3.24　混凝土在浇筑过程中导管进水

1. 现象

灌注桩首次浇筑混凝土时，孔内泥浆及水从导管下口浇入导管；浇筑过程中，导管接头处进水，提升导管过量，孔内水和泥浆从导管下口涌入导管等现象。

2. 原因分析

1）首次浇筑混凝土时，由于浇满导管和导管下口至桩孔底部间隙所需的混凝土总量计算不准确，使首灌的混凝土不能埋住导管下口，而是全部冲出导管以外，造成导管底口进水事故；

2）灌注混凝土过程中，由于未连续灌注，在导管内产生气囊。当又一次聚集大量混凝土拌合料猛灌时，导管内气囊产生高压，将两节导管间加入的封水橡皮垫挤出，致使导管接口漏空而进水；

3）导管拼装后，未进行水密性试验。由于接头不严密，水从接口处漏入导管；

4）测深时，误判造成导管提升过量，致使导管底口脱离孔内的混凝土液面，使泥水进入。

3. 预防措施

1）确保首次灌注的混凝土总方量能满足填充导管下口与桩孔底面间隙和使导管下口首灌时被埋没深度≥1 m 的需要。首灌前，导管下口距孔底宜为 300～500 mm；

2）在提升导管前，用标准测深锤（锤质量不小于 4 kg，锤呈锥状，吊锤索用质轻、拉力强、浸水不伸缩的尼龙测绳）测好混凝土表面的深度，控制导管提升高度，始终将导管底口埋于已灌入混凝土液面下不少于 2 m；

3）下放导管前，导管应进行试拼，并进行导管的水密性、承压性和接头抗拉强度的试验。试拼的导管，还要检查其轴线是否在一条直线上。试拼合格后，各节导管应从下而上依次编号，并标示累计长度。入孔拼装时，各节导管的编号及编号所在的圆周方位应与试拼时相同，不得错、乱，或编号不在一个方位；

4）首次浇筑混凝土后，要保持混凝土连续地浇筑，尽量缩短间隔时间。当导管内混凝土不饱满时，应徐徐地灌注，防止导管内形成高压气囊。

4. 治理方法

1）首次浇筑混凝土导管进水时，应立即将导管提出，将散落在孔底的混凝土拌合料用反循环钻机的钻杆通过泥石泵吸出，或者用空气吸泥机、水力吸泥机以及抓斗清出，不得已时需要将钢筋笼提出，采取复钻清除。然后重新下放骨架、导管并投入足够储量的首批混凝土，重新浇筑；

2）浇筑混凝土过程中，应该视具体情况，拔换原管重下新管；或用原导管插入续浇，但浇筑前应将进入导管内的水和沉淀土用吸泥和抽水的方法吸出。如系重下新管，必须用潜水泵将管内的水抽干，才可继续浇筑混凝土；

3）为防止抽水后导管外的泥水穿透原浇混凝土从导管底口翻入，导管插入混凝土内应有足够深度，一般宜大于 200 cm；

4）由于潜水泵不可能将导管内的水全部抽干，续浇的混凝土配合比应增加水泥量，提高稠度后浇入导管内，浇入前将导管进行小幅度抖动或挂振捣器振动片刻，使原混凝土损失的流动性得以弥补。以后浇筑的混凝土可恢复正常的配合比；

5）若混凝土面在水面以下不太深，且未初凝时，可于导管底部设置防水塞（应使用混凝土特制），将导管重新插入混凝土内（导管侧面再加重力，以克服水的浮力）。导管内装灌混凝土后稍提导管，利用新混凝土自重将底塞压出，然后继续浇筑；

6）若混凝土面在水面以下不太深，但已初凝，导管不能重新插入混凝土时，可在原护筒内面加设直径稍小的钢护筒，用重压或捶击方法压入原混凝土面以下适当深度，然后将护筒内的水（泥浆）抽除，并将原混凝土顶面的泥渣和软弱层清除干净，再在护筒内灌注普通混凝土至设计桩顶。

3.25 混凝土在浇筑过程中卡管

1. 现象

导管提升时，导管接头法兰盘或螺栓挂住钢筋笼，无法提升导管。

2. 原因分析

1）导管拼装后，其轴线不顺直，弯折处偏移过大，提升导管时，挂住钢筋笼；

2）钢筋笼搭接时，下节的主筋摆在外侧，上节的主筋在内侧，提升导管时被卡挂住。钢筋笼的加固筋焊在主筋内侧，也易挂在导管上；

3）钢筋笼变形成折线或者弯曲线，使导管与其发生卡、挂。

3. 预防措施

1）导管拼装后轴线顺直，吊装时，导管应位于井孔中央，并在浇筑前进行升降是否顺利的试验。法兰盘式接口的导管，在连接处罩以圆锥形白铁罩，白铁罩底部与法兰盘大小一致，白铁罩顶与套管头上卡住；

2）钢筋笼分段入孔前，应在其下端主筋端部加焊一道加强箍，入孔后各段相连时，应搭接方向适宜，接头处满焊。

4. 治理方法

一旦发生卡管，应分析原因，并将导管拔出，若原混凝土表面尚未初凝，可用新导管重新插入后继续浇筑并采取补强处理；若无法继续浇筑，则应将已灌桩作废弃处理，孔内回填稳定后重新成孔。

附　录

表 3-25-1　灌注桩的平面位置和垂直度的允许偏差

<table>
<tr><th rowspan="2">序号</th><th rowspan="2" colspan="2">成孔方法</th><th rowspan="2">桩径允许偏差/mm</th><th rowspan="2">垂直度允许偏差/%</th><th colspan="2">桩位允许偏差/mm</th></tr>
<tr><th>1～3 根、单排桩基垂直于中心线方向和群桩基础的边桩</th><th>条形桩基沿中心线方向和群桩基础的中间桩</th></tr>
<tr><td rowspan="2">1</td><td rowspan="2">泥浆护壁钻孔桩</td><td>D≤1 000 mm</td><td>±50</td><td rowspan="2"><1</td><td>D/6 且不大于 100</td><td>D/4 且不大于 150</td></tr>
<tr><td>D>1 000 mm</td><td>±50</td><td>100+0.01H</td><td>150+0.01H</td></tr>
<tr><td rowspan="2">2</td><td rowspan="2">套管成孔灌注桩</td><td>D≤500 mm</td><td rowspan="2">−20</td><td rowspan="2"><1</td><td>70</td><td>150</td></tr>
<tr><td>D>500 mm</td><td>100</td><td>150</td></tr>
<tr><td>3</td><td colspan="2">干成孔灌注桩</td><td>−20</td><td><1</td><td>70</td><td>150</td></tr>
</table>

注：1. 桩径允许偏差的负值是指个别断面；

2. 采用复打、反插法施工的桩，其桩径允许偏差不受上表限制；

3. H 为施工现场地面标高与桩顶设计标高的距离，D 为设计桩径。

4　地基处理工程

4.1　强夯夯沉量控制、歪夯

1. 现象

强夯夯实过程中无法达到试夯时确定的最少夯击遍数和总下沉量，不能夯击密实。

2. 原因分析

1）土的含水量过大或过小；

2）不按规定的施工顺序进行；

3）重锤的落距不按规定执行，忽高忽低，落锤不平稳，坑壁坍塌；

4）分层夯实时，土的虚铺厚度过大，或夯击能量不足，不能达到有效影响深度。

3. 预防措施

1）地基夯实时，应使土含水量保持在最佳值的±2%范围内，如土太干，可适当加水，加水后应待水全部渗入土中一昼夜，并经检验土的含水量已符合要求后，方可进行夯打。若地基土的含水量过大，可铺吸水材料，如干土、生石灰等，或采取换土等其他有效措施；

2）分层填土时，应取含水量相当于或略高于最佳含水量的土料，每层铺填后应及时夯实。基坑（槽）周边应做好排水措施，防止向坑（槽）内灌水；

3）在条形基槽和大面积基坑内夯打时，宜先按一夯挨一夯顺序进行，在一次循环中同一夯位应连夯两下，下一循环时，夯位应与前一循环错开 1/2 锤底直径，如此反复进行；在较小面积的独立柱基基坑内夯打时，一般采用先周边后中间或先外后里的打夯法；当基坑（槽）底面的标高不同时，应按先深后浅的顺序逐层夯实；

4）落距应按规定执行，落锤必须平稳，夯位要准确，基坑（槽）的夯实范围应大于基础底面，开挖基坑（槽）每边比设计宽度加宽不宜小于0.3 m，湿陷性黄土地区不得小于0.6 m，坑（槽）边坡应适当放缓；

5）分层夯实填土时，必须严格规定控制每层铺土厚度。试夯时的层数不宜小于两层。

附　录

表 4-1-1　强夯地基验收及检查标准

序号	检查项目	允许偏差或允许值		检查方法
		单位	数值	
1	地基强度	设计要求		按规定方法
2	地基承载力	设计要求		按规定方法
3	夯锤落距	mm	±300	钢索设标志
4	锤重	kg	±100	称重
5	锤击变数及顺序	设计要求		计数法
6	夯点间距	mm	±500	用钢尺量
7	夯击范围	设计要求		用钢尺量
8	前后两遍间歇时间	设计要求		

4.2　水泥土搅拌桩搅拌体不均匀

1. 现象

搅拌体质量不均匀或出现无水泥浆拌合情况。

2. 原因分析

1）工艺不合理，或搅拌机械、注浆机械操作过程中发生故障，造成注浆不连续，供水不均匀，使黏土被搅动，无水泥浆拌合；

2）搅拌机提升速度不均匀等；导致桩体强度均匀承载力不能满足设计要求。

3. 预防措施

1）施工前应对搅拌机械、注浆设备、制浆设备等进行检查维修，使其处于正常状态；

2）选择合理的成桩工艺；

3）灰浆机和搅拌时间一般不少于2 min，增加拌合次数，保证拌合均匀，不使浆液沉淀；

4）提高搅拌转数，降低钻进速度，边搅拌，边提升，提高拌合均匀性；

5）注浆设备要完好，单位时间内注浆量要相等，不能忽多忽少，更不得中断；

6）重复搅拌下沉及提升各一次，以反复搅拌法解决钻进速度快与搅拌速度慢的矛盾，即采用一次喷浆二次补浆或重复搅拌的施工工艺；

7）拌制固化剂时不得任意加水，以防改变水灰比（水泥浆），降低拌合强度。

4.3　水泥土搅拌桩喷浆不正常

1. 现象

施工过程中，喷浆突然中断。

2. 原因分析

1）注浆泵、搅拌机出现故障；

2）喷浆口被堵塞；

3）管道中被水泥袋纸，水泥结块等杂物堵塞；

4）水泥浆水灰比、稠度不合适等，使加固地基强度不均，出现夹层或断桩。

3. 预防措施

1）注浆泵、搅拌机等设备施工前应试运转，保证完好；

2）喷浆口采用逆止阀，不得倒灌泥土；

3）注浆应连续进行，不得中断，高压胶管搅拌机输浆管与灰浆泵应连接可靠；

4）泵与输浆管路用完后要清洗干净，并在集浆池上部设细筛过滤，防止杂物及硬块进入各种管路，造成堵塞；

5）选用合适的水灰比（一般为 0.6～1.0）；

6）在钻头喷浆口上方设置越浆板，解决喷浆孔堵塞问题，使喷浆正常。

4. 治理方法

注浆泵、搅拌机等施工前应试运转，保证完好。喷浆口采月止逆阀，不得倒灌泥土。注浆连续进行，不得中断。泵与输浆管路用完后要清洗干净，并在集浆池上部设细筛过滤，防止杂物及硬块进入各种管道，造成堵塞。选用合适的水灰比，在钻头喷浆口上方设置越浆板，解决喷浆孔堵塞问题，使喷浆正常。

4.4　水泥土搅拌桩抱钻、冒浆

1. 现象

搅拌施工中有抱钻或冒浆出现。

2. 原因分析

1）工艺选择不适当；

2）加固土层中的黏土层（特别是硬黏土层）或夹层，是设计拌合工艺的关键问题，因这类黏土颗粒之间粘结力强，不易拌合均匀，搅拌过程中易产生抱钻现象；

3）有些土层虽不是黏土，也容易搅拌均匀，但由于其上覆盖压力较大，持浆能力差，易出现冒浆现象。

3. 预防措施

1）选择适合不同土层的不同工艺，如遇较硬土层及较密实的亚黏土，可采用输水搅拌-输浆拌合-搅拌的拌合方法。搅拌机沉入前，桩位处要注水，使搅拌头表面湿润。在搅拌输浆、拌合过程中，要随时记录孔口出现的各种现象。由于在搅拌过程中土体持浆能力的影响出现冒浆，使实际输浆量小于设计量，这时应采取“输水搅动—输浆拌合—搅拌”工艺，并将搅拌速度提高到 50 r/min，钻机速度降低到 1 m/min，这样会使搅拌均匀，减少冒浆；

2）施钻时，注意控制钻进速度，不能过快或过慢；

3）选择适合不同土层的不同工艺。当搅拌头在软黏土层钻进时，宜先将搅拌头用水充分湿润，并在地表加适量的湿砂，以降低土的黏性；当在硬质黏性土层或较密实的粉质黏土中钻进搅拌头时，可采用“输水搅动→输浆搅拌→搅拌”工艺进行操作，并提高搅拌转速，降低钻进速度，可使拌合均匀，减少冒浆；

4）在搅拌、输浆、拌合过程中，要随时记录孔口出现的各种现象。

4. 治理方法

已抱钻，可拔出钻杆，清除搅头上的黏土后继续钻进。

4.5 水泥土搅拌桩桩顶强度低

1. 现象

桩顶加固体疏松，强度较低。

2. 原因分析

1）表层加固效果差，是加固体的薄弱环节；

2）目前所确定的搅拌机械和拌合工艺，由于地基表面覆盖压力小，在拌合时土体上拱，不易拌合均匀。

3. 预防措施

在成桩时将桩顶标高 1 m 内作为加强段，进行一次注浆复搅拌，并适当加掺 10%～15%水泥量；在设计桩顶标高时，应考虑凿除 0.5 m，以加强桩顶部位。

4. 治理方法

将桩顶标高 1 m 作为加强段进行一次复拌加注浆，并提高水泥掺量。

附　录

表 4-5-1　水泥土搅拌桩地基检验标准

序号	检查项目	允许偏差或允许值		检查方法
		单位	数值	
1	水泥及外掺剂质量	设计要求		查产品合格证书或抽样送检
2	水泥用量	参数指标		查看流量计
3	机头提升速度	m/min	≤0.5	量机头上升距离及时间
4	桩底标高	mm	±200	测机头深度
5	桩顶标高	mm	±200 −50	水准仪（最上部 500 mm 不计入）
6	桩位偏差	mm	<50	用钢尺量
7	桩径		<0.04*D*	用钢尺量，*D* 为桩径
8	垂直度	%	≤1.5	经纬仪
9	搭接	mm	>200	用钢尺量

5　地下防水工程

5.1 卷材空鼓、甩槎、搭接缝、套管周边防渗漏

5.1.1 卷材空鼓

1. 现象

铺贴后的卷材表面，经敲击或手感检查，出现空鼓声。

2. 原因分析

卷材与基层粘贴不牢固。

3. 预防措施

1）无论用外贴法或内贴法施工，都应把地下水位降至垫层以下不少于 300 mm。垫层上应抹 1∶2.5 水泥砂浆找平层，以创造良好的基层表面；

2）保持找平层表面干燥洁净。必要时应在铺贴卷材前采取刷洗、晾干等措施；

3）铺贴卷材前，刷 1～2 道冷底子油，以保证卷材与基层表面粘结；

4）无论采取内贴法或外贴法，卷材均应实铺，保证铺实贴严；

5）当防水层采用 SBS、APP 改性沥青热熔卷材施工时，可采用热熔条粘法施工。铺贴时，卷材与基层宜采用条状粘结。但每幅卷材与基层粘结面不少于 4 条，每条宽不小于 150 mm，卷材之间满粘；

6）冷粘法铺贴卷材时气温不宜低于 5 ℃。冬季采用热熔法施工应有保温措施，以确保胶结材料的适宜温度。雨期施工应有防雨措施，或错开雨天施工。

4. 治理方法

对于检查出的空鼓部位，应剪开重新分层粘贴。

5.1.2　甩槎、搭接缝

1. 现象

铺贴后的卷材甩槎被污损破坏，或搭接缝处的卷材被撕破、层次不清，无法搭接。

2. 原因分析

甩槎、搭接缝保护不到位。

3. 预防措施

从混凝土底板下面甩出的卷材可刷油铺贴在建筑结构墙体上。超出建筑结构墙体的卷材用附加油毡包裹，外侧铺设木砖进行保护，待完成主体结构时，撕去附加油毡，可使内部各层卷材完好无缺。

4. 治理方法

对甩槎或搭接缝处进行清理干净，保持干燥，重新涂刷冷底子油，重新粘贴卷材。

5.1.3　套管周边防渗漏

1. 现象

卷材与管道壁粘结不严，出现张口、翘边现象。

2. 原因分析

卷材与管道壁粘结不牢固。

3. 预防措施

管道表面的污垢和铁锈要清除干净。在穿越砖石结构处，管道周围宜以细石混凝土包裹，其厚度不小于 300 mm。抹找平层时，应将管道根部抹成直径不小于 50 mm 圆角。卷材应按转角要求铺贴严实。

4. 治理方法

切除管道壁周边的卷材，将套管理周边的混凝土剔出 V 形口，将混凝土接缝处清理干净，并保持干燥。用防水砂浆抹出圆角，待防水砂浆干燥后重新粘贴卷材。

5.2 地下室侧墙水平施工缝渗漏

1. 现象

施工缝处混凝土松散，骨料集中，接槎明显，沿缝隙处渗漏水。

2. 原因分析

混凝土振捣不密实。

3. 预防措施

1）防水混凝土应连续浇筑，少留置施工缝。当需留置施工缝时，应遵守下列规定：

① 底板、顶板不宜留施工缝，底拱、顶拱不宜留纵向施工缝；

② 墙体不应留垂直施工缝。水平施工缝不应留在剪力与弯矩最大处或底板与侧墙交接处，应留在高出底板表面不小于 300 mm 的墙体上。当墙体有孔洞时，施工缝距孔洞边缘不应小于 300 mm。拱墙结合的水平施工缝，宜留在拱（板）墙接缝线以下 150～300 mm 处，先拱后墙的施工缝可留在起拱线处，但必须加强防水措施；

③ 承受动力作用的设备基础，不应留置施工缝。

2）在施工缝预先安置金属止水带，一般用 2～2.5 mm 薄钢板制成，接头应满焊，不得有缝隙。也可在施工缝安置膨胀止水条，须将施工缝处凿出凹槽，清扫干净后，在浇筑混凝土前放置膨胀止水条。

3）认真清理施工缝，凿掉表面浮粒，用剁斧将旧混凝土面打毛，并用压力水冲洗干净，但不得有积水。冬季为避免余水结冰，应用压缩空气清扫。

4）混凝土应采用补偿收缩混凝土，即在混凝土中按水泥重量掺入微膨胀剂。其掺量一般为水泥重量的 10%。

5）浇筑上层混凝土前，先在施工缝处浇一层与混凝土灰砂比相同的水泥砂浆，增强新旧混凝土粘结。

6）施工缝处混凝土要仔细振捣，保证混凝土的密实度。

4. 治理方法

1）根据施工缝渗漏水情况和水压大小，采用促凝胶浆或氰凝灌浆堵漏；

2）对于不渗漏水的施工缝出现缺陷，可沿缝剔成 V 形槽，遇有松散部位，须将松散石子剔除，刷洗干净后，用高强度等级水泥素浆打底，抹 1∶2 水泥砂浆找平压实。

5.3 后浇带、变形缝渗漏

5.3.1 后浇带渗漏

1. 现象

后浇带完工后，在后浇带两侧的接合部位产生渗水。

2. 原因分析

后浇带混凝土结合不密实。

3. 预防措施

1）后浇带两侧宜用木模封缝，尽量减少混凝土水泥浆流失。

2）浇筑后浇带混凝土之前，必须做好以下工作：

① 用钢丝刷除去钢筋或钢板止水带上的锈皮，压力水冲洗后，用压缩空气清除积液和灰渣；

② 缝缘未做企口带也没有安装钢板止水带的，应粘贴橡胶膨胀止水条；

③ 后浇带混凝土须用补偿收缩混凝土，其强度等级应比旧混凝土高 1 级，内掺水泥重量的 10％的膨胀剂。

3）浇筑后浇带混凝土时，先在接口部位刷或喷一层与混凝土同一品种的水泥浆后，边浇混凝土，边用插入式振捣棒仔细振捣。注意棒头不得触及止水条。连续浇筑，直到全部完成。最后，在混凝土表面二次收浆压平。

4）混凝土接近终凝，立即覆盖（或挂在模板上）双层草帘或双层麻片，充分浇水养护 28 d。拆模后，在迎水面做附加防水层和护墙。

4. 治理方法

沿裂缝剔成“八”字形边坡沟槽，将其清洗干净，用水泥胶浆搓成条形，待胶浆开始凝固时，迅速嵌入沟槽中，用力向槽内和沿沟槽两侧将胶浆挤压密实。再检查无渗漏后，用素浆和砂浆把沟槽找平拉毛，待其有一定强度后，再做防水层。

5.3.2　变形缝渗漏

1. 现象

沿变形缝隙渗漏水，表面覆盖层空鼓收缩出现裂缝漏水。

2. 原因分析

止水带破损；止水带与混凝土结合不密实。

3. 预防措施

1）橡胶止水带，应经严格检查，如有破损，须经修补。金属止水带，焊缝应满焊严密；

2）埋入式橡胶止水带，施工时，严禁在止水带的中心圆圆环处穿孔，应埋设在变形缝横截面的中部，木丝板应对准圆环中心。止水带接长时，其接头应挫成斜坡，毛面搭接，并用相应的胶粘剂粘结牢固；

3）浇筑混凝土时，采用和易性较好的混凝土，避免止水带周围骨料集中。墙体变形缝两侧混凝土，应分层浇筑，并用小棒头插入式振动器分层振捣，切勿漏振或过振。棒头不得碰撞止水带；

4）用木丝板和麻丝或聚氯乙烯泡沫塑料板作填缝材料时，木丝板和麻丝应经沥青浸适。填缝前，先于缝内涂热沥青一道。

4. 治理方法

全部剔除渗漏水的变形缝，重新做镶填变形缝。

5.4　地下室外墙裂缝渗漏

1. 现象

混凝土表面出现不规则的收缩裂缝。当裂缝贯穿于混凝土结构本体时，即产生渗漏水。

2. 原因分析

混凝土振捣不到位；混凝土养护不符合要求。

3. 预防措施

1）严格按验证好的配合比，准确配料，采用机械搅拌；混凝土在运输过程中要防止产生离析现象及坍落度和含气量的损失，同时要防止漏浆；

2）拌好的混凝土要及时浇筑，常温下应于半小时内运至现场，于初凝前浇筑完毕。运送距离较远或气温较高时，可掺入缓凝型减水剂；

3）浇筑前，应清除模板内的积水、木屑、铅丝、铁钉等杂物，并以水湿润模板。使用钢模应保持其表面清洁无浮浆。浇筑混凝土的自落高度不得超过 1.5 m，否则应使用串筒、溜槽或溜管等工具进行浇筑，以防石子产生堆积，影响质量。当结构中有密集管群，以及预埋件或钢筋稠密之处，不易使混凝土浇捣密实时，应改用相同抗渗等级的细石混凝土进行浇筑，以保证质量；

4）混凝土采用分层浇筑，混凝土每层厚度 300～500 mm，插入式振动器分层振捣；

5）按照规范要求对混凝土进行养护；

6）拆模时，混凝土的强度必须超过设计强度等级的 70％，应注意勿使模板和防水混凝土结构受损。

4. 治理方法

1）根据裂缝渗漏水量和水压大小，采取促凝胶浆或氰凝、丙凝灌浆堵漏；

2）对不渗漏的裂缝，可直接用灰浆处理；

3）对于结构出现的环形裂缝，应按变形缝的方法处理。

附　录

表 5-4-1　地下工程防水标准

防水等级	防水标准
一级	不允许渗水，结构表面无湿渍
二级	不允许渗水，结构表面可有少量湿渍； 工业与民用建筑：总湿渍面积不应大于总防水面积（包括顶板、墙面、地面）的 1/1 000；任意 100 m^2 防水面积上的湿渍不超过 2 处；单个湿渍的最大面积不大于 0.1 m^2； 其他地下工程：总湿渍面积不应大于总防水面积的 2/1 000；任意 100 m^2 防水面积上的湿渍不超过 3 处；单个湿渍的最大面积不大于 0.2 m^2；其中，隧道工程还要求平均渗水量不大于 0.05 L/(m^2·d)，任意 100 m^2 防水面积上的渗水量不大于 0.15 L/(m^2·d)
三级	有少量漏水点，不得有线流和漏泥沙； 任意 100 m^2 防水面积上的漏水或湿渍点数不超过 7 处，单个漏水点的最大漏水量不大于 0.05 L/d；单个湿渍的最大面积不大于 0.3 m^2
四级	有漏水点，不得有线流和漏泥沙； 整个工程平均漏水量不大于 2 L/(m^2·d)，任意 100 m^2 防水面积上的平均漏水量不大于 4 L/(m^2·d)

第二章

结构工程

1　砌体工程

1.1　砖砌体组砌混乱

1. 现象

混水墙面组砌方法混乱，出现直缝和“二层皮”，砖柱采用先砌四周后填心的包心砌法，里外皮砖层互不相咬，形成周围通天缝，降低了砌体强度和整体性；砖规格尺寸误差对清水墙面影响较大，如组砌形式不当，形成竖缝宽窄不均，影响美观。

2. 原因分析

1）因混水墙面要抹灰，操作人员容易忽视组砌形式，或者操作人员缺乏砌筑基本技能，因此，出现了多层砖的直缝和“二层皮”现象；

2）如图 1-1-1 所示，砌筑砖柱需要大量的七分砖来满足内外砖层错缝的要求，打制七分砖会增加工作量，影响砌筑效率，而且砖损耗很大。当操作人员思想不够重视，又缺乏严格检查的情况下，三七砖柱习惯于用包心砌法（见图 1-1-2）。

图 1-1-1　正确砌法——七分砖在砌体柱结构中的砌法

3. 预防措施

1）应使操作者了解砖墙组砌形式不但是为了清水墙美观，同时也是为了使墙体具有较好的受力性能。因此，墙体中砖缝搭接不得少于 1/4 砖长；内外皮砖层最多隔 200 mm 就应有一层丁砖拉结。烧结普通砖采用一顺一丁、梅花丁或三顺一丁砌法，多孔砖采用一顺一丁或梅花丁砌法均可满足这一要求。为了节约，允许使用半砖头，但应分散砌于混水墙中；

2）加强对操作人员的技能培训和考核，达不到技能要求者，不能上岗操作；

3）砖柱的组砌方法，应根据砖柱断面尺寸和实际使用情况统一考虑，但不允许采用包心砌法；

4）砌筑砖柱所需的异形尺寸砖，宜采用无齿锯切割，或在砖厂生产；

5）砖柱横竖向灰缝的砂浆都必须饱满，每砌完一层砖，都要进行一次竖缝刮浆塞缝工作，以提高砌体强度；

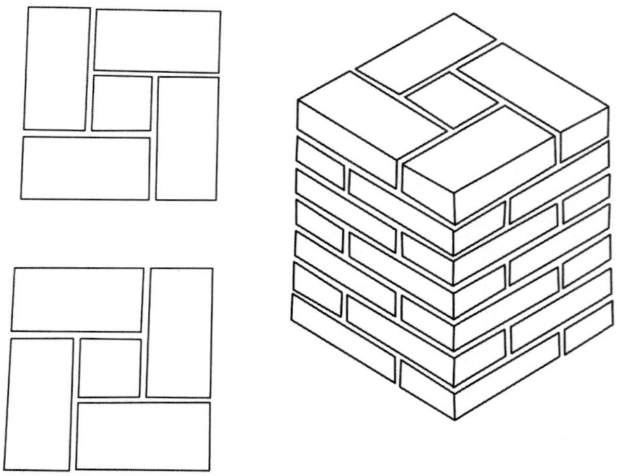

图 1-1-2　错误砌法——包心砌法

6）墙体组砌形式的选用，可根据受力性能和砖的尺寸误差确定。一般清水墙面常选用一顺一丁和梅花丁组砌方法；砖砌蓄水池宜采用三顺一丁组砌方法；双面清水墙，如工业厂房围护墙、围墙等，可采取三七缝组砌方法。由于一般砖长度正偏差、宽度负偏差较多，采用梅花丁组砌形式，可使所砌墙面的竖缝宽度均匀一致。在同一子项工程中，应尽量使用同一砖厂的砖，以避免因砖的规格尺寸误差而经常变动组砌方法。

4. 治理方法

因砖砌体组砌混乱而影响结构设计要求的须返工处理。在不影响结构设计要求的前提下，并经设计方同意，可原样接收。

1.2　砖缝砂浆不饱满，砂浆与砖粘结不良

1. 现象

砌体水平灰缝砂浆饱满度低于 80%；竖缝出现瞎缝，特别是空心砖墙，常出现较多的透明缝；砌筑清水墙采取大缩口铺灰，缩口缝深度甚至达 20 mm 以上，影响砂浆饱满度。砖在砌筑前未浇水湿润，干砖上墙，或铺灰长度过长，致使砂浆与砖粘结不良，如图 1-2-1 所示。

2. 原因分析

1）低强度等级的砂浆，如使用水泥砂浆，因水泥砂浆和易性差，砌筑时挤浆费劲，操作者用大铲或瓦刀铺刮砂浆后，使底灰产生空穴，砂浆不饱满；

2）用干砖砌墙，使砂浆早期脱水而降低强度，且与砖的粘结力下降，而干砖表面的粉屑又起隔离作用，减弱了砖与砂浆层的粘结；

3）用铺浆法砌筑，有时因铺浆过长，砌筑速度跟不上，砂浆中的水分被底砖吸收，使砌上的砖层与砂浆失去粘结；

4）砌清水墙时，为了省去刮缝工序，采取了大缩口的铺灰方法，使砌体砖缝缩口深度达 20 mm 以上，既降低了砂浆饱满度，又增加了勾缝工作量。

图 1-2-1　砂浆与砖粘结不良

3. 预防措施

1）改善砂浆和易性是确保灰缝砂浆饱满度和提高粘结强度的关键；

2）改进砌筑方法。不宜采取铺浆法或摆砖砌筑，应推广“三一砌砖法”，即使用大铲，一块砖、一铲灰、一挤揉的砌筑方法；

3）当采用铺浆法砌筑时，必须控制铺浆的长度，一般气温情况下不得超过 750 mm，当施工期间气温超过 30 ℃时，不得超过 500 mm；

4）严禁用干砖砌墙。砌筑前 1～2 d 应将砖浇湿，使砌筑时烧结普通砖和多孔砖的含水率达到 10%～15%；灰砂砖和粉煤灰砖的含水率达到 8%～12%；

5）冬期施工时，在正温度条件下也应将砖面适当湿润后再砌筑。负温下施工无法浇砖时，应适当增大砂浆的稠度。对于 9 度抗震设防地区，在严冬无法浇砖情况下，不能进行砌筑。

4. 治理方法

使用微膨胀灌浆料或砂浆将瞎缝或透明缝灌满，应降低所使用的灌浆料、砂浆的塌落度。

1.3　清水墙面游丁走缝

1. 现象

1）大面积的清水墙面常出现丁砖竖缝歪斜、宽窄不匀，丁不压中（丁砖在下层顺砖上不居中）；

2）清水墙窗台部位与窗间墙部位的上下竖缝发生错位、搬家等，直接影响到清水墙面的美观。

2. 原因分析

1）砖的长、宽尺寸误差较大，如砖的长为正偏差，宽为负偏差，砌一顺一丁时，竖缝宽度不易掌握，稍不注意就会产生游丁走缝；

2）开始砌墙摆砖时，未考虑窗口位置对砖竖缝的影响，当砌至窗台处分窗口尺寸时，窗的边线不在竖缝位置，使窗间墙的竖缝搬家，上下错位；

3）里脚手砌外清水墙，需经常探身穿看外墙面的竖缝垂直度，砌至一定高度后，穿看墙缝不太方便，容易产生误差，稍有疏忽就会出现游丁走缝。

3. 预防措施

正确砌法见图 1-3-1。

1）砌筑清水墙，应选取边角整齐、色泽均匀的砖；

2）砌清水墙前应进行统一摆底，并先对现场砖的尺寸进行实测，以便确定组砌方法和调整竖缝宽度；

3）摆底时应将窗口位置引出，使砖的竖缝尽量与窗口边线相齐，如安排不开，可适当移动窗口位置（一般不大于 20 mm）。当窗口宽度不符合砖的模数（如 1.8 m 宽）时，应将七分头砖留在窗口下部的中央，以保持窗间墙处上下竖缝不错位；

4）游丁走缝主要是丁砖游动所引起，因此在砌筑时，必须强调丁压中，即丁砖的中线与下层顺砖的中线重合；

5）在砌大面积清水墙（如山墙）时，在开始砌的几层砖中，沿墙角 lm 处，用线坠吊一次竖缝的垂直度，至少保持一步架高度有准确的垂直度；

6）沿墙面每隔一定间距，在竖缝处弹墨线，墨线用经纬仪或线坠引测。当砌至一定高度（一步架或一层墙）后，将墨线向上引伸，以作为控制游丁走缝的基准。

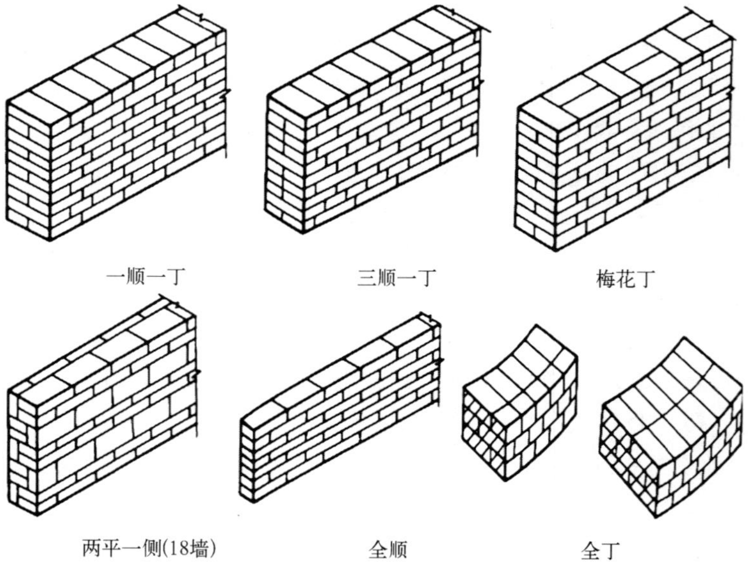

图 1-3-1　正确砌法

4. 治理方法

墙面游丁走缝允许偏差为 20 mm，整改后达到允许偏差即可，若整改后仍不能满足要求，应返工处理。

1.4　“螺丝”墙

1. 现象

砌完一个层高的墙体时，同一砖层的标高差一皮砖的厚度，不能交圈。

2. 原因分析

砌筑时，没有按皮数杆控制砖的层数。每当砌至基础顶面和在预制混凝土楼板上接砌砖墙时，由于标高偏差大，皮数杆往往不能与砖层吻合，需要在砌筑中用灰缝厚度逐步调整。如果砌同一层砖时，误将负偏差标高当作正偏差，砌砖时反而压薄灰缝，在砌至层高赶上皮数杆时，与相邻位置的砖墙正好差一皮砖，形成“螺丝”墙。

3. 预防措施

1）砌墙前应先测定所砌部位基面标高误差，通过调整灰缝厚度，调整墙体标高；

2）调整同一墙面标高误差时，可采取提（或压）缝的办法，砌筑时应注意灰缝均匀，标高误差应分配在一步架的各层砖缝中，逐层调整；

3）挂线两端应相互呼应，注意同一条平线所砌砖的层数是否与皮数杆上的砖层数相符；

4）当内外墙有高差，砖层数不好对照时，应以窗台为界由上向下倒清砖层数。当砌至一定高度时，可检查与相邻墙体水平线的平行度，以便及时发现标高误差；

5）在墙体一步架砌完前，应进行抄平弹半米线，用半米线向上引尺检查标高误差，墙体基面的标高误差，应在一步架内调整完毕。

4. 治理方法

螺丝墙偏差较小，后继砌体施工可利用灰缝厚度来调整高度；螺丝墙偏大，须返工处理。若为清水砖墙，出现螺丝墙现象，须返工处理。

1.5　清水墙面水平缝不直，墙面凹凸不平

1. 现象

同一条水平缝宽度不一致，个别砖层冒线砌筑；水平缝下垂；墙体中部（两步脚手架交接处）凹凸不平。

2. 原因分析

1）由于砖在制坯和晾干过程中，底条面因受压墩厚了一些，形成砖的两个条面大小不等，厚度约差 2～3 mm。砌砖时，如若大小条面随意跟线，必然使灰缝宽度不一致，个别砖大条面偏大较多，不易将灰缝砂浆压薄，因而出现冒线砌筑；

2）所砌的墙体长度超过 20 m，拉线不紧，挂线产生下垂，跟线砌筑后，灰缝就会出现下垂现象；

3）搭脚手排木直接压墙，使接砌墙体出现“捞活”（砌脚手板以下部位）；挂立线时没有从下步脚手架墙面向上引伸，使墙体在两步架交接处，出现凹凸不平、水平灰缝不直等现象；

4）由于第一步架墙体出现垂直偏差，接砌第二步架时进行了调整，因而在两步架交接处出现凹凸不平。

3. 预防措施

1）砌砖应采取小面跟线，因一般砖的小面楞角裁口整齐，表面洁净。用小面跟线不仅能使灰缝均匀，而且可提高砌筑效率；

2）挂线长度超长（15～20 m）时，应加腰线。腰线砖探出墙面 30～40 mm，将挂线搭在砖面上，由角端检查挂线的平直度，用腰线砖的灰缝厚度调平；

3）墙体砌至脚手架排木搭设部位时，预留脚手眼，并继续砌至高出脚手板面一层砖。挂立线应由下面一步架墙面引伸，立线延至下部墙面至少 0.5 m。挂立线吊直后，拉紧平线，用线坠吊平线和立线，当线坠与平线、立线相重，即“三线归一”时，则可认为立线正确无误。

4. 治理方法

水平灰缝平直度允许偏差为 5 mm，整改后达到允许偏差即可。

1.6　清水墙面勾缝不符合要求

1. 现象

清水墙面勾缝深浅不一致，竖缝不实，十字缝搭接不平，墙缝内残浆未扫净，墙面被砂浆严重污染；脚手眼处堵塞不严、不平，留有永久痕迹（堵孔砖与原墙面色泽不一致）；勾缝砂浆开裂、脱落。

2. 原因分析

1）清水墙面勾缝前未经开缝，刮缝深度不够或用大缩口缝砌砖，使勾缝砂浆不平，深浅不一致。竖缝挤浆不严，勾缝砂浆悬空未与缝内底灰接触，与平缝十字搭接不平，容易开裂、脱落。脚手眼堵塞不严，补缝砂浆不饱满。堵孔砖与原墙面的砖色泽不一致，在脚手眼处留下永久痕迹；

2）勾缝前对墙面浇水润湿程度不够，使勾缝砂浆早期脱水而收缩开裂。墙缝内浮灰未清理干净，影响勾缝砂浆与灰缝内砂浆的粘结，日久后脱落；

3）采取加浆勾缝时，因托灰板接触墙面，使墙面被勾缝水泥砂浆弄脏而留下印痕。如墙面浇水过湿，扫缝时墙面也容易被砂浆污染。

3. 预防措施

1）清水墙面勾缝所用水泥的凝结时间和安定性复验应合格。砂浆的配合比应符合设计要求；

2）勾缝前，必须对墙体砖缺楞掉角部位、瞎缝、刮缝深度不够的灰缝进行开凿。开缝深度为10 mm左右，缝子上下切口应开凿整齐；

3）砌墙时应保存一部分砖，供堵塞脚手眼用。脚手眼堵塞前，先将洞内的残余砂浆剔除干净，并浇水润湿（冲去浮灰），然后铺以砂浆用砖挤严。横、竖灰缝均应填实砂浆，顶砖缝采取喂灰方法塞严砂浆，以减少脚手眼对墙体强度的影响；

4）勾缝前，应提前浇水冲刷墙面的浮灰（包括清除灰缝表层不实部分），待砖墙表皮略见风干时，再开始勾缝；

5）勾缝用1∶1.5水泥细砂砂浆，细砂应过筛，砂浆稠度以勾缝镏子挑起不落为宜；

6）外清水墙勾凹缝，凹缝深度为4～5 mm，为使凹缝切口整齐，宜将勾缝镏子做成倒梯形断面。操作时用镏子将勾缝砂浆压入缝内，并来回压实、上下口切齐。竖缝镏子断面构造相同，竖缝应与上下水平缝搭接平整，左右切口要齐，为防止托灰板对墙面的污染，将板端刨成尖角，以减少与墙面的接触；

7）勾完缝后，待勾缝砂浆略被砖面吸水起干，即可进行扫缝。扫缝应顺缝扫，先水平缝，后竖缝，扫缝时应不断地抖掉扫帚中的砂浆粉粒，以减少对墙面的污染；

8）干燥天气，勾缝后应喷水养护。

4. 治理措施

对勾缝不合格处用同等级砂浆修补，对裂缝处采用素水泥浆修补。

1.7　留槎形式不符合规定，接槎不严

1. 现象

砌筑时不按规范执行，随意留直槎，且多留置阴槎，槎口部位用砖渣填砌，留槎部位接槎砂浆不严，灰缝不顺直，使墙体拉结性能严重削弱。

2. 原因分析

1）操作人员对留槎形式与抗震性能的关系缺乏认识，习惯于留直槎，认为留斜槎费事，技术要求高，不如留直槎方便，而且多数留阴槎。有时由于施工操作不便，如外脚手砌墙，横墙留斜槎较困难而留置直槎；

2）施工组织不当，造成留槎过多。由于重视不够，留直槎时，漏放拉结筋，或拉结筋长度、间距未按规定执行；拉结筋部位的砂浆不饱满，使钢筋锈蚀；

3）后砌120 mm厚隔墙留置的阳槎不正不直，接槎时由于咬槎深度较大，使接槎砖上部灰缝不易塞严；

4）斜槎留置方法不统一，留置大斜槎工作量大，斜槎灰缝平直度难以控制，使接槎部位不顺线；

5）施工洞口随意留设，运料小车将混凝土、砂浆撒落到洞口留槎部位，影响接槎质量。填砌施工洞的砖、色泽与原墙不一致，影响清水墙面的美观。

3. 预防措施

1）在安排施工组织计划时，对施工留槎应作统一考虑，外墙大角尽量做到同步砌筑不留槎，或一步架留槎，二步架改为同步砌筑，以加强墙角的整体性。纵横墙交接处，有条件时尽量安排

同步砌筑，如外脚手砌纵墙，横墙可以与此同步砌筑，工作面互不干扰。这样可尽量减少留槎部位，有利于加强房屋的整体性；

2）执行抗震设防地区不得留直槎的规定，斜槎宜采取 18 层斜槎砌法，为防止因操作不熟练，使接槎处水平缝不直，可以加立小皮数杆。清水墙留槎，如遇有门窗口，应将留槎部位砌至转角门窗口边，在门窗口框边立皮数杆，以控制标高；

3）非抗震设防地区，当留斜槎确有困难时，应留引出墙面 120 mm 的直槎，并按规定设拉结筋，使咬槎砖缝便于接砌，以保证接槎质量，增强墙体的整体性；

4）应注意接槎的质量，首先应将接槎处清理干净，然后浇水湿润，接槎时，槎面要填实砂浆，并保持灰缝平直；

5）后砌非承重隔墙，可于墙中引出凸槎，对抗震设防地区还应按规定设置拉结钢筋，非抗震设防地区的 120 mm 隔墙，也可采取在墙面上留榫式槎的作法。接槎时，应在榫式槎洞口内先填塞砂浆，顶皮砖的上部灰缝用大铲或瓦刀将砂浆塞严，以稳固隔墙，减少留槎洞口对墙体断面的削弱；

6）外清水墙施工洞口留槎部位，应加以保护和遮盖，防止运料小车碰撞槎子和撒落混凝土、砂浆造成污染。为使填砌施工洞口用砖规格和色泽与墙体保持一致，在施工洞口附近应保存一部分原砌墙用砖，供填砌洞口时使用。

4. 治理方法

据《砌体结构工程施工质量验收规范》(GB 50203—2011)规范要求，临时间断处应砌成斜槎，斜槎水平投影长度不应小于斜槎高度。施工洞口可留置直槎，但在洞口砌筑和补砌时，应在直槎上下搭砌的小砌块空洞内用强度等级不低于 C20 的混凝土灌实。规范对其治理后的抽检要求：抽检数量，每检验批抽查不少于 5 处；检验方法，观察检查。

1.8　配筋砌体钢筋遗漏和锈蚀

1. 现象

配筋砌体(水平配筋)中的钢筋在操作时漏放，或没有按照设计规定放置；配筋砖缝中砂浆不饱满，钢筋年久遭到严重锈蚀(见图 1-8-1)而失去作用。上述两种现象会使配筋砌体强度大幅度地降低。

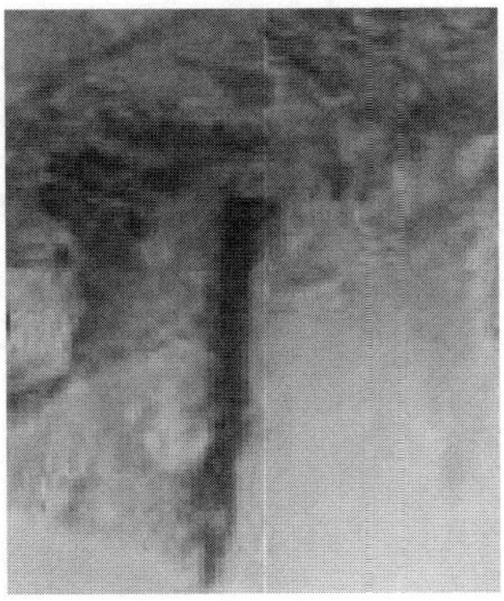

图 1-8-1　钢筋锈蚀

2. 原因分析

1）配筋砌体钢筋漏放，主要是操作时疏忽造成的。由于管理不善，待配筋砌体砌完后，才发现配筋网片有剩余，但已无法查对，往往不了了之；

2）配筋砌体灰缝厚度不够，特别当同一条灰缝中，有的部位(如窗间墙)有配筋，有的部位无配筋时，皮数杆灰缝若按无配筋砌体划制，造成配筋部位灰缝厚度偏小，使配筋在灰缝中没有保护层，或局部未被砂浆包裹，造成钢筋锈蚀。

3. 预防措施

1）砌体中的配筋与混凝土中的钢筋一样，都属于隐蔽工程项目，应加强检查，并填写检查记录存档。施工中，对所砌部位需要的配筋应一次备齐，以便检查有无遗漏。砌筑时，配筋端头应从砖缝处露出，作为配筋标志；

2）配筋宜采用冷拔钢丝点焊网片，砌筑时，应适当增加灰缝厚度（以钢筋网片厚度上下各有2 mm保护层为宜）。如同一标高墙面存在有配筋和无配筋两种情况，可分划两种皮数杆，一般配筋砌体最好为外抹水泥砂浆混水墙，这样就不会影响墙体缝式的美观；

3）为了确保砖缝中钢筋保护层的质量，应先将钢筋网片刷水泥净浆。网片放置前，底面砖层的纵横竖缝应用砂浆填实，以增强砌体强度，同时也能防止铺浆砌筑时，砂浆掉入竖缝中而出现露筋现象；

4）配筋砌体一般均使用强度等级较高的水泥砂浆，为了使挤浆严实，严禁用干砖砌筑。应采取满铺满挤（也可适当敲砖振实砂浆层），使钢筋能很好地被砂浆包裹；

5）如有条件，可在钢筋表面涂刷防腐涂料或防锈剂。

4. 治理方法

将被锈蚀的钢筋处裂缝凿宽至5 mm左右，灌入防水水泥砂浆（环氧树脂水泥砂浆），抹平。

1.9 楼板伸入墙体长度不足或搁置不平

1. 现象

1）楼板伸进墙体的长度小于《建筑抗震设计规范》的规定，一旦遭遇震害，楼板容易坠落；

2）横梁两侧楼板伸入墙内的长度不等，造成墙体荷载偏心，对砌体受力不利；

3）楼板在墙上安放不平，板与墙局部接触，造成墙体受力不均匀，局部应力集中，从而降低砌体的承载能力。

2. 原因分析

1）轴线放线不准，使墙体间的距离产生较大偏差，距离小时，板的支承长度大；距离大时，板的支承长度小；

2）放楼板时，不认真检查板在墙上的支承长度，或已发现支承长度不够，也怕麻烦，不作调整；

3）搁置楼板前，末对墙顶找平，放板时也不坐浆，或仅用砂浆将明显不平处填平，楼板放上后，发现板不平稳，也未认真处理。

3. 预防措施

1）采用先放楼板后浇圈梁的硬架支模工艺，彻底解决楼板支承长度不足和搁置不平稳这一问题。硬架支模的施工要点如下。

① 楼板长度按每端伸入墙内45 mm确定；

② 楼板预应力钢筋留出一定长度，搁板后弯折30°～45°；

③ 伸进楼板孔洞内40 mm左右进行堵孔。

2）采用钢尺准确放线，控制墙体轴线的偏差不超过10 mm；

3）搁放楼板前，用砂浆对墙顶找平（有混凝土圈梁时，可不进行此道工序），放板时，先进行坐浆，并控制好两端进墙长度，再落板。

4. 治理方法

对搁置不平处采用压力灌浆处理，埋设压浆管，利用水泥砂浆将缝隙填满。

1.10 地基不均匀下沉引起墙体裂缝

1. 现象

1）斜裂缝一般发生在纵墙的两端，多数裂缝通过窗口的两个对角，裂缝向沉降较大的方向倾斜，并由下向上发展。横墙由于刚度较大(门窗洞口也少)，一般不会产生太大的相对变形，故很少出现这类裂缝。裂缝多出现在底层墙体，向上逐渐减少，裂缝宽度下大上小，常常在房屋建成后不久就出现，其数量及宽度随时间而逐渐发展；

2）窗间墙水平裂缝一般在窗间墙的上下对角处成对出现，沉降大的一边裂缝在下，沉降小的一边裂缝在上；

3）竖向裂缝发生在纵墙中央的顶部和底层窗台处，裂缝上宽下窄。当纵墙顶层有钢筋混凝土圈梁时，顶层中央顶部竖直裂缝则较少。

地基不均匀下沉引起墙体裂缝如图 1-10-1 所示。

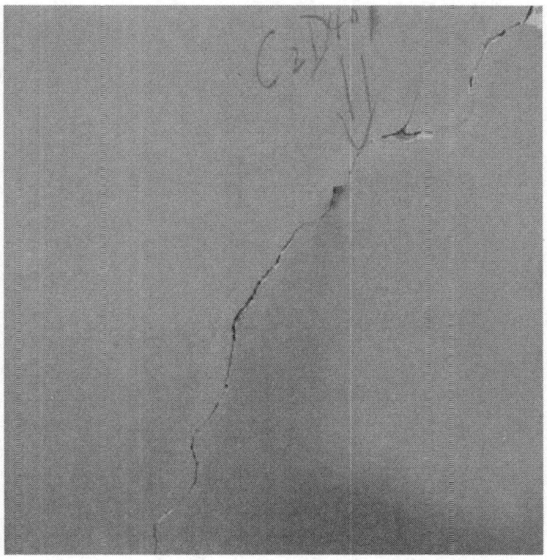

图 1-10-1　地基不均匀下沉引起墙体裂缝

2. 原因分析

1）斜裂缝主要发生在软土地基上的墙体中，由于地基不均匀下沉，使墙体承受较大的剪切力，当结构刚度较差，施工质量和材料强度不能满足要求时，导致墙体开裂；

2）窗间墙水平裂缝产生的原因是，由于地基沉降量较大，沉降单元上部受到阻力，使窗间墙受到较大的水平剪力，而发生上下位置的水平裂缝；

3）房屋底层窗台下竖直裂缝，是由于窗间墙承受荷载后，窗台墙起着反梁作用，特别是较宽大的窗口或在窗间墙承受较大的集中荷载情况下(如礼堂、厂房等工程)，建在软土地基上的房屋，窗台墙因反向变形过大而开裂，严重时还会挤坏窗口，影响窗扇开启。另外，地基如建在冻土层上，由于冻胀作用也可能在窗台处发生裂缝。

3. 预防措施

1）加强地基探槽工作。对于较复杂的地基，在基槽开挖后应进行普遍钎探，待探出的软弱部位进行加固处理后，方可进行基础施工；

2）合理设置沉降缝。凡不同荷载(高差悬殊的房屋)、长度过大、平面形状较为复杂，同一建筑物地基处理方法不同和有部分地下室的房屋，都应从基础开始分成若干部分，设置沉降缝使其各自沉降，以减少或防止裂缝产生。沉降缝应有足够的宽度，操作中应防上浇筑圈梁时将断开处浇在一起，或砖头、砂浆等杂物落入缝内，以致房屋不能自由沉降而发生墙体拉裂现象；

3）加强上部结构的刚度，提高墙体抗剪强度。由于上部结构刚度较强，可以适当调整地基的不均匀下沉，故应在基础顶面(±0.000)处及各楼层门窗口上部设置圈梁，减少建筑物端部门窗数量。设计时，应控制长高比不要过大。操作中严格执行规范规定，如砖浇水润湿程度，改善砂浆和易性，提高砂浆饱满度，在施工临时间断处留置斜槎。对于非抗震设防地区的房屋，当留置直槎时，也应留成阳槎，并按规定加设拉结筋，坚决消灭阴槎和无拉结筋的做法；

4）宽大窗口下部应考虑设混凝土梁或砌反砖碹，以适应窗台反梁作用而变形，防止窗台处产生竖直裂缝。为避免多层房屋底层窗台下出现裂缝，除了加强基础整体性外，也采取通长配筋的方法来加强。另外，窗台部位也不宜使用过多的半砖砌筑。

4. 治理方法

1）对于沉降差不大，且已不再发展的一般性细小裂缝，因不会影响结构的安全和使用，采取砂浆堵抹即可；

2）对于不均匀沉降仍在发展，裂缝较严重且在继续开展的情况，应本着先加固地基后处理裂缝的原则进行。一般可采用桩基托换加固方法来加固，即沿基础两侧布置灌注桩，上设抬梁，将原基础圈梁托起，防止地基继续下沉。然后根据墙体裂缝的严重程度，分别采用灌浆充填法（1∶2 水泥砂浆）、钢筋网片加固法（250 mm×250 mmϕ4～6 钢筋网，用穿墙拉筋固定于墙体两侧，上抹 35 mm 厚 M10 水泥砂浆或 C20 细石混凝土）或拆砖重砌法（拆去局部砖墙，用高于原强度等级一级的砂浆重新砌筑）进行处理。

1.11　温度变化引起的墙体裂缝

1. 现象

1）八字裂缝（见图 1-11-1）。出现在顶层纵墙的两端（一般在 1～2 开间的范围内），严重时可发展到房屋 1/3 长度内，有时在横墙上也可能发生。裂缝宽度一般中间大、两端小。当外纵墙两端有窗时，裂缝沿窗口对角方向裂开；

2）水平裂缝（见图 1-11-2）。一般发生在平屋顶屋檐下或顶层圈梁下 2～3 皮砖的灰缝位置，裂缝一般沿外墙顶部断续分布，两端较中间严重，在转角处，往往形成纵、横墙相交而成的包角裂缝；

3）竖向裂缝（见图 1-11-2）。对于一些长度较大的房屋，在纵墙中间部位可能出现竖向裂缝，裂缝宽度中间大、两端小；

4）上述裂缝多出现在房屋建成后 1～2 年内，具有南面、西面重，北面、东面轻的特点，大多数裂缝经过夏季或冬季后出现。

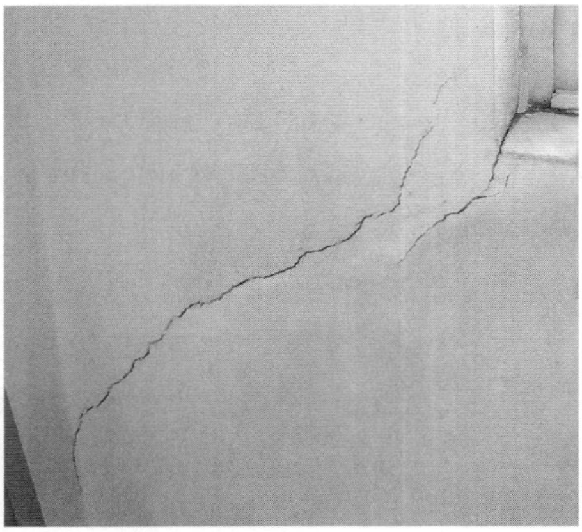

图 1-11-1　温度变化引起的墙体裂缝（八字裂缝）

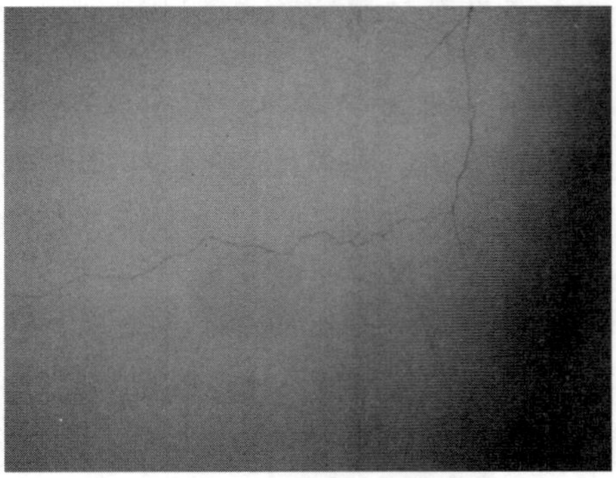

图 1-11-2　温度变化引起的墙体裂缝（水平、竖向裂缝）

2. 原因分析

1）八字裂缝一般发生在平屋顶房屋顶层纵墙面上，这种裂缝的产生，往往是在夏季屋顶圈梁、挑檐混凝土浇筑后，保温层未施工前，由于混凝土和砖砌体两种材料线胀系数的差异（前者比后者约大一倍），在较大温差情况下，纵墙因不能自由缩短而在两端产生八字裂缝。

无保温屋盖的房屋，经过夏、冬季气温的变化，也容易产生八字裂缝。裂缝之所以发生在顶层，还由于顶层墙体承受的压应力较其他各层小，从而砌体抗剪强度比其他各层要低的缘故；

2）洞口下水平裂缝、包角裂缝以及在较长的多层房屋楼梯间处，楼梯休息平台与楼板邻接部位发生的竖直裂缝，以及纵墙上的竖直裂缝，产生的原因与上述原因相同。

3. 预防措施

1）合理安排屋面保温层施工。由于屋面结构层施工完毕至做好保温层，中间有一段时间间隔，因此屋面施工应尽量避开高温季节，同时应尽量缩短间隔时间；

2）屋面挑檐可采取分块预制或者顶层圈梁与墙体之间设置滑动层；

3）按规定留置伸缩缝，以减少温度变化对墙体产生的影响。伸缩缝内应清理干净，避免碎砖或砂浆等杂物填入缝内。

4. 治理方法

此类裂缝一般不会危及结构的安全，且 2～3 年将趋于稳定，因此，对于这类裂缝可待其基本稳定后再作处理。治理方法与“地基不均匀下沉引起墙体裂缝”基本相同。

1.12　大梁处的墙体裂缝

1. 现象

大梁底部的墙体（窗间墙），产生局部竖直裂缝，如图 1-12-1 所示。

2. 原因分析

1）大梁下面墙体竖直裂缝，主要由于未设梁垫或梁垫面积不足，砖墙局部承受荷载过大所引起；

2）该部位墙体厚度不足，或未砌砖垛；

3）砖和砂浆强度偏低，施工质量较差。

3. 预防措施

1）有大梁集中荷载作用的窗间墙，应有一定的宽度（或加垛）；

2）梁下应设置足够面积的现浇混凝土梁垫，当大梁荷载较大时，墙体尚应考虑横向配筋；

3）对宽度较小的窗间墙，施工中应避免留脚手眼。

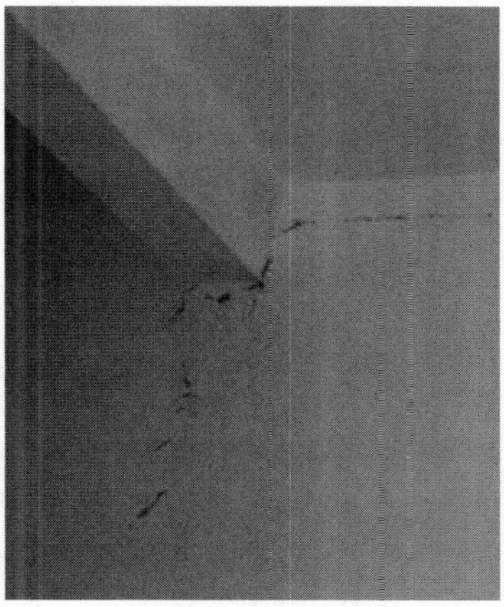

图 1-12-1　大梁处的墙体裂缝

4. 治理方法

1）由于此类裂缝属受力裂缝，将危及结构的安全，因此一旦发现，应尽快进行处理；

2）首先由设计部门根据砖和砂浆的实际强度，并结合施工质量情况进行复核验算，如果局部受压不能满足规范要求，可会同施工部门采取加固措施。处理时，一般应先加固结构，后处理裂缝。对于情况严重者，为确保安全，必要时在处理前应采取临时加固措施，以防墙体突然性破坏。

附　录

表 1-12-1　无筋砖砌体质量标准及检验方法

项次	项目类别	质量要求	检验方法
1	主控项目	砖和砂浆的强度等级必须符合设计要求	查砖和砂浆试块试验报告
2		砌体水平灰缝的砂浆饱满度不得小于80%	用百格网检查砖底面与砂浆的粘结痕迹面积。每处检测3块砖,取其平均值
3		砖砌体的转角处和交接处应同时砌筑,严禁无可靠措施的内外墙分砌施工。对不能同时砌筑而又必须留置的临时间断处应砌成斜槎,斜槎水平投影长度不应小于高度的2/3	观察检查
4		非抗震设防及抗震设防裂度为6度、7度地区的临时间断处,当不能留斜槎时,除转角处外,可留直槎,但直槎必须做成凸槎。留直槎处应加设拉结钢筋,拉结钢筋的数量为每120 mm墙厚放置1×ϕ6 mm拉结钢筋(120 mm厚墙放置2×ϕ6 mm拉结钢筋),间距沿墙高不应超过500 mm;埋入长度从留槎处算起每边均不应小于500 mm,对抗震设防烈度6度、7度的地区,不应小于1 000 mm;末端应有90°弯钩	观察和尺量检查
5		轴线位置偏移和垂直度的允许偏差及检验方法,见表1-12-3	
6	一般项目	砖砌体组砌方法应正确,上、下错缝,内外搭砌,砖校不得采用包心砌法	观察检查
7		砖砌体的灰缝应横平竖直,厚薄均匀。水平灰缝厚度宜为10 mm,但不应小于8 mm,也不应大于12 mm	用尺量10皮砖砌体高度折算
8		一般尺寸的允许偏差及检验方法,见表1-12-3	

表 1-12-2　配筋砖砌体质量标准及检验方法

项次	项目类别	质量要求	检验方法
1	主控项目	钢筋的品种、规格和数量应符合设计要求	检查钢筋的合格证书、钢筋性能试验报告、隐蔽工程记录
2		构造柱、芯柱、组合砌体构件、配筋砌体剪力墙构件的混凝土或砂浆的强度等级应符合设计要求	检查混凝土或砂浆试块试验报告
3		构造柱与墙体的连接处应砌成马牙槎,马牙槎应先退后进,预留的拉结钢筋位置应正确,施工中不得任意弯折	观察检查
4		构造柱位置及垂直度的允许偏差及检验方法,见符合表1-12-4的规定	

续表

项次	项目类别	质量要求	检验方法
5	一般项目	设置在砌体水平灰缝内的钢筋，应居中置于灰缝中。水平灰缝厚度应大于钢筋直径 4 mm 以上。砌体外露面砂浆保护层的厚度不应小于 15 mm	观察检查，辅以钢尺检测
6		设置在潮湿环境或有化学侵蚀性介质的环境中的砌体灰缝内的钢筋应采取防腐措施	观察检查
7		网状配筋砌体中，钢筋网及放置间距应符合设计规定	钢筋规格检查钢筋网成品，钢筋网放置间距局部剔缝观察，或用探针刺入灰缝内检查，或用钢筋位置测定仪测定
8		组合砖砌体构件，竖向受力钢筋保护层应符合设计要求，距砖砌体表面距离不应小于 5 mm；拉结筋两端应设弯钩，拉结筋及箍筋的位置应正确	支模前观察与尺量检查

表 1-12-3　砖砌体位置、垂直度和一般尺寸允许偏差及检验方法

项次	项　目			允许偏差/mm	检验方法
1	轴线位置偏移			10	用经纬仪和尺检查或用其他测量仪器检查
2	垂直度	每层		5	用 2 m 托线板检查
		全高	≤10 m	10	用经纬仪、吊线和尺检查，或用其他测量仪器检查
			>10 m	20	
3	基础顶面和楼面标高			±15	用水平仪和尺检查
4	表面平整度	清水墙、柱		5	用 2 m 靠尺和楔形塞尺检查
		混水墙、柱		8	
5	门窗洞口高、宽(后塞口)			±5	用尺检查
6	外墙上下窗口偏移			20	以底层窗口为准，月经纬仪或吊线检查
7	水平灰缝平直度	清水墙		7	拉 10 m 线和尺检查
		混水墙		10	
8	清水墙游丁走缝			20	吊线和尺检查，以每层第一皮砖为准

表 1-12-4　构造柱尺寸允许偏差及检验方法

项次	项　目			允许偏差/mm	检验方法
1	柱中心线位置			10	用经纬仪和尺检查或用其他测量仪器检查
2	柱层间错位			8	用经纬仪和尺检查或用其他测量仪器检查
3	柱垂直度	每层		10	用 2 m 托线板检查
		全高	≤10 m	15	用经纬仪、吊线和尺检查，或用其他测量仪器检查
			>10 m	20	

2 模板工程

2.1 模板一般质量通病

2.1.1 轴线位移

1. 现象

混凝土浇筑后拆除模板时，发现柱、墙实际位置与建筑物轴线位置有偏移，如图 2-1-1 所示。

2. 原因分析

1）翻样不认真或技术交底不清，模板拼装时组合件未能按规定到位；

2）轴线测放产生误差；

3）墙、柱模板根部和顶部无限位措施或限位不牢，发生偏位后又未及时纠正，造成累积误差；

4）支模时，未拉水平、竖向通线，且无竖向垂直度控制措施；

5）模板刚度差，未设水平拉杆或水平拉杆间距过大；

6）混凝土浇筑时未均匀对称下料，或一次浇筑高度过高造成侧压力过大挤偏模板；

7）对拉螺栓、顶撑、木楔使用不当或松动造成轴线偏位。

图 2-1-1 轴线位移现象

3. 预防措施

1）严格按 1∶10～1∶50 的比例将各分部、分项翻成详图并注明各部位编号、轴线位置、几何尺寸、剖面形状、预留孔洞、预埋件等，经复核无误后认真对生产班组及操作工人进行技术交底，作为模板制作、安装的依据；

2）模板轴线测放后，组织专人进行技术复核验收，确认无误后才能支模；

3）墙、柱模板根部和顶部必须设可靠的限位措施，例如采用现浇楼板混凝土上预埋短钢筋固定钢支撑，以保证底部位置准确；

4）支模时要拉水平、竖向通线，并设竖向垂直度控制线，以保证模板水平、竖向位置准确；

5）根据混凝土结构特点，对模板进行专门设计，以保证模板及其支架具有足够的强度、刚度及稳定性；

6）混凝土浇筑前，对模板轴线、支架、顶撑、螺栓进行认真检查、复核，发现问题及时进行处理；

7）混凝土浇筑时，要均匀对称下料，浇筑高度应严格控制在施工规范允许的范围内。

4. 治理方法

现浇结构和混凝土设备基础的模板尺寸符合施工规范的要求，如果不符合要求，必须进行校正，必要时拆除重新支设。

2.1.2 标高偏差

1. 现象

测量时，发现混凝土结构层标高及预埋件、预留孔洞的标高与施工图设计标高之间有偏差，如图 2-1-2 所示。

2. 原因分析

1）楼层无标高控制点或控制点偏少，控制网无法闭合；竖向模板根部未找平；

2）模板顶部无标高标记，或未按标记施工；

3）高层建筑标高控制线转测次数过多，累计误差过大；

4）预埋件、预留孔洞未固定牢，施工时未重视施工方法；

5）楼梯踏步模板未考虑装修层厚度。

图 2-1-2　标高偏差

3. 预防措施

1）每层楼设足够的标高控制点，竖向模板根部须做找平；

2）模板顶部设标高标记，严格按标记施工；

3）建筑楼层标高由首层±0.000 标高控制，严禁逐层向上引测，以防止累计误差，当建筑高度超过 30 m 时，应另设标高控制线，每层标高引测点应不少于 2 个，以便复核；

4）预埋件及预留孔洞，在安装前应与图纸对照，确认无误后准确固定在设计位置上，必要时用电焊或套框等方法将其固定，在浇筑混凝土时，应沿其周围分层均匀浇筑，严禁碰击和振动预埋件与模板；

5）楼梯踏步模板安装时应考虑装修层厚度。

2.1.3　结构变形

1. 现象

拆模后发现混凝土柱、梁、墙出现鼓凸、缩颈或翘曲现象，如图 2-1-3 所示。

2. 原因分析

1）模板支撑及围檩间距过大，模板刚度差；

2）模板连接件未按规定设置，造成模板整体性差；

3）墙模板无对拉螺栓或螺栓间距过大，螺栓规格过小；

4）竖向承重支撑在地基土上未夯实，未垫平板，也无排水措施，造成文承部分地基下沉；

5）门窗洞口内模间对撑不牢固，易在混凝土振捣时模板被挤偏；

图 2-1-3　鼓凸、错台现象

6）梁、柱模板卡具间距过大，或未夹紧模板，或对拉螺栓配备数量不足，以致局部模板无法承受混凝土振捣时产生的侧向压力，导致局部爆模；

7）浇筑墙、柱混凝土速度过快，一次浇筑高度过高，振捣过度；

8）采用木模板或胶合板模板施工，经验收合格后未及时浇筑混凝土，长期日晒雨淋而变形。

3. 预防措施

1）模板及支撑系统设计时，应充分考虑其本身自重、施工荷载及混凝土的自重及浇捣时产生的侧向压力，以保证模板及支架有足够的承载能力、刚度和稳定性；

2）梁底支撑间距应能够保证在混凝土重量和施工荷载作用下不产生变形，支撑底部若为泥土地基，应先认真夯实，设排水沟，并铺放通长垫木或型钢，以确保支撑不沉陷；

3）模板连接件应按规定设置，模板围檩及对拉螺栓间距、规格应按设计要求设置；

4）梁、墙模板上部必须有临时撑头，以保证混凝土浇捣时梁墙模板上口宽度；

5）浇捣混凝土时，要均匀对称下料，严格控制浇灌高度，特别是孔洞模板两侧，既要保证混凝土振捣密实，又要防止过分振捣引起模板变形、移位；

6）对跨度不小于 4 m 的现浇钢筋混凝土梁、板，其模板应按设计要求起拱；当设计无具体要求时，起拱高度宜为跨度的 1/1 000～3/1 000；

7）采用木模板、胶合板模板施工时，经验收合格后应及时浇筑混凝土，防止木模板长期暴晒雨淋发生变形。

4. 治理方法

将凸出部分剔除，用水泥砂浆修补，连续保持湿溶不少于 7 d。

2.1.4　接缝不严

1. 现象

由于模板间接缝不严有间隙，混凝土浇筑时产生漏浆，混凝土表面出现蜂窝，严重的出现孔洞、露筋，如图 2-1-4 所示。

图 2-1-4　接缝不严

2. 原因分析

1）翻样不认真或有误，模板制作马虎，拼装时接缝过大；

2）木模板安装周期过长，因木模干边造成裂缝；

3）木模板制作粗糙，拼缝不严；

4）浇筑混凝土时，木模板未提前浇水湿润，使其胀开；

5）钢模板变形未及时修整；

6）钢模板接缝措施不当；

7）梁、柱交接部位接头尺寸不准、错位。

3. 预防措施

1）翻样要认真，严格按 1∶10～1∶50 比例将细部翻成详图，详细编注，经复核无误后认真向操作工人交底，强化工人质量意识，认真制作定型模板和拼装；

2）严格控制木模板含水率，制作时拼缝要严密；

3）木模板安装周期不宜过长，浇筑混凝土时，木模板要提前浇水湿润，使其胀开密缝；

4）钢模板变形，特别是边框外变形，要及时修整平直；

5）钢模板间嵌缝措施要控制，不能用油毡、塑料布、水泥袋等去嵌缝堵漏；

6）梁、柱交接部位支撑要牢靠，拼缝要严密（必要时缝间加双面胶纸），发生错位要校正好。

4. 治理方法

将因接缝不严而造成的蜂窝、孔洞等凿除，重新支设模板，灌入比原混凝土提高一个等级的微膨胀细石混凝土，若处理间隔时间较长，还应先对钢筋进行除锈。

2.1.5　脱模剂使用不当

1. 现象

模板表面用废机油涂刷造成混凝土污染，或混凝土残浆不清除即刷脱模剂，造成混凝土表面出现麻面等缺陷，如图 2-1-5 所示。

2. 原因分析

1）拆模后不清理混凝土残浆即刷脱模剂；

2）脱模剂涂刷不匀或漏涂，或涂层过厚；

3）使用了废机油脱模剂，既污染了钢筋及混凝土，又影响了混凝土表面装饰质量。

图 2-1-5　脱模剂使用不当

3. 预防措施

1）拆模后，必须清除模板上遗留的混凝土残浆后，再刷脱模剂；

2）严禁用废机油作脱模剂，脱模剂材料选用原则应为：既便于脱模又便于混凝土表面装饰。选用的材料有皂液、滑石粉、石灰水及其混合液和各种专门化学制品脱模剂等；

3）脱模剂材料宜拌成稠状，应涂刷均匀，不得流淌，一般刷两度为宜，以防漏刷，也不宜涂刷过厚；

4）脱模剂涂刷后，应在短期内及时浇筑混凝土，以防隔离层遭受破坏。

4. 治理方法

将混凝土表面松散混凝土凿除，使用水泥浆修补、抹平。

2.1.6　模板未清理干净

1. 现象

模板内残留木块、浮浆残渣、碎石等建筑垃圾，拆模后发现混凝土中有缝隙，且有垃圾夹杂物，如图 2-1-6 所示。

2. 原因分析

1）钢筋绑扎完毕，模板位置未用压缩空气或压力水清扫；

2）封模前未进行清扫；

3）墙柱根部、梁柱接头最低处未留清扫孔，或所留位置不当无法进行清扫。

3. 预防措施

1）钢筋绑扎完毕，用压缩空气或压力水清除模板内垃圾；

2）在封模前，派专人将模内垃圾清除干净；

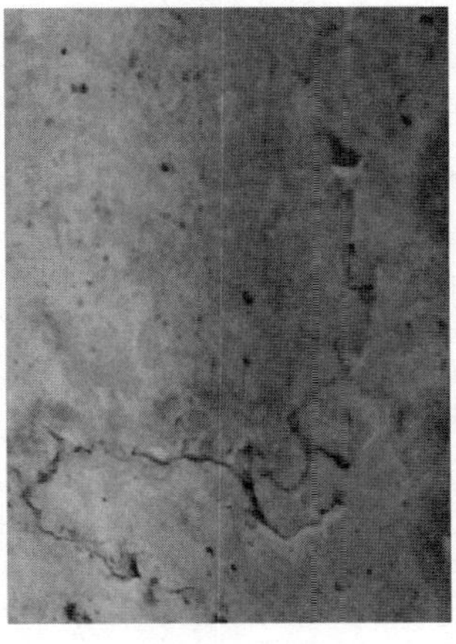

图 2-1-6　模板未清理干净

3）墙柱根部、梁柱接头处预留清扫孔，预留孔尺寸≥

100 mm×100 mm，模内垃圾清除完毕后及时将清扫口处封严。

4. 治理方法

将杂质凿除，用水泥浆抹平即可。若杂质清楚后有露筋现象，可灌注防水砂浆（如环氧树脂水泥砂浆）并抹平。

2.1.7 封闭或竖向模板无排气孔、浇捣孔

1. 现象

由于封闭或竖向的模板无排气孔，混凝土表面易出现气孔等缺陷，高柱、高墙模板未留浇捣孔，易出现混凝土浇捣不实或空洞现象，如图 2-1-7 所示。

2. 原因分析

1）墙体内大型预留洞口底模未设排气孔，易使混凝土对称下料时产生气囊，导致混凝土不实；

2）高柱、高墙侧模无浇捣孔，造成混凝土浇灌自由落距过大，易离析或振动棒不能插到位，造成振捣不实。

3. 预防措施

1）墙体的大型预留洞口（门窗洞等）底模应开设排气孔，使混凝土浇筑时气泡及时排出，确保混凝土浇筑密实；

2）高柱、高墙（超过 3 m）侧模要开设浇捣孔，以便于混凝土浇筑和振捣。

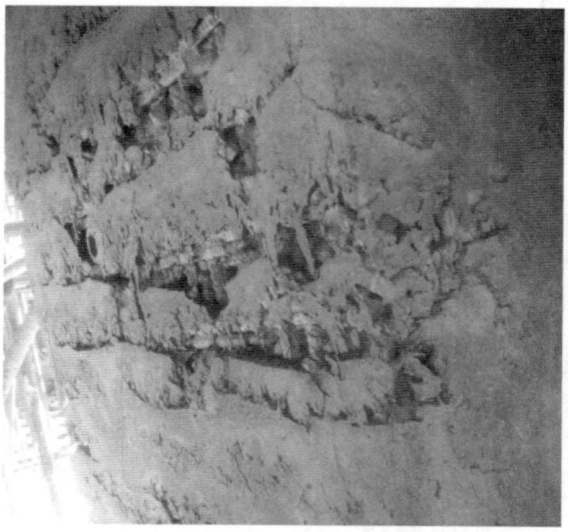

图 2-1-7　封闭或竖向模板无排气孔、浇捣孔

4. 治理方法

将松散凿除，用水泥浆抹平。若杂质清楚后有露筋现象，应浇筑防水砂浆（如环氧树脂水泥砂浆）并抹平。

2.1.8 模板支撑选配不当

1. 现象

由于模板支撑体系选配和支撑方法不当，结构混凝土浇筑时产生变形，如图 2-1-8 所示。

2. 原因分析

1）支撑选配马虎，未经过安全验算，无足够的承载能力及刚度，混凝土浇筑后模板变形；

2）支撑稳定性差，无保证措施，混凝土浇筑后支撑自身失稳，使模板变形。

3. 预防措施

1）模板支撑系统根据不同的结构类型和模板类型来选配，以便相互协调配套。使用时，应对支承系统进行必要的验算和复核，尤其是支柱间距应经计算确定，确保模板支撑系统具有足够的承载能力、刚度和稳定性；

2）型钢支撑体系其钢楞和支撑的布置形式应满足模板设计要求，并能保证安全承受施工荷载，钢管支撑体系一般宜设置成整体排架式，其立柱纵横间距应通过计算确定，同时应

图 2-1-8　模板支撑选配不当

加设斜撑和剪刀撑；

3）支撑体系的基底必须坚实可靠，竖向支撑基底如为土层时，应在支撑底铺垫型钢或脚手板等硬质材料。

4. 治理方法

影响结构设计要求的须返工处理；在不影响结构设计要求、设备安装和使用功能的前提下，并经设计方同意，可原样接收。

2.2　现场现浇混凝土结构的模板

2.2.1　带形基础模板缺陷

1. 现象

沿基础通长方向，模板上口不直，宽度不准；下口陷入混凝土内；侧面混凝土麻面、露石子；拆模时上段混凝土缺损；底部上模不牢。

2. 原因分析

1）模板安装时，挂线垂直度有偏差，模板上口不在同一直线上；

2）木模板上口未钉木带，浇筑混凝土时，其侧压力使模板下端向外推移，以致模板上口受到向内推移的力而内倾，使上口宽度大小不一；

3）模板未撑牢，在自重作用下模板下垂。浇筑混凝土时，部分混凝土由模板下口翻上来，未在初凝时铲平，造成侧模下部陷入混凝土内；

4）模板平整度偏差过大，残渣未清除干净；拼缝缝隙过大，侧模支撑不牢；

5）木模板临时支撑直接撑在土坑边，以致接内触处土体松动掉落。

3. 预防措施

1）模板应有足够的承载能力和刚度，支模时，垂直度要找准确；

2）木模板上口应钉木带，以控制带形基础上口宽度，并通长拉线，保证上口平直；

3）上段模板应支承在预先横插的圆钢或预制混凝土垫块上；木模板也可用临时木撑，以使侧模支承牢靠，并保持高度一致；

4）发现混凝土由上段模板下翻至下段，应在混凝土初凝前轻轻铲平至模板下口，使模板下口不至于卡牢；

5）混凝土呈塑性状态时切忌用铁锹等工具在模板外侧用力拍打，以免造成上段混凝土下滑，形成根部缺损；

6）组装前应将模板上的残渣剔除干净，模板拼缝应符合规范规定，侧模应支撑牢靠；

7）支撑直接撑在土坑边时，下面应垫木板，以扩大其接触面。木模板长向接头处应加拼条，使板面平整，连接牢固。

4. 治理方法

治理后的现浇结构拆模后的尺寸偏差应符合《混凝土结构工程施工质量验收规范》（GB 50204—2002）的规定，若仍不能满足规范要求，须返工处理。

2.2.2　杯形基础模板缺陷

1. 现象

杯基中心线不准；杯口模板位移；混凝土浇筑时芯模浮起；拆模时芯模起不出。

2. 原因分析

1）杯基中心线弹线未兜方；

2）杯基上段模板支撑方法不当，浇筑混凝土时，杯芯木模板由于不透气，产生浮力，向上浮起；

3）模板四周的混凝土下料不均匀，振捣不均衡，造成模板偏移；

4）操作脚手板搁置在杯口模板上，造成模板下沉；

5）杯芯模板拆除过迟，粘结太牢。

3. 预防措施

1）杯形基础木模应首先找准中心线位置标高，先在轴线桩上找好中心线，用线坠在垫层上标出两点，弹出中心线，再由中心线按图弹出基础四面边线，并进行复核，用水平仪测定标高，然后依线支设模板；

2）木模板支上段模板时采用抬把木带，可使位置准确，托木的作用是将木带与下段混凝土面隔开少许间距，便于混凝土面拍平；

3）杯芯木模板采用双面覆膜胶合板或刨光木模板直拼，芯模外表面涂隔离剂，底部应钻几个小孔，以便排气，减少浮力；

4）浇筑混凝土时，在芯模四周要均衡下料并振捣；

5）脚手板不得搁置在模板上；

6）拆除的杯芯模板，要根据施工时的气温及混凝土凝固情况来掌握，一般在初凝前后即可用锤轻打，撬棍拨动。较大的芯模，可用倒链将杯芯模板稍加松动后，再徐徐拔出。

4. 治理方法

治理后的现浇结构拆模后的尺寸偏差应符合《混凝土结构工程施工质量验收规范》(GB 50204—2002）的规定，若仍不能满足规范要求，须返工处理。

2.2.3　梁模板缺陷

1. 现象

梁身不平直，梁底不平，下挠；梁侧模炸模（模板崩坍）；拆模后发现梁身侧面鼓出、有水平裂缝、掉角、上口尺寸加大、表面毛糙；局部模板嵌入柱梁间，拆除困难。

2. 原因分析

1）模板支设未校直撑牢，支撑整体稳定性不够；

2）模板没有支撑在坚硬的地面上。混凝土浇筑过程中，由于荷载增加，泥土地面受潮，降低了承载力，支撑随地面下沉变形；

3）梁底模未按设计要求或规范规定起拱；未根据水平线控制模板标高；

4）模板平整度偏差过大，残渣未清除干净；拼缝缝隙过大，侧模支撑不牢；

5）侧模承载能力及刚度不够，拆模过迟或模板未使用隔离剂；

6）木模在混凝土浇筑后吸水膨胀，事先未留有空隙。

3. 预防措施

1）梁底支撑间距应能保证在混凝土自重和施工荷载作用下不产生变形。支撑底部如为泥土地面，应先认真夯实，铺放通长垫木，以确保支撑不沉陷。梁底模应按设计或规范要求起拱；

2）梁侧模应根据梁高度加设对拉螺栓，与钢管横竖肋连接加固梁侧模刚度及强度；

3）组装前应将模板上残渣剔除干净，模板拼缝应符合规范规定，侧模应支撑牢靠；

4）模板支立前，应涂刷隔离剂；

5）当梁底距地面高度过高时（一般为 5 m 以上），宜采用脚手钢管扣件支模或衍架支模。

4. 治理方法

治理后的现浇结构拆模后的尺寸偏差应符合《混凝土结构工程施工质量验收规范》(GB 50204—2002) 的规定。若仍不能满足规范要求,须进行返工处理。

2.2.4　圈梁模板缺陷

1. 现象

1) 局部胀模,造成墙内侧或外侧水泥砂浆挂墙;

2) 梁内外侧不平,砌上段墙时局部挑空。

2. 原因分析

1) 卡具未夹紧模板,混凝土振捣时产生侧向压力造成局部模板向外推移;

2) 模板组装时,未与墙面支撑平直。

3. 预防措施

1) 采用在墙上留孔挑扁担木方法施工时,扁担木长度应不小于墙厚加 2 倍梁高,圈梁侧模下口应夹紧墙面,斜撑与上口横档钉牢,并拉通长直线,保持梁上口呈直线;

2) 采用钢管卡具组装模板时,如发现钢管卡具滑扣,应立即掉换;

3) 圈梁木模板上口必须有临时撑头,保持梁上口宽度。

2.2.5　柱模板缺陷

1. 现象

1) 胀模,造成截面尺寸不准,鼓出、漏浆,混凝土不密实或蜂窝麻面;

2) 偏斜,一排柱子不在同一轴线上;

3) 柱身扭曲,梁柱接头处偏差大。

2. 原因分析

1) 柱箍或对拉螺栓间距太大或不牢,钢筋骨架缩小;

2) 测放轴线不认真,梁柱接头处未按大样图安装组合;

3) 成排柱子支模不跟线、不找方,钢筋偏移未扳正就支设柱模;

4) 柱模未保护好,支模前已歪扭,未整修好就使用,板缝不严密;

5) 模板两侧松紧不一,未设置模板柱箍和穿墙螺栓;

6) 模板上有混凝土残渣,未彻底清理,或拆模时间过早。

3. 预防措施

1) 成排柱子支模前,应先在底部弹出通线,将柱子位置兜方找中;

2) 柱子支模前必须先校正钢筋位置;

3) 柱子底部应采用木方找平,或以砂浆找平,保证底部位置准确;

4) 成排柱模支撑时,应先立两端柱模,校直与复核位置无误后,顶部拉通长线。再立中间各根柱模。柱距不大时,相互间应用剪刀撑及水平撑搭牢。柱距较大时,各柱单独拉四面斜撑,保证柱子位置准确;

5) 根据柱子断面的大小及高度通过计算确定,柱模外面加设柱箍及对拉螺栓,防止胀模;

6) 组装前应将模板上残渣剔除干净,模板拼缝应符合规范规定,侧模应支撑牢靠;

7) 较高的柱子,应在模板中部一侧留临时浇捣口,以便浇筑混凝土,插入振动棒,当混凝土浇筑到临时洞口时,即应封闭牢固;

8）模板上混凝土残渣应清理干净，柱模拆除时的混凝土强度应能保证其表面及棱角不受损伤。

2.2.6　构造柱模板缺陷

1. 现象

构造柱采用胶合板模板，混凝土浇筑拆模后，表面平整度差，振捣密实性差，有胀模现象。

2. 原因分析

1）采用的模板刚度差，两侧模板组装松紧不一；

2）未采用对拉螺栓，仅采用对顶支撑或铁丝拉结固定模板；

3）未采用振捣棒振捣密实；

4）浇捣口处混凝土处理马虎。

3. 预防措施

1）周转次数多刚度差的胶合板模板不得使用，模板采用 50 mm×100 mm 方木作横肋，设置穿墙螺栓以 ϕ48 mm 钢管作肋收紧；

2）构造柱上口开设斜槽浇捣口，用小直径振动棒将混凝土振捣密实，严禁用器具撞击模板内外；

3）混凝土坍落度不宜过大，浇捣口部位分层用微膨胀混凝土填实。

2.2.7　板模板缺陷

1. 现象

板中部下挠；板底混凝土面不平；采用木模板时梁边模板嵌入梁内不易拆除。

2. 原因分析

1）模板龙骨用料较小或间距偏大，不能提供足够的强度及刚度，底模未按设计或规范要求起拱，造成挠度过大；

2）板下支撑底部不牢，混凝土浇筑过程中荷载不断增加，支撑下沉，板模下挠；

3）板底模板不平，混凝土接触面平整度超过允许偏差；

4）将板模板铺钉在梁侧模上面，甚至略伸入梁模内，浇筑混凝土后，板模板吸水膨胀，梁模也略有外胀，造成边缘一块模板嵌牢在混凝土内。

3. 预防措施

1）楼板模板支撑主次龙骨应由模板设计计算确定，确保有足够的强度和刚度，支撑面要平整；

2）楼板支撑架立杆、横杆材料应有足够强度，前后左右相互连接牢固，增加稳定性；支撑如撑在软土地基上，必须将地面预先夯实，并铺设通长垫木，必要时垫木下再加垫横板，以增大支撑在地面上的接触面，保证在混凝土重量作用下不发生下沉；

3）木模板板模与梁模连接处，板模应铺到梁侧模外口齐平，避免模板嵌入梁混凝土内，以便于拆除；

4）板模板应按规定要求起拱。

2.2.8　墙模板缺陷

1. 现象

1）胀模、倾斜变形，墙体不垂直；

2）墙体厚薄不一，墙面高低不平；

3）墙根跑浆、露筋，模板底部被混凝土及砂浆裹住，拆模困难；

4）墙角模板拆不出。

2. 原因分析

1）模板在墙根处未设导墙，模板根部不平，缝隙过大；

2）模板制作不平整，厚度不一致，相邻两块墙模板拼接不严、不平，支撑不牢，没有采用对拉螺栓来承受混凝土对模板的侧压力，以致混凝土浇筑时胀模；或因选用的对拉螺栓直径太小或间距偏大，不能承受混凝土侧压力而被拉断；

3）模板间支撑方法不当，如只有水平支撑，当墙振捣混凝土时，墙模受混凝土侧压力作用向两侧挤出，墙外侧如有斜撑顶住，模板不易外倾；而当墙与墙间只有水平支撑，侧压力使墙模板鼓凸，水平支撑推向墙模板，使模板内凹，墙体失去平直；

4）混凝土浇筑分层过厚，振捣不密实，模板受侧压力过大，支撑变形；

5）角模与墙模板拼接不严，水泥浆漏出，包裹模板下口。拆模时间太迟，模板与混凝土粘结力过大；

6）未涂刷隔离剂，或涂刷后被雨水冲走。

3. 预防措施

1）墙面模板应拼装平整，符合质量检验评定标准；

2）有几道混凝土墙时，除顶部设通长连接定位外，相互间均应用剪刀撑撑牢；

3）墙身中间应根据模板设计配制对拉螺栓，模板两侧以斜撑和水平撑增强刚度来承担混凝土的侧压力，确保不胀模；

4）每层混凝土的浇筑厚度，应控制在施工规范允许范围内；

5）模板面应涂刷隔离剂；

6）墙根按墙厚度先浇灌 50～100 mm 高导墙作根部模板支撑，模板上口应用对拉螺栓封口。

4. 治理方法

治理后的现浇结构和混凝土设备基础拆模后的尺寸偏差应符合《混凝土结构工程施工质量验收规范》(GB 50204—2002)的规定。

2.2.9　楼梯模板缺陷

1. 现象

楼梯侧帮露浆、麻面，底部不平。

2. 原因分析

1）楼梯底模、侧模拼缝不严密，造成跑浆；

2）底板平整度偏差过大，支撑不牢靠。

3. 预防措施

1）楼梯底模应平整，拼缝要严密，若底模支撑立杆细长比过大，应加设剪刀撑撑牢；

2）采用胶合板模板时，楼梯底模的木龙骨间距宜为 300 mm，支撑架立杆间距应经过计算确定，踏步侧板下口钉 1 根小支撑，以保证踏步侧板的稳固。

4. 治理方法

按混凝土缺陷进行处理。

2.2.10 悬挑构件模板缺陷

1. 现象

悬挑构件根部漏浆露石子，混凝土结构变形。

2. 原因分析

1）悬挑构件根部底板模支立不当，混凝土浇筑时漏浆；

2）悬挑构件根部胶合板模板下未设托木，混凝土浇筑时根部模板变形；

3）悬挑构件其根部混凝土较前端厚，模板施工时，模板支撑未被重视，未采取相应措施。

3. 预防措施

1）认真识图，进行模板翻样，重视悬挑构件的模板及其支撑，确保有足够的承载能力、刚度及稳定性；

2）悬挑构件底模板根部应覆盖在梁侧模板上口，其下用 50 mm×100 mm 木方顶牢，混凝土浇筑时，振点不应直接在根部位置；

3）悬挑构件模板施工时，应根据悬挑跨度将底模向上反翘 2～5 mm，以抵消混凝土浇筑时产生的下挠变形；

4）悬挑构件混凝土浇筑时，应根据现场同条件养护制作的试件，当试件强度达到设计强度的 100%以上时，方可拆除雨篷模板。

4. 治理方法

若悬挑结构变形在规定控制范围内，且结构未受到影响和范围较小的，将拆模后的悬挑构件回顶，将悬挑根部石子凿除，灌水泥砂浆或细石混凝土；若变形超标，结构受影响和范围较大的，必须返工或大修。

2.2.11 预留孔洞模板缺陷

1. 现象

拆模后，孔洞发生偏移，导致孔洞处管道或设备无法安装，如图 2-2-1 所示。

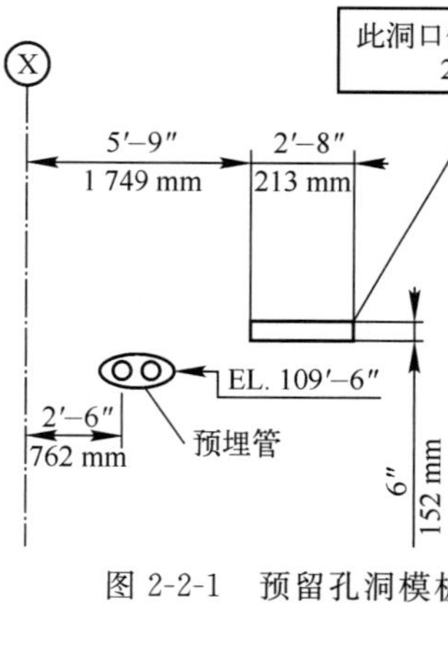

图 2-2-1　预留孔洞模板缺陷

2. 原因分析

1）放线工作失误，导致偏差；

2）模板支设不牢，导致偏差；

3）孔洞模板安装好后，此处钢筋有过调整，而带动整个孔洞模板偏移；

4）墙体孔洞模板斜装，由于模板位置检查往往只针对墙体的一边进行，而忽略墙体另一边该孔洞位置的检查，以致孔洞斜装。

3. 预防措施

1）严格控制的放线质量控制和孔洞模板安装过程控制，对墙体的孔洞两侧均应检查；

2）将孔洞模板与主体钢筋采用钢丝绑扎固牢，或焊接辅助钢筋焊牢。墙体孔洞模板安装必须在钢筋验收完成后进行；楼板孔洞模板在钢筋绑扎之前进行，但在钢筋绑扎完后应对其位置复查。

4. 治理方法

如图 2-2-2 所示，按图纸设计要求的尺寸及位置，将混凝土凿除。偏移的孔洞用采用提高一个等级的微膨胀混凝土进行修补。

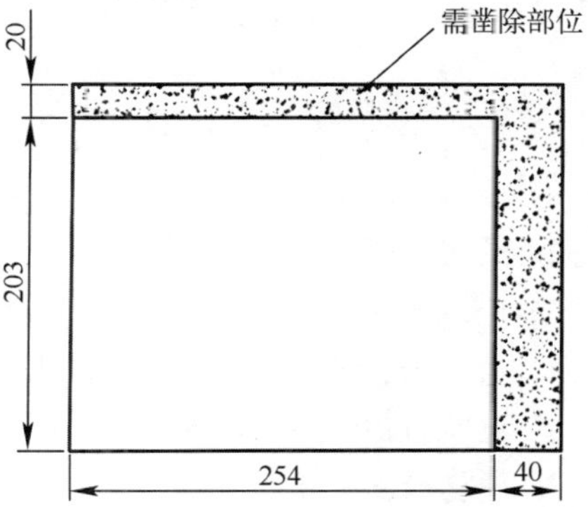

图 2-2-2　预留孔洞模板缺陷处理

附　录

表 2-2-1　现浇结构模板安装的允许偏差及检验方法

项　　目		允许偏差/mm	检　验　方　法
轴线位置		5	钢尺检查
底模上表面标高		±5	水准仪或拉线、钢尺检查
截面内部尺寸	基础	+10	钢尺检查
	柱、墙、梁	+4，−5	钢尺检查
层高垂直度	不大于 5 m	6	经纬仪或吊线、钢尺检查
	大于 5 m	8	经纬仪或吊线、钢尺检查
相邻两板表面高低差		2	钢尺检查
表面平整度		5	2 m 靠尺和塞尺检查

注：检查轴线位置时，应沿纵、横两个方向量测，并取其中的较大值。

2.3　现场预制混凝土构件的模板缺陷

2.3.1　梁柱模板缺陷

1. 现象

底部漏浆；叠捣梁柱粘连；平面尺寸变形，底部高低不平。

2. 原因分析

1）炸模或模板接缝松动；

2）未使用隔离剂或隔离剂失效，造成粘连；

3）场地未平整夯实。

3. 预防措施

1）底模一般应采用分节脱模法或胎模施工，制作分节脱模法中固定支座及胎模施工前应将地面平整夯实，固定支座及胎模表面用水泥砂浆抹光并涂刷隔离剂；

2）两侧及端部模板要有足够的刚度，并撑牢夹紧，保证嵌缝严密；

3）叠捣施工时应涂刷专用隔离剂，防止上下粘连。

2.3.2　各类小构件模板缺陷

1. 现象

1）构件不方正，边角歪斜；

2）厚薄不匀，超厚超宽。

2. 原因分析

1）地坪不平，边模安装时，未按设计要求尺寸拉对角线校正；

2）边模连接不牢，表面振实过程中，边框接头处向外胀开；

3）浇筑混凝土时，边模向上浮起，造成底部漏浆。

3. 预防措施

1）底模要平整坚固（宜用水泥砂浆或混凝土地面），应符合构件表面质量要求，边模厚度要正确，当容易出现超厚时，可根据生产实践预先将边模高度减小 3～5 mm；

2）安装模板时应校正对角线长度，接头处要牢固；

3）浇筑混凝土时，要防止边模浮起。表面要按边模高度铲平；

4）模板及地坪要涂刷隔离剂；

5）脱模时间应根据当时气温及混凝土强度发展情况而定，不宜过早拆模。

4. 治理方法

维修制作小构件的模具，调整模板。按照上述预防措施要求重新制作。

附　录

表 2-3-1　预制构件模板安装的允许偏差及检验方法

项　目		允许偏差/mm	检　验　方　法
长度	梁、板	±5	钢尺量两角边，取其中较大值
	薄腹梁、桁架	±10	
	柱	0，－10	
	墙板	0，－5	
宽度	板、墙板	0，－5	钢尺量一端及中部，取其中较大值
	梁、薄腹梁、桁架	＋2，－5	
高（厚）度	板	＋2，－3	钢尺量一端及中部，取其中较大值
	墙板	0，－5	
	梁、薄腹梁、桁架、柱	＋2，－5	
侧向弯曲	梁、板、柱	L/1 000 且≤15	拉线、钢尺量最大弯曲处
	墙板、薄腹梁、桁架	L/1 500 且≤15	
板的表面平整度		3	2 m 靠尺和塞尺检查
相邻两板表面高低差		1	钢尺检查
对角线差	板	7	钢尺量两对角线
	墙板	5	
翘曲	板、墙板	L/1 500	调平尺在两端量测
设计	薄腹梁、桁架、梁	±3	拉线、钢尺量跨中

注：1. L 为构件长度，mm。

2. 检查数量：首次使用及大修后的模板应全数检查；使用中的模板应定期检查，并根据使用情况不定期抽查。

3　预埋件工程

3.1　预埋件偏移

1. 现象

拆模后，预埋件平面位置超出规范或技术规格书对其平面位置偏差的要求，如图 3-1-1 所示。

2. 原因分析

1）预埋件在钢筋上安装固定后，由于部分钢筋的位置调整，移动了固定预埋件的钢筋，预埋件位置也随之偏移；

2）混凝土振捣时，振到已安装好的预埋件上，部分没完全固定好的预埋件固定点被振脱落，使预埋件发生偏移；

3）轴线或标高控制线有误，使预埋件安装时造成安装误差。

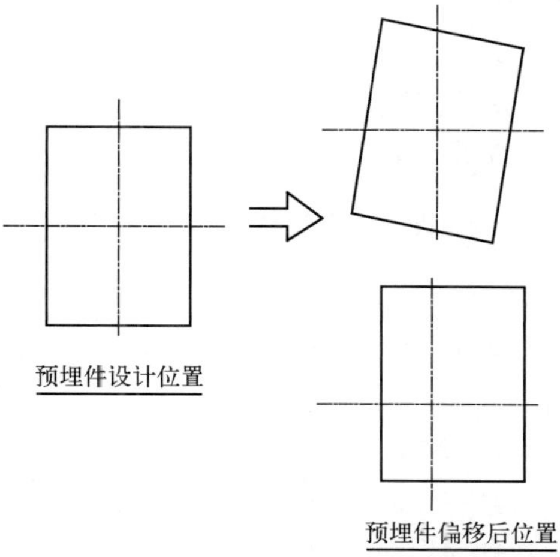

图 3-1-1　预埋件偏移

3. 预防措施

1）预埋件固定采用附加钢筋焊接固定，即预埋件与附加筋焊接，附加筋与主筋焊接固定；

2）混凝土浇筑之前，在有预埋件处上方加以标识，以提醒施工人员振捣混凝土时避开预埋件；

3）预埋件位置放线前应检查是否有轴线测量报告，安装前应检测标高控制线和平面控制线是否准确。

4. 治理方法

根据设计要求进行处理。

3.2　预埋件内陷

1. 现象

拆模后，预埋件局部或整块陷入混凝土中，其陷入深度值超过规范要求，如图 3-2-1 所示。

2. 原因分析

1）预埋件未焊接顶棍，垂直结构方向没有得到限位；

2）未按照要求在预埋件面板边缘贴海绵条，使混凝土浆液从模板与预埋件的缝隙中渗入；

3）混凝土施工用振捣棒振捣时，振到已安装好的预埋件上，部分没完全固定好的预埋件固定点被振脱落；

4）阳角处预埋件容易内陷，此处预埋件顶棍不能取到限位作用；剪力墙阳角处往往有暗柱结构，其钢筋分布较密，是预埋件内陷多发处。

3. 预防措施

1）墙体预埋件安装时还应焊接两个以上顶棍，顶棍由钢筋和混凝土块构成，顶棍的一端为 50 mm×50 mm×50 mm 混凝土块顶向模板，另一头钢筋与预埋件尾端的锚筋焊接，以限制前后位置；

2）在预埋件面板边缘贴海绵条，避免混凝土浆液从模板与预埋件的缝隙中渗入，待拆模后撕下海绵条；

3）混凝土浇筑之前，在有预埋件处上方加以标识，以提醒施工人员振捣混凝土时避开预埋件；

4）阳角处预埋件应多加几道附加筋加固，每根锚筋至少焊接两根附加筋，预埋件焊接附加筋，附加筋焊接主筋。支模时应以预埋件面板为参考面对齐。

图 3-2-1　预埋件内陷

4. 治理方法

根据设计要求进行处理。

3.3　预埋件下空鼓

1. 现象

拆模后，预埋件下混凝土未填充密实，在结构板面上的预埋件施工时较为常见，如图 3-3-1 所示。

2. 原因分析

1）板面上预埋件周围混凝土浇筑的方法有误，从预埋件四周向中间浇筑，板面下的空气无法排出，致使预埋件下空鼓；

2）大面板的预埋件施工时，由于混凝土的骨料粒径较大，流动性有限，预埋件中心处都会出现空鼓现象；

3）板面预埋件下部的钢筋分布较密，如支墩式混凝土结构基础的预埋件，即使浇筑灌浆料也无法将其填充密实。

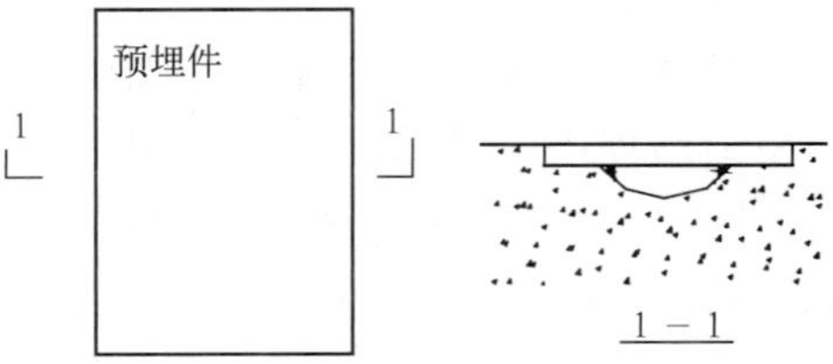

图 3-3-1　预埋件下空鼓

3. 预防措施

1）板面预埋件处的混凝土浇筑方向，一般由预埋件的一边向对边浇筑，以保证预埋件面板下无空气滞留；

2）大面板预埋件应设置 10 cm 左右的灌浆层，灌浆层灌入流动性较好的水泥砂浆或灌浆料，将其填满。灌浆的高度应稍高于预埋件最底端，使其靠重力自流；

3）板面预埋件下部的钢筋分布较密处，应埋设压浆管通过外力加压使之填满。若经设计方同意，可在预埋件面板中心开设灌浆孔。

4. 治理方法

若经设计方同意，可在预埋件面板中心开设灌浆孔（能埋下压浆管即可直径约为 5 mm），将中间漏灌区域填实。

3.4　预埋件锚筋与母材未溶合

1. 现象

预埋件在制作过程中，穿孔塞焊焊缝液体渗透，出现裂纹等线性缺陷，如图 3-4-1 所示。

图 3-4-1　预埋件锚筋与母材未溶合

2. 原因分析

焊工焊接时，在溶合边缘运条摆动不满足要求，导致焊缝出现边缘未溶合。

3. 预防措施

1）焊工必须经过专业培训，技术人员应在焊接前给焊工作好专项技术交底；

2）磨除缺陷，经渗透检验合格后补焊，焊缝磨平后再次进行渗透检验。

4. 治理方法

预埋件退回加工厂重新加工。

3.5　预埋件摔伤

1. 现象

预埋件在运输、上料、卸料过程中，被摔变形甚至缺棱掉角，如图 3-5-1 所示。

2. 原因分析

1）运输、上料、卸料过程中，工人操作失误，机具选用不当；

2）预埋件运输、堆放混乱，一些易变形的预埋件未分开摆放。比如卡轨与钢板类预埋件堆放在一起，卡轨易受到挤压和撞击而变形。

图 3-5-1　预埋件摔伤

3. 预防措施

1）预埋件应分类运输，分类堆放；

2）上料、卸料时，应采用叉车等适用机具。卸料时若条件不足，采用单个人工搬运或木板滑溜的方式卸料，严禁抛掷预埋件。

4. 治理方法

将预埋件退回加工厂重新加工或作废处理。

3.6　预埋件标识错误

1. 现象

预埋件未标识或标识错误，导致现场预埋件的误装现象。

2. 原因分析

预埋件在车间涂刷防锈漆后，用鲜明颜色标识该预埋件型号，工人标识时出现错误，或者字迹潦草致使安装工人误装，如将“H”形预埋件写成“N”形等。

3. 预防措施

1）加工厂出厂验收时，预埋件标识应作为检查项目中的一项；

2）对型号标识不明确的预埋件，安装时应严格核对尺寸后，再进行安装。

4. 治理方法

仔细核对预埋件型号及尺寸，用其他颜色的油漆笔重新标识。对于已施工完的预埋件，应与设计方沟通能否原样接收。若不能，须进行返工处理。

3.7 预埋件与钢筋相碰

1. 现象

钢板式预埋件和卡轨等，锚筋位置是固定的，安装时其锚筋与钢筋相碰，预埋件无法安装；楼板、墙的贯穿件与结构钢筋相碰，贯穿件无法安装，如图 3-7-1 所示。

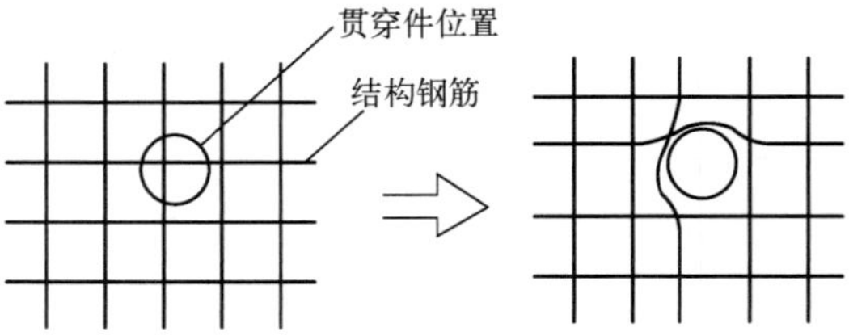

图 3-7-1 预埋件与钢筋相碰

2. 原因分析

1）在钢筋绑扎时，未预留出预埋件的位置，致使出现预埋件与钢筋相碰而无法安装；

2）预埋件与插筋相碰，此处是无法避免的，绑扎下层结构时很难做到将上层结构的预埋件位置留出。

3. 预防措施

1）施工板时，应先安装贯穿件之类的预埋件，再绑扎钢筋，尤其是管径较大的钢套管；

2）施工墙时，先将预埋件在正下方的地面上标识处预埋件位置和大小，再绑扎钢筋，绑扎钢筋时将该位置留出即可；

3）遇到预埋件与插筋相碰的情况，此时钢筋位置已然固定。经设计同意后，将插筋切断，焊接或搭接“Ω”形钢筋，并保证搭接长度。

4. 治理方法

已绑好钢筋的部分，出现预埋件位置与钢筋相碰现象，尽可能用调整钢筋的方法，钢筋无法调整的可按照上述预防措施第三条进行处理。

3.8 预埋件防腐不符合要求

1. 现象

预埋件防腐未按照规范或设计要求进行，而导致防腐涂层未能达到预期效果，预埋件安装后，出现掉漆、锈斑等现象，如图 3-8-1 所示。

2. 原因分析

1）防腐涂层系统错误、涂刷前预埋件面层处理不合格、涂层涂刷遍数有误、涂层厚度不合标准；

2）涂刷作业时，环境湿度、温度等环境因素不满足要求。

3. 预防措施

预埋件制作时，加强防腐工作的质量控制。严格按照技术规格书等设计文件、国家规范要求、涂层生产厂家提供的使用说明书的要求进行施工。

4. 治理方法

退回加工厂返修。

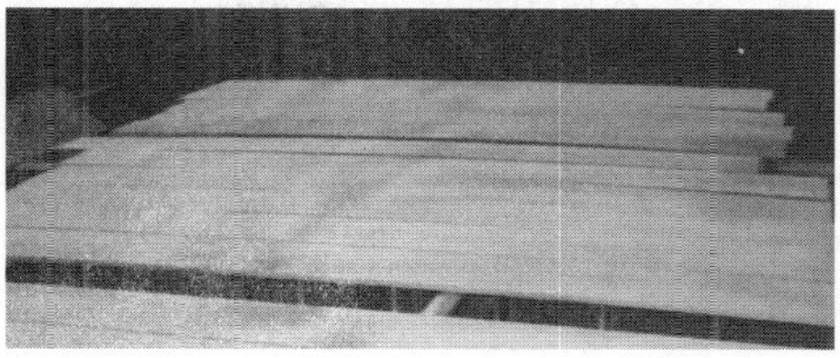

图 3-8-1　预埋件防腐不合格

3.9　锚固板安装超差

1. 现象

有部分大型构件是先预埋锚固板，再施工混凝土，最后将构件与锚固板另一端的螺杆连接。拆模后，预埋锚固板位置超差，导致螺杆与构件留螺孔位置不一，无法安装。

2. 原因分析

1）预埋锚固板的绝对位置测量不准确；

2）锚固板未安装牢固以及预埋件相对位置未加固定；

3）墙体预埋锚固板上方应作出标识，混凝土振捣棒振到锚固板，致使其位置偏移。

3. 预防措施

1）预埋螺杆的绝对位置的测量，在安装前应经过严格检查；

2）每个锚固板的应与主体钢筋固牢，校准相对位置后，用钢筋将每个锚固板焊接连接，以固定其相对位置；

3）墙体混凝土浇筑前，在有锚固板处上方加以标识，以提醒施工人员振捣混凝土时避开锚固板。

4. 治理方法

根据设计要求进行处理。

3.10　设备基础预留螺栓孔偏移

1. 现象

设备基础拆模后，预留螺栓孔位置发生偏移，如图 3-10-1 所示。

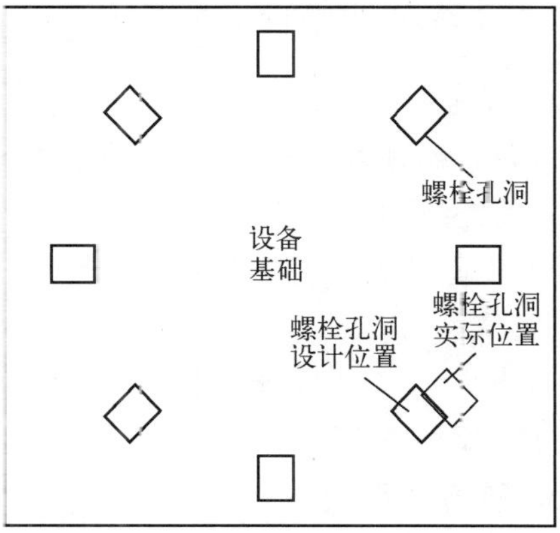

图 3-10-1　设备基础预留螺栓孔偏移

2. 原因分析

1）设备基础定位放线工作的失误。例如放线班为了测量准确，习惯将卷尺的尺寸从 10 cm 开始量起(其前 10 cm 刻度易磨损，难以辨认)，而量出的尺寸忘减去 10 cm，导致整个设备基础同螺栓孔一起发生偏移；

2）预留螺栓孔模板未固定牢固，振捣棒振捣时发生偏移现象。

3. 预防措施

1）设备基础是精确度较高的结构之一，严格控制放线作业的质量；

2）预留螺栓孔模板与设备基础钢筋用钢丝绑扎固定牢固，振捣混凝土时避免振到该模板；

3）已浇筑成形的设备基础，在预留螺栓孔位置偏移量不大的情况下，可将螺栓孔适度凿大，保证螺栓孔应有的位置留出。

4. 治理方法

根据设计要求进行处理。

3.11　设备基础螺栓孔洞壁偏薄

1. 现象

工业建筑内的设备基础螺栓孔洞边缘离外边有一定距离，其施工缺陷，拆模后孔洞壁薄，最薄处仅有 2 根钢筋的直径的厚度，大大降低了基础地脚螺栓的承载能力，如图 3-11-1 所示。

2. 原因分析

1）设备基础钢筋较密，钢筋绑扎完后，螺栓孔模板支设受限制，部分螺栓孔过于偏外缘，致使设备基础螺栓孔洞壁偏薄；

2）混凝土振捣时，振到螺栓孔模板致使其位置偏移；

3）模板尺寸大于螺栓孔设计尺寸。

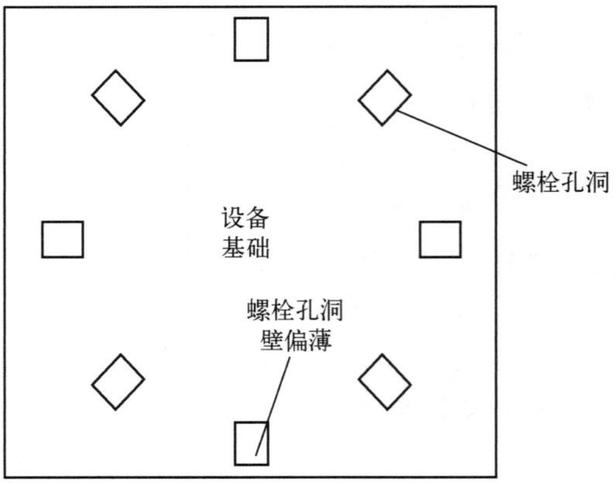

图 3-11-1　设备基础螺栓孔洞壁偏薄现象

3. 预防措施

1）在钢筋较密的设备基础中，先将螺栓孔模板准确放置，钢筋绑扎时将与孔模板位置冲突的钢筋折弯或加工成“Ω”字形钢筋；

2）混凝土振捣应避开螺栓孔模板，施工前做好技术交底；

3）模板的加工尺寸应严格按照设计尺寸进行。

4. 治理方法

经设计同意后可原样接收，若不同意则须返工。

3.12　设备基础预埋螺栓损坏

1. 现象

设备基础预埋螺栓遭锈蚀、被外力折弯等破坏，如图 3-12-1 所示。

2. 原因分析

1）预埋螺栓处未加防护，其裸露在外，而发生锈蚀；

2）螺杆较长的螺栓易折弯，工人后续施工时，对螺栓无保护意识。

3. 预防措施

1）塑料薄膜将螺杆包裹保护，防止螺杆锈蚀。若是长期不安装设备的螺杆，还应定期除锈；

2）在螺杆处挂上警示牌，提醒后续施工的工人，加强成品保护意识。

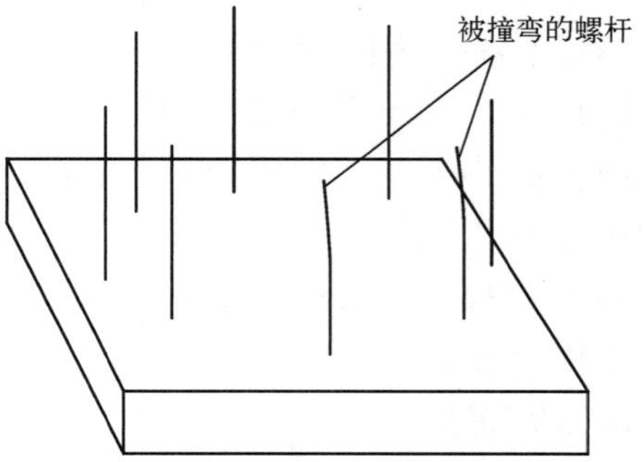

图 3-12-1　设备基础预埋螺栓损坏

4. 治理方法

将预埋螺杆调直、除锈。治理后的预埋螺杆、螺栓的尺寸偏差应符合《混凝土结构工程施工质量验收规范》(GB 50204—2002)的规定。

3.13 预埋套管偏移

1. 现象

拆模后,预埋套管位置出现超差现象,导致后续管道和设备的安装工作无法进行。位置超差包括位置整体偏移和套管斜装,如图 3-13-1 所示。

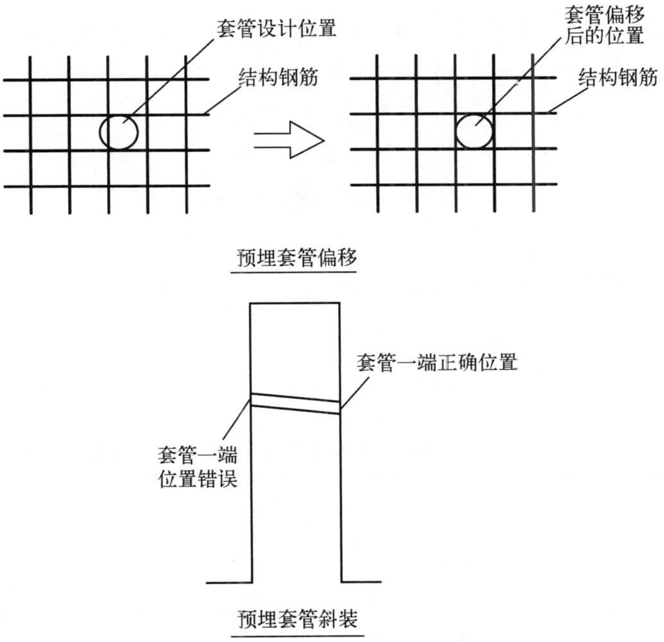

图 3-13-1 预埋套管偏移

2. 原因分析

1) 定位放线工作的失误;

2) 套管未固牢,混凝土施工时触动套管而发生偏移;

3) 以往墙体套管安装只核对了它一端的位置,另一端位置易被忽视,可能导致套管斜装。

3. 预防措施

1) 加强测量放线工人的质量意识。对精确度要求较高的套管,宜采用精度较高的测量仪器测量;

2) 套管安装完后,采用附加筋将它与结构钢筋焊接牢固。在墙体套管的上部作出标识,振捣点和下灰点均须避开此位置;

3) 墙体套管安装时,两端位置均要检查。

3.14 止水带损坏

1. 现象

墙体钢筋绑扎、模板支设时,工人施工失误,造成止水带刺穿、划破等损坏。

2. 原因分析

1）墙体钢筋和模板支设过程中，作业人员质量意识较为淡漠，对止水带的保护意识不强，造成止水带刺穿或开裂；

2）施工顺序有误，钢筋未绑扎完成就开始安装止水带，钢筋端部最易划破止水带；

3）固定止水带方法有误，对止水带的作用认识不清，为了图简便，用钢丝把止水带穿透后与钢筋绑扎固定；

4）止水带接头连接方法有误，如接缝宽度、生料厚度的控制，热熔温度、时间控制等操作不合理。

3. 预防措施

1）对现场相关作业人员进行质量意识教育，做好止水带安装技术交底，明确其安装方法，讲清止水带的功能和材料特性以及止水带安装的操作误区；

2）钢筋绑扎完成并经验收合格后，方可安装止水带；

3）止水带接头连接严格按照使用说明书和技术规格书要求进行施工；

4）止水带破坏处按照生产厂家修复工艺进行修复处理。

4. 治理措施

被破坏的止水带局部或全部返工处理。

附　录

表 3-14-1　预埋件和预留孔洞允许偏差验收表格

项　目		允许偏差/mm
预埋钢板中心线位置		3
预埋管、预埋孔中心线位置		3
插筋	中心线位置	5
	外露长度	+10,0
预埋螺栓	中心线位置	2
	外露长度	+10,0
预留洞	中心线位置	10
	尺寸	+10,0

4　混凝土工程

4.1　混凝土表面缺陷

4.1.1　麻面

1. 现象

混凝土表面出现缺浆和许多小凹坑与麻点，形成粗糙面，影响外表美观，但无钢筋和石子外露现象，如图 4-1-1 所示。

2. 原因分析

图 4-1-1　混凝土麻面

1）模板表面粗糙或粘附有水泥浆、渣等杂物，模板清理不干净，或清理不彻底，拆模时混凝土表面被粘坏；

2）木模板未浇水湿润或湿润不够，混凝土构件表面的水分被吸去，使混凝土失水过多而出现麻面；

3）模板拼缝不严，局部漏浆，使混凝土表面沿模板接缝位置出现麻面；

4）模板隔离剂涂刷不匀，局部漏刷或隔离剂变质失效，拆模时混凝土表面与模板粘接，造成麻面；

5）混凝土未振捣密实，气泡未排除，停留在模板表面形成麻点；

6）拆模过早，使混凝土表面的水泥浆粘在模板上，产生麻面。

3. 预防措施

1）模板表面应清理干净，不得粘有干硬水泥砂浆等杂物；

2）浇筑混凝土前，模板应浇水充分湿润，并清扫干净；

3）模板拼缝应严密，如有缝隙，应用油毡纸、塑料条、纤维板或腻子堵严；

4）模板隔离剂涂刷要均匀，并防止漏刷；

5）混凝土应分层均匀振捣密实，严防漏振，每层混凝土均应振捣至排除气泡为止；

6）拆模不应过早。

4. 治理方法

1）表面尚需抹灰的，可不作处理；

2）表面作装饰的，应在麻面部分浇水充分湿润后，用原混凝土配合比（无石子）砂浆，将麻面抹平压光，使颜色一致。修补完后，应用棉毡进行保湿养护 7 d。

4.1.2　露筋

1. 现象

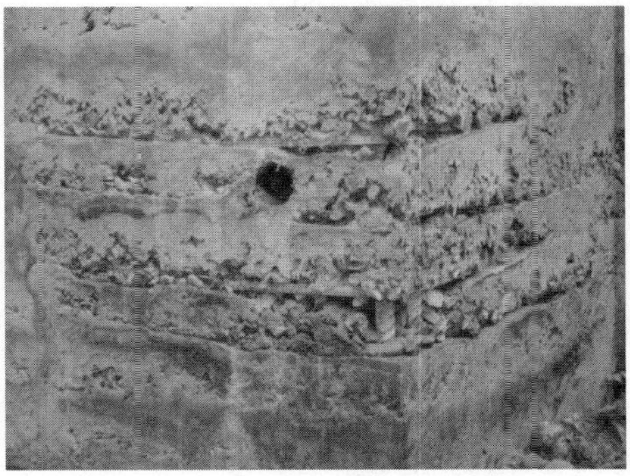

图 4-1-2　露筋

钢筋混凝土结构内部的钢筋裸露在表面，没有被混凝土包裹，如图 4-1-2 所示。

2. 原因分析

1）浇筑混凝土时，钢筋保护层垫块位移，或垫块太少甚至漏放，致使钢筋下坠或位移紧贴模板面外露；

2）结构、构件截面小，钢筋过密，石子卡在钢筋上，使水泥砂浆不能充满钢筋周围，造成露筋；

3）混凝土配合比不当，产生离析，靠模板部位缺浆或模板严重漏浆；

4）混凝土保护层太小或保护层处混凝土漏振，或振捣棒撞击钢筋或踩踏钢筋，使钢筋位移，造成露筋；

5）混凝土保护层振捣不密实，或木模板未浇水湿润，吸水粘结或脱模过早，拆模时缺棱、掉角，导致露筋。

3. 预防措施

1）浇筑混凝土,应保证钢筋位置和保护层厚度正确,并加强检查,发现偏差,及时纠正;

2）钢筋密集时,应选用适当粒径的石子。石子最大颗粒尺寸不得超过结构截面最小尺寸的1/4,同时不得大于钢筋净距的3/4。截面较小钢筋较密的部位,利用细石混凝土浇筑;

3）混凝土应保证配合比准确和良好的和易性;

4）浇筑高度超过2 m,利用串筒或溜槽下料,以防止离析;

5）模板应充分湿润并认真用海绵、胶带堵好缝隙;

6）混凝土振捣严禁撞击钢筋,在钢筋密集处,利用HZ6-30振动棒连行振捣;保护层处混凝土要仔细振捣密实;避免踩踏钢筋,如有踩踏或脱扣等应及时调直纠正;

7）拆模时间要根据试块试压结果正确掌握,防止过早拆模,损坏棱角。

4. 治理方法

1）对表面露筋,剔凿松散颗粒,刷洗干净后,涂刷素水泥浆一道,用1∶2或1∶2.5水泥砂浆将露筋部位抹压平整,并用麻袋保湿养护7 d;

2）如露筋较深,应将薄弱混凝土和突出的颗粒凿去,用高压水冲洗干净后,用比原来高一强度等级的细石混凝土填塞压实,并认真养护。

4.1.3　蜂窝

1. 现象

混凝土结构局部酥松,砂浆少、石子多,石子之间出现类似蜂窝状的大量空隙、孔洞,如图4-1-3所示。

2. 原因分析

1）混凝土配合比不当,或砂、石子、水泥材料计量错误,加水量不准确,造成砂浆少、石子多;

2）混凝土搅拌时间不足,没有拌均匀,和易性差,振捣不密实;

3）混凝土下料不当,一次下料过多或过高,未设串筒,使石子集中,造成石子与砂浆离析;

4）混凝土没有分层下料,振捣不实或靠近模板处漏振;或混凝土时间久发硬,振捣时间不够;或下料与振捣没有很好配合,未及时振捣就下料,因漏振而造成蜂窝;

图4-1-3　蜂窝

5）模板缝隙未堵严,振捣时水泥浆大量流失;或模板未支牢,振捣混凝土时模板松动或位移,或振捣过度造成严重漏浆;

6）结构构件截面小,钢筋较密,使用的石子粒径过大或坍落度过小,混凝土被卡住,造成振捣不实。

3. 预防措施

1）认真设计并严格控制混凝土配合比,加强检查,保证材料计量准确;

2）混凝土应拌合均匀,颜色一致,其延续搅拌最短时间符合规定。其搅拌延续时间应符合规范的要求,坍落度应适宜;

3）混凝土下料高度如超过2 m,应设串筒或溜槽;

4）浇筑应分层下料,分层捣固,防止漏振;

5）混凝土浇筑宜采用带浆下料法或赶浆捣固法。捣实混凝土拌合料时，插入式振捣器移动间距不应大于其作用半径的 1.5 倍；振捣器至模板的距离不应大于振捣器有效作用半径的 1/2。为保证上下层混凝土良好结合，振捣棒应插入下层混凝土 5 cm；

6）混凝土振捣时当振捣到混凝土不再显著下沉和出现气泡，混凝土表面出浆呈水平状态，并将模板边角填满密实即可；

7）模板缝应堵塞严密。浇筑混凝土过程中，要经常检查模板、支架、拼缝等情况发现模板变形、走动或漏浆，应及时修复。

4. 治理方法

1）对小蜂窝，用水洗刷干净后，用素水泥浆涂抹后，用 1∶2 或 1∶2.5 水泥砂浆压实抹平；

2）对较大蜂窝，先凿去蜂窝处薄弱松散的混凝土和突出的颗粒，刷洗干净后支模，用高一强度等级的细石混凝土仔细强力填塞捣实，并认真养护。

4.1.4　孔洞

1. 现象

混凝土结构内部有尺寸较大的空隙，局部或全部没有混凝土；孔穴深度和长度均超过保护层厚度，如图 4-1-4 所示。

2. 原因分析

1）在钢筋较密的部位或预留孔洞和埋设件处，混凝土下料被隔住，未振捣就继续浇上层混凝土，而在下部形成孔洞；

2）混凝土离析、砂浆分离，石子成堆，严重跑浆，又未进行振捣，从而形成特大的孔洞；

3）混凝土一次下料过多、过厚或过高，振捣器振动不到，形成松散孔洞；

4）混凝土内掉入工具、木块、泥块等杂物，混凝土被卡住。

图 4-1-4　孔洞

3. 预防措施

1）在钢筋密集处及复杂部位，采用细石混凝土浇筑，使混凝土易于充满模板，并仔细振捣密实，必要时，辅以人工捣实；

2）预留孔洞、预埋铁件处应在两侧同时下料，预留孔洞、铁件下部浇筑应在侧面加开浇灌口下料振捣密实后再封好模板，继续往上浇筑，防止出现孔洞；

3）采用正确的振捣方法，防止漏振。插入式振捣器应采用垂直振捣方法，即振捣棒与混凝土表面垂直振捣。插点应均匀排列。每次移动距离不应大于振捣棒作用半径 R 的 1.5 倍。一般振捣棒的作用半径为 30～40 cm。振捣器操作时应快插慢拔；

4）控制好下料，混凝土自由倾落高度不应大于 2 m（浇筑板时为 1.0 m），大于 2 m 时采用串筒或溜槽下料，以保证混凝土浇筑时不产生离析。

4. 治理方法

1）对各种混凝土孔洞的处理，应经相关单位共同协商，制定修补或补强方案，方案经批准后方可进行处理；

2）一般孔洞处理方法是：将孔洞周围的松散混凝土和软弱浆膜凿除，用压力水冲洗，支设带托盒的模板，洒水充分湿润后，用比结构高一强度等级的半干硬性微膨胀混凝土仔细分层浇筑，强力捣实，并养护。突出结构面的混凝土，须待达到50%强度后再凿去，表面用1∶2水泥砂浆抹光。

4.1.5　烂根

1. 现象

基础、柱、墙混凝土浇筑后，与基础、柱、台阶或柱、墙、底板交接处出现蜂窝状空隙，台阶或底板混凝土被挤隆起，如图4-1-5所示。

2. 原因分析

1）基础、柱或墙根部混凝土浇筑后，接着往上浇筑，由于此时台阶或底板部分混凝土尚未沉时凝固，在重力作用下被挤隆起，而根部混凝土向下脱落形成蜂窝和空隙；

2）模板下口缝隙不严密，导致漏水泥浆；

3）浇筑前没有先浇灌足够50 mm厚以上同强度等级水泥砂浆。

图4-1-5　烂根

3. 预防措施

1）模板缝隙宽度超过2.5 mm应予以填塞严密，特别要防止吊模；

2）基础台阶或柱、墙、底板浇筑完后，在浇筑上部柱、墙前，应先在基础底板或楼面，在柱、墙模板底部用混凝土维护，待上部混凝土浇筑完毕再将下部台阶或底板混凝土铲平；

3）浇筑混凝土前先浇足50 mm的同强度等级水泥砂浆。

4. 治理方法

将烂脖子处松散混凝土和软弱颗粒凿去，洗刷干净后，支模，用比原混凝土高一强度等级的微膨胀细石混凝土填补，捣实并加强养护。

4.1.6　表面酥松脱落

1. 现象

混凝土结构构件浇筑脱模后，表面出现酥松、脱落等现象，表面强度比内部要低很多，如图4-1-6、图4-1-7所示。

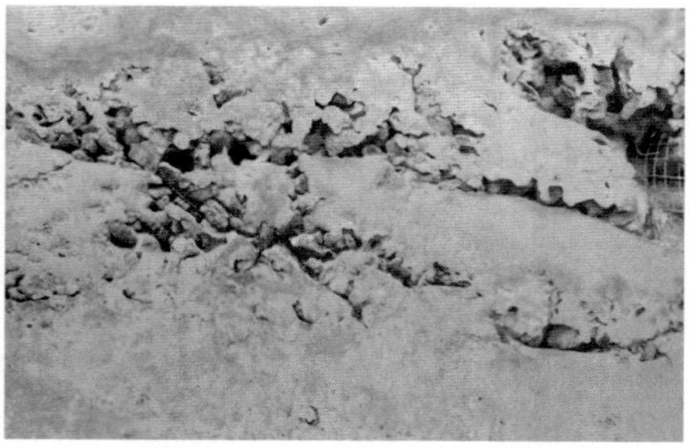

图4-1-6　表面酥松

图4-1-7　表面脱落

2. 原因分析

1）木模板未浇水湿透，或湿润不够，混凝土表层水泥水化的水分被吸去，造成混凝土脱水酥松、脱落；

2）炎热刮风天浇筑混凝土，脱模后未适当护盖浇水养护，造成混凝土表层快速脱水产生酥松；

3）冬期低温浇筑混凝土，浇灌温度低，未采取保温措施，结构混凝土表面受冻，造成酥松、脱落。

3. 预防措施

1）木模板要浇水湿透，充分湿润；

2）混凝土脱模后必须盖塑料薄膜并设专人浇水养护；

3）冬期低温浇筑混凝土，按冬季施工方案采取保温措施，防止结构混凝土表面受冻，造成酥松、脱落。

4. 治理方法

1）表面较浅的酥松脱落，可将酥松部分凿去，洗刷干净充分湿润后，用 1∶2 或 1∶2.5 水泥砂浆抹平压实；

2）较深的酥松脱落，可将酥松和突出颗粒凿去，刷洗干净充分湿润后支模。用比结构高一强度等级的细石混凝土浇筑，用力捣实，并加强养护。

4.1.7　缝隙、夹层

1. 现象

混凝土内成层存在水平或垂直的松散混凝土或夹杂物，使结构的整体性受到破坏，如图 4-1-8 所示。

图 4-1-8　缝隙、夹层

2. 原因分析

1）施工缝或后浇带缝，未经接缝处理，将表面水泥浆膜和松动石子清除掉，或未将软弱混凝土层及杂物清除，并充分湿润，就继续浇筑混凝土；

2）大体积混凝土分层浇筑，底层混凝土初凝后进行上层混凝土浇筑，或在施工间歇时，施工缝处掉入锯屑、泥土、木块、砖块等杂物，未认真检查清理或未清除干净，就浇混凝土，使混凝土分层；

3）混凝土浇筑高度过大，未设串筒、溜槽下料，造成底层混凝土离析；

4）底层交接处未灌接缝砂浆层，接缝处混凝土未很好振捣密实；或浇筑混凝土接缝时，留槎或接槎时振捣不足；

5）柱头浇筑混凝土时，若间歇时间很长，常会掉进杂物，若未经认真处理就浇筑上层柱，常造成施工缝处形成夹层。

3. 预防措施

1）认真处理施工缝及后浇缝表面；接缝处的锯屑、木块、泥土、砖块等杂物必须彻底清除干净，并将接缝表面洗净；

2）混凝土浇筑高度大于 2 m 时，应设串筒或溜槽下料；

3）浇筑柱、梁、楼板、墙、基础等，应连续进行，必须在下层混凝土初凝前浇筑完毕；

4）在已硬化的混凝土表面上，继续浇筑混凝土前，应清除除水泥薄膜和松动石子以及软弱混凝土层，并加以充分湿润和充实干净，且不得积水；

5）接缝处浇筑混凝土前应铺设一层水泥浆或 5～10 cm 厚减半石子混凝土，以利良好接合，并加强接缝处混凝土振捣使之密实。

4. 治理方法

在模板上沿施工缝位置通条开口，以便于清理杂物和冲洗。全部清理干净后，再将通条开口封板，并抹水泥浆或减石子混凝土砂浆，在浇筑混凝土。

4.1.8 缺棱掉角

1. 现象

结构构件边角处或洞口直角边处，混凝土局部脱落，造成截面不规则，棱角缺损，如图 4-1-9 所示。

2. 原因分析

1）木模板在浇筑混凝土前未充分浇水湿润或湿润不够；混凝土浇筑后养护不好。棱角处混凝土的水分被模板大量吸收，造成混凝土脱水，强度降低，或模板吸水膨胀将边角拉裂，拆模时棱角被粘掉；

2）冬期低温下施工，过早拆除侧面非承重模板，或混凝土边角受冻，造成拆模时掉角；

3）拆模时，边角受外力或重物撞击，或保护不好，棱角被碰掉；

4）模板未涂刷隔离剂，或涂刷不均。

图 4-1-9 缺棱掉角

3. 预防措施

1）木模板在浇筑混凝土前应充分湿润，混凝土浇筑后应认真浇水养护；

2）拆除侧面非承重模板时，混凝土应具有 1.2 MPa 以上强度；

3）拆模时注意保护棱角，避免用力过猛、过急；吊运模板时，防止撞击棱角；运料时，通道处的混凝土阳角用角钢、草袋等保护好，以免碰损；

4）冬期混凝土浇筑完毕，应做好覆盖保温工作，防止受冻。

4. 治理方法

1）较小缺棱掉角，可将该处松散颗粒凿除，用钢丝刷刷干净，清水冲洗并充分湿润后，用 1∶2 或 1∶2.5 的水泥砂浆抹补齐整；

2）对较大的缺棱掉角，可将不实的混凝土和突出的颗粒凿除，用水冲刷干净湿透，然后支模，用比原混凝土高一强度等级的细石混凝土填灌捣实，并认真养护。

4.2 结构外形尺寸偏差

4.2.1 表面不平整

1. 现象

混凝土表面凹凸不平，或板厚薄不一，表面不平，甚至出现凹坑脚印，如图 4-2-1 所示。

2. 原因分析

1）混凝土浇筑后，表面仅用铁锹拍平，未用抹子找平压光，造成表面粗糙不平；

2）模板支撑面不足，或支撑松动，致使新浇筑混凝土早期养护时发生不均匀下沉；

3）混凝土尚未达到一定强度时就上人操作或运料，使表面出现凹陷不平或印痕。

3. 预防措施

1）严格按施工技术规程操作，浇筑混凝土后，应根据水平控制标志或弹线用抹子找平、压光，终凝后浇水养护；

2）模板应有足够的承载力、刚度和稳定性，支柱和支撑必须支在坚实的土层上，应有足够的支撑面积，并防止浸水，以保证结构不发生过量下沉；

3）在浇筑混凝土过程中，应经常检查模板和支撑情况，如有松动变形，应立即停止浇筑并在混凝土凝结前修整加固好，再继续浇筑；

4）当混凝土强度达到 1.2 MPa 以上时，方可在已浇结构上走动。

图 4-2-1　表面不平整

4. 治理方法

表面局部不平整的，可用细石混凝土或水泥浆修补。

4.2.2　位移、倾斜

1. 现象

基础、柱、梁、墙以及预埋件中心线对定位轴线，产生一个方向或两个方向的位移，或柱、墙垂直度产生一定的偏斜(称倾斜)，其位移或倾斜值均超过允许偏差值，如图 4-2-2 所示。

2. 原因分析

1）模板支设不牢固或斜撑支顶点强度，混凝土振捣时产生位移或倾斜；

2）门洞口模板及预埋件固定不牢靠，混凝土浇筑、振捣方法不当，造成门洞口和预埋件产生较大的位移；

3）放线出现较大误差，没有认真检查和校正，或没有及时发现和纠正，造成轴线累积误差过大，或模板就位时没有认真吊线找直，致使结构发生歪斜。

图 4-2-2　位移、倾斜

3. 预防措施

1）模板应固定牢靠，斜撑点有足够的强度；

2）模板应拼缝严密，无松动；螺栓应紧固可靠，标高、尺寸应符合要求，并应检查核对，以防止施工过程中发生位移或倾斜；

3）门洞口模板及各种预埋件应支设牢固，保证位置和标高准确，检查合格后，才能浇筑混凝土；

4）现浇框架柱模板应四周斜撑固定。斜撑或斜拉杆，用法兰罗纹栓调节，以保证其垂直度。柱混凝土初凝前，应对其垂直度进行一次校核，如有偏差应及时调整；

5）测量放线位置线要弹准确，认真吊线找直，及时调整误差，以消除误差累积，并仔细检查、核对，保证施工误差不超过允许偏差值；

6）振捣混凝土时，不得冲击振动钢筋、模板及预埋件，以防止摸板产生变形或预埋件位移或脱落。

4. 治理方法

1）凡位移、倾斜不影响结构质量时，可不进行处理；如只需进行少量局部剔凿和修补处理时，应适当修整，一般可用 1∶2 或 1∶2.5 水泥砂浆或比原混凝土高一强受等级的细石混凝土进行修补；

2）凡位移、倾斜值影响结构受力性能时，须进行局部返工处理。

4.2.3　凹凸、鼓胀

1. 现象

柱、墙、梁等混凝土表面出现凹凸和鼓胀，偏差超过允许值，如图 4-2-3 所示。

2. 原因分析

1）模板支架支撑不牢固或刚度不够，混凝土浇筑后局部产生侧向变形，造成凹凸或鼓胀；

2）模板支撑不够或穿墙螺栓未锁紧，致使结构膨胀；

3）混凝土浇筑未按操作规程分层进行，一次下料过多或用吊斗直接往模板内面倾倒混凝土，或振捣混凝土时长时间振动钢筋、模板，造成跑模或较大变形；

4）钢木模板结合处，木模侧向刚度差，使结合处木模容易发生鼓胀。

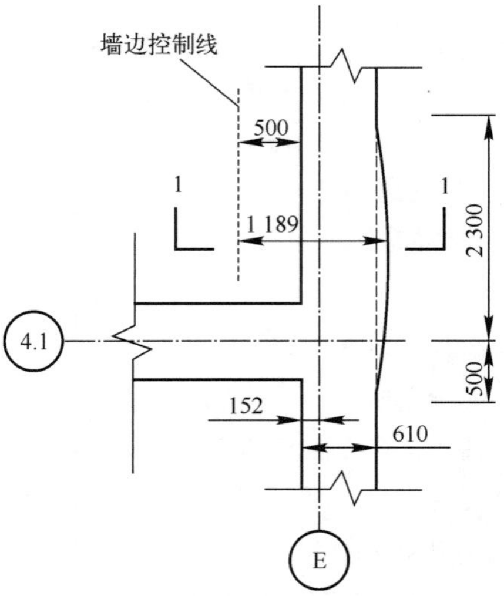

图 4-2-3　凹凸、鼓胀

3. 预防措施

1）模板支架及墙模板斜撑必须通过木方安装在坚实支护桩上，并应有足够的支撑面积；

2）柱模板应设置足够数量的柱箍，若底部混凝土水平侧压力较大，柱箍还应适当加密；

3）混凝土浇筑前应仔细检查模板尺寸和位置是否正确，支撑是否牢固，穿墙螺栓是否锁紧，发现松动，应及时处理；

4）墙浇筑混凝土应分层进行，第一层混凝土浇筑厚度为 50 cm，然后均匀振捣；上部墙体混凝土分层浇筑。每层厚度不得大于 0.5 m，防止混凝土一次下料过多。

4. 治理方法

1）凡凹凸鼓胀不影响结构质量时，可不进行处理；只需进行局部剔凿和修补处理时，应适当修整。一般用 1∶2 或 1∶2.5 水泥砂浆或比原混凝土高一强度等级的细石混凝土进行修补；

2）凡凹凸鼓胀影响结构受力性能时，应会同有关部门研究处理方案后，再进行处理。

4.2.4　匀质性差，强度达不到要求

1. 现象

同批混凝土试块抗压强度平均值低于 0.85 或 0.9 设计强度等级，或同批混凝土中个别试块强度值过高或过低，出现异常。

2. 原因分析

1）水泥过期或受潮，活性降低；砂、石骨料级配不好，空隙率大，含泥量和杂质超过规定或有冻块混入；外加剂使用不当，掺量不准确；

2）混凝土配合比不当，计量不准，袋装水泥欠重，计量器具失灵，施工中随意加水，或没有扣除砂、石的含水量，使水灰比和坍落度增大；

3）混凝土加料顺序颠倒，搅拌时间不够，拌合不匀；

4）冬期低温施工，未采取保温措施，拆模过早，混凝土早期受冻；

5）混凝土试块没有代表性，试模保管不善，混凝土试块制作未振捣密实，养护管理不当，或养护条件不符合要求；在同条件养护时，早期脱水、受冻或受外力损伤；

6）混凝土拌合料搅拌完至浇筑完毕的延续时间过长，振捣过度，养护差，使混凝土强度受到影响。

3. 预防措施

1）水泥应有出厂质量合格证，并应加强水泥保管工作，要求新鲜无结块，过期水泥经试验合格后才能使用。对水泥质量有疑问时，应进行复查试验，并按试验结果的强度等级使用；

2）砂、石子粒径、级配、含泥量等应符合要求；

3）严格控制混凝土配合比，保证计量准确，及时测量砂、石含水率并扣除用水量；

4）混凝土应按顺序加料、拌制，保证搅拌时间和拌匀；

5）冬季施工，应根据环境大气温度，保持一定的浇灌温度，认真做好混凝土结构保温和测温工作，防止混凝土早期受冻。在冬期条件下养护的混凝土，在遭受冻结前，硅酸盐或普通硅酸盐水泥配制的混凝土，应达到设计强度等级的30％以上；矿渣硅酸盐水泥配置的混凝土则应达到40％以上；

6）按施工验收规范要求认真制作混凝土试块，并加强对试块的管理和养护。

4. 治理方法

1）当试块试压结果与要求相差悬殊，或试块合格对混凝土结构实际强度有怀疑，或出现试块丢失、编号错乱、忘记做试块等情况，可采用非破坏方法（如回弹仪法、超声波法）来测定结构的实际强度，如强度仍不能满足要求，应经有关人员研究、查明原因，采取必要措施进行处理；

2）当混凝土强度偏低，不满足要求时，可按实际强度校核结构的安全度，研究处理方案，采取相应的加固或补强措施。

4.3　混凝土裂缝

4.3.1　塑性收缩裂缝

1. 现象

塑性收缩是指混凝土在凝结之前，表面因失水较快而产生的收缩。塑性收缩裂缝一般在干热或大风天气出现，裂缝多呈中间宽，两侧细且长短不一，互不连贯状态。较短的裂缝一般长20～30 cm，较长的裂缝可达2～3 m，宽1～5 mm，如图4-3-1所示。

2. 原因分析

1）混凝土浇筑后表面没有及时覆盖，受风吹日晒，表面游离水分蒸发过快，产生急剧的体积收缩，而此时混凝土早期强度过低，不能抵抗这种变形应力而导致开裂；

2）使用收缩率较大的水泥，水泥用量过多，或使用过量的粉砂，或混凝土水灰比过大；

3）混凝土流动度过大，模板、垫层过于干燥，吸水大；

4）浇筑在斜坡上的混凝土，由于重力作用有向下流的倾向，也是导致这类裂缝出现的因素。

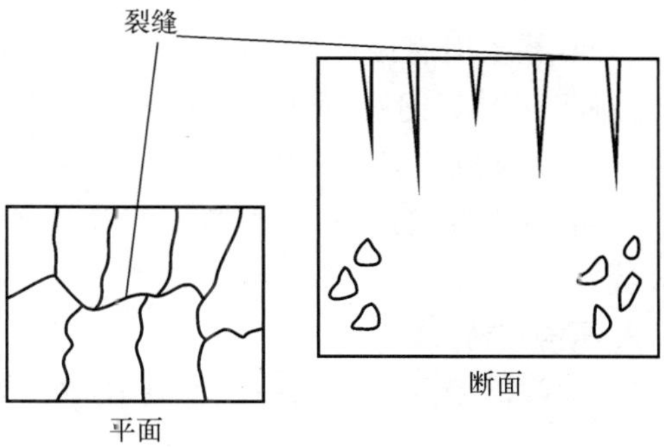

图4-3-1　塑性收缩裂缝

3. 预防措施

1）配置混凝土时，应严格控制水灰比和水泥用量，选择级配良好的石子，减小空隙率和砂率；同时要振固密实，以减少收缩量，提高混凝土早期抗裂强度；

2）浇筑混凝土前，将基层和模板浇水湿透，避免吸收混凝土中的水分；

3）浇筑混凝土后，及时覆盖塑料薄膜或者潮湿的草垫、麻片等，保持混凝土终凝前表面湿润，或者在混凝土表面喷洒养护剂等进行养护；

4）在气温较高、湿度低或风速大的天气施工，混凝土浇筑后，应及早进行洒水养护，使其保持湿润；分段浇筑混凝土应浇完一段，养护一段。在炎热的季节，要加强表面的抹压和养护；

5）在混凝土表面喷养护剂，或覆盖塑料或湿草袋，使水分不易蒸发；

6）加设挡风设施，以降低作用于混凝土表面的风速。

4. 治理方法

1）若混凝土仍保持塑性，可采取及时压抹一遍或重新振捣的办法来消除，再加强覆盖养护；

2）如混凝土已硬化，可向裂缝内装入水泥粉，然后加水润湿，或在表面抹薄层水泥砂浆进行处理。

4.3.2　沉降收缩裂缝

1. 现象

裂缝多沿结构上表面钢筋通长方向或箍筋上断续出现，或在埋设件的附近周围出现，裂缝成棱形，宽度不等，深度不一，一般到钢筋上表面为止。多在混凝土浇筑后发生，混凝土结硬后即停止，如图 4-3-2 所示。

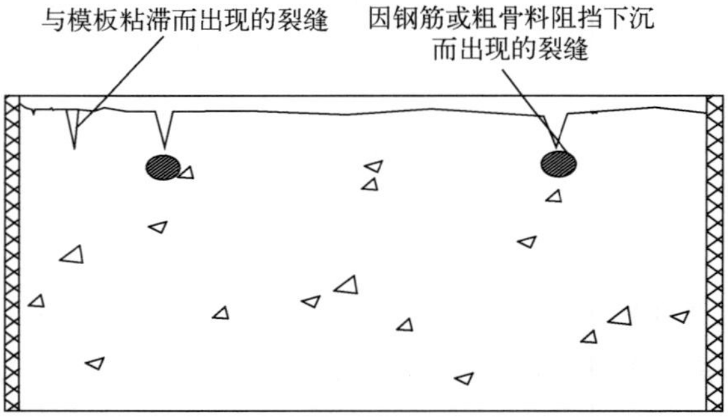

图 4-3-2　沉降收缩裂缝

2. 原因分析

1）混凝土浇灌振捣后，粗骨料沉降，挤出水分、空气，表面呈现泌水，而形成竖向体积缩小沉降，这种沉降受到钢筋、预埋件、模板或大的粗骨料以及先期凝固混凝土的局部阻碍或约束，或混凝土本身各部相互沉降量相差过大，而造成裂缝；

2）混凝土保护层不足，混凝土沉降受到钢筋的阻碍，常在箍筋的方向发生一道道的沉降横向裂缝。

3. 预防措施

1）加强混凝土配置和施工操作控制，不使水灰比、砂率、坍落度过大；振捣要充分，但避免过度；

2）对于截面相差较大的混凝土构筑物，可先浇筑较深部位，暂停 2～3 h，待沉降稳定后，再与上部薄截面混凝土同时浇筑，以避免沉降过大导致裂缝；

3）在混凝土硬化前保持塑性时，再对表面抹压一遍；

4）适当增加混凝土的保护层厚度。

4. 治理方法

1）若混凝土仍保持塑性，可采取及时压抹一遍或重新振捣的办法来消除，再加强覆盖养护；

2）如混凝土已硬化，可向裂缝内装入水泥粉，然后加水润湿，或在表面抹薄层水泥砂浆进行处理。裂缝较大处灌入防水水泥砂浆（环氧树脂水泥砂浆）填实，以防水从裂缝渗入而腐蚀钢筋。

4.3.3　干燥收缩裂缝

1. 现象

干燥收缩裂缝简称干缩裂缝，它的特征为表面性的，宽度较细，走向纵横交错，没有规律性，裂缝分布不均，但对基础、墙、较薄的梁、板类结构，多沿短方向分布；整体性变截面结构多发生在结构变截面处，大体积混凝土在平面部位较为多见，侧面也有时出现。这类裂缝一般在混凝土露天养护完毕经一段时间后，在上表面或侧面出现，并随间断度的变化而变化，表面强烈收缩可使裂缝由表及里、由小到大逐步向深部发展。

2. 原因分析

1）混凝土结构成型后，没有覆盖养护，受到风吹日晒，表面水分散失快，体积收缩大，而内部湿度变化很小，收缩也小，因而表面收缩变形受到内部混凝土的约束，出现拉应力，引起混凝土表面开裂；

2）混凝土结构长期裸露，未及时回填土或封闭，处于时干时湿状态，使表面湿度经常发生剧烈变化；

3）采用含泥量大的粉砂配制混凝土，收缩大，抗拉强度低；

4）混凝土经过度振捣，表面形成水泥含量较多的砂浆层，使收缩量增大。

3. 预防措施

1）混凝土水泥用量、水灰比和砂率不能过大；提高粗骨料含量，以降低干缩量；

2）严格控制砂石含泥量，避免使用过量粉砂；

3）混凝土应振捣密实，但避免过度振捣；在混凝土初凝后，终凝前，进行二次抹压，以提高混凝土的抗拉强度，减少收缩量；

4）加强混凝土早期养护，并适当延长养护时间。暴露在露天的混凝土应及早回填土或封闭，避免发生过大的湿度变化；

4. 治理方法

如混凝土已硬化，可向裂缝内装入水泥粉，然后加水润湿，或在表面抹薄层水泥砂浆进行处理。

4.3.4　撞击裂缝

1. 现象

裂缝有水平的、垂直的、斜向的、裂缝的部位和走向随受到撞击荷载的作用点，大小和方向而异；裂缝宽度、深度和长度不一，无一定规律性。

2. 原因分析

1）拆模时由于工具或模板的外力撞击而使结构出现裂缝。如拆除墙板的门窗模板时，常引起斜向裂缝；用吊机拆除内外墙的大模板时，稍一偏移，就撞击承载力还很低的混凝土墙，引起水平或垂直的裂缝；

2）拆模过早，混凝土强度尚低，常导致出现沿钢筋的纵向或横向裂缝；

3）拆模方法不当，只起模板一角，或用猛烈振动的办法脱模，使结构受力不匀或受到剧烈的振动；

4）梁板混凝土尚未达到脱模强度，在其上用手推车运输，堆放材料，使梁板受到框动或超过比设计大的施工荷载作用而造成裂缝。

3. 预防措施

1）现浇结构成型和拆模，应防止受到各种施工荷载的撞击和振动；

2）结构脱模时必须达到规范要求的拆模强度，并应使结构受力均匀；

3）拆模应按规定的程序进行，后支的先拆，先支的后拆，先拆除非承重部分，后拆除承重部分，使结构不受到损伤；

4）在梁板混凝土未达到设计强度前，避免在其上用手推车运输和堆放大量工程和施工用料，防止梁板受到振动或将梁板压裂。

4. 治理方法

1）对一般裂缝可用环氧胶泥封闭；对较宽较深的裂缝，应先沿缝凿成“八”字形凹槽，再用环氧胶泥（或环氧砂浆）或水泥砂浆补缝或再加贴环氧玻璃布处理；

2）对较严重的贯穿性裂缝，应采用环氧树脂等灌浆处理，或进行结构加固处理。

4.3.5　温度裂缝

1. 现象

温度裂缝又称温差裂缝，表面温度裂缝走向无一定规律性，长度尺寸较大的基础、墙、梁、板类结构，裂缝多平行于短边；大体积混凝土结构的裂缝常纵横交错。深进的贯穿的温度裂缝，一般情况下，沿全长没有多大变化。表面温度裂缝多发生在施工期间，深进的或贯穿的多发生在浇筑后2～3个月或更长时间，缝宽受温度变化影响较明显，冬季较宽，夏季较窄。沿截面高度，裂缝大多呈上宽下窄状，但个别也有下宽上窄的情况，顶部或底板配筋较多的结构，有时也出现中间宽、两端窄的梭形裂缝，如图4-3-3所示。

图4-3-3　温度裂缝

2. 原因分析

1）表面温度裂缝多由于温差较大而引起。混凝土结构构件，特别是大体积混凝土基础浇筑后，在硬化期间水泥放出大量水化热，内部温度不断上升，使混凝土表面和内部温差较大，当温度产生非均匀的降温差时（如施工中注意不够而过早撤离除模板；冬期施工，过早除掉保温层，或受到寒潮袭击），将导致混凝土表面急剧的温度变化而产生较大的降温收缩，引时表面受到内部混凝土的约束，将产生很大的拉应力（内部降温慢，受自约束而产生压应力），而混凝土早期抗拉强度很低，因而出现裂缝。但这种温差仅在表面处较大，离开表面就很快减弱，因此，裂缝只在接近表面较浅的范围内出现，表面层以下的结构仍保持完整；

2）深进的和贯穿的温度裂缝由于结构降温差较大，受到外界的约束而引起的。当大体积混凝土基础、墙体浇筑在坚硬地基（特别是岩石地基）或厚大的旧混凝土垫层上时，没有采取隔离层等放松约束的措施，如果混凝土浇筑时温度较高，加上水泥水化热的温升很大，使混凝土的温度很高，当混凝土降温收缩，全部或部分地受到地基、混凝土垫层或其他外部结构的约束，将会在混凝土内部出现很大的拉应力，产生降温收缩裂缝。这类裂缝较深，有时是贯穿性的，将破坏结构的整体性。基础工程长期不回填，受风吹日晒或寒潮袭击作用；框架结构的梁、墙板、基础梁，由于与刚度较大的柱、基础约束、降温时也常出现这类裂缝；

3）采用蒸汽养护的结构构件，混凝土降温措施控制不严，降温过速，使混凝土表面急剧降温，而受到内部的约束，常导致结构表面出现裂缝。

3. 预防措施

（1）一般结构预防措施

1）合理选择原材料和配合比，采用级配良好的石子；砂、石含泥量控制在规定范围内；在混凝土中掺加减水剂，降低水灰比；严格施工，分层浇筑振捣密实，以提高混凝土的抗拉强度；

2）细长结构构件，采取分段间隔浇筑，或适当设置施工缝或后浇缝，以减少约束应力；

3）在结构薄弱部位及孔洞四角、多孔板板面，适当配置必要的温度筋，使其对称均匀分布；

4）蒸汽养护结构构件时，控制升温速率不大于 15 ℃/h；降温速率不大于 10 ℃/h，避免急热急冷，引起过大的温度应力；

5）加强混凝土的养护和保温，控制结构与外界温差在 25 ℃范围以内。混凝土浇筑后裸露表面及时喷水养护，夏季应适当延长养护时间，以提高抗裂能力。冬季应适当延长保温和脱模时间，使降温缓慢，以防温度骤变，温差过大引起裂缝。基础部分及早回填，保湿保温，减少温度收缩裂缝。

（2）大体积结构预防措施

1）尽量选用低热或中热水泥（如矿渣水泥、粉煤灰水泥）配置混凝土；或混凝土中渗加适量粉煤灰或减水剂（木质磺酸钙、MF 等）；或利用混凝土的后期强度（90～180 天），以降低水泥用量，减少水化热量。选用良好级配的骨料，并严格控制砂、石子含泥量，降低水灰比（0.6 以下）；加强振捣，以提高混凝土的密实性和抗拉强度；

2）在混凝土中掺加缓凝剂，减缓浇筑速度，以利于散热。在设计允许的情况下，可掺入不大于混凝土体积 25%的块石，以吸收热量，并节省混凝土；

3）避免炎热天气浇筑大体积混凝土。如必须在炎热天气浇筑时，应采用冰水或搅拌水中掺加冰屑拌制混凝土；对骨料简易遮阳装置或进行喷水预冷却；运输混凝土应加盖防日晒，以降低混凝土搅拌合浇筑温度；

4）浇筑薄层混凝土，每层浇筑厚度控制不大于 30 cm，以加快热量的散发，并使温度分布较均匀，同时便于振捣密实，以提高弹性模量；

5）大型设备基础采用分块分层浇筑（每层间隔时间为 5～7 d），分块厚度为 1.0～1.5 m，以利于水化热的散发并减少约束作用。对较长的基础和结构，采取每隔 20～30 m 留一条 0.5～1.0 m 宽的间断后浇缝，钢筋仍保持连续不断，30 d 后再掺用 UEA 微膨胀细石混凝土填灌密实，以消减温度收缩应力。

6）混凝土浇筑在岩石地基或厚大的混凝土垫层上时，在岩石地基和混凝土垫层上铺设防滑隔离层（浇二度沥青胶，撒铺 5 mm 厚砂子或铺二毡三油）；底板高低起伏和截面突变处，做成渐变化形式，以消除或减少约束作用；

7）加强早期养护，提高抗拉强度。混凝土浇筑后，表面及时用塑料薄膜、草垫等覆盖，并洒水养护；深坑基础可采取灌水养护。夏季适当延长养护时间。在寒冷季节，混凝土表面应采取保温措施，以防寒潮袭击。对薄壁结构要适当延长拆模时间，使之缓缓降温。拆模时，块体中部和表面温差控制不大于 20 ℃，以防止急剧冷却，造成表面裂缝；基础混凝土拆模后应及时回填；

8）加强温度管理。混凝土拌制时温度要低于 25 ℃；浇筑时要低于 30 ℃。浇筑后控制混凝土与大气温差不大于 25 ℃，混凝土本身内外温差在 20 ℃以内；加强养护过程中的测温工作，若发现温差过大，应及时覆盖保温，使混凝土降温梯度减小，缓慢收缩，以有效地发挥混凝土的徐变特性，降低约束应力，提高结构抗拉能力。

4. 治理方法

1）温度裂缝对钢筋锈蚀、碳化、抗冻融（有抗冻要求的结构）、抗疲劳（对受动荷载构件）等方面有影响，故应采取措施治理；

2）对表面裂缝，可以采用涂两遍环氧胶泥或贴环氧玻璃布，以及抹、喷水泥砂浆等方法进行表面封闭处理；

3）对有整体性防水、防渗要求的结构，缝宽大于 0.03 mm 的深进或贯穿性裂缝，应根据裂缝可灌程度，采用灌水泥浆或化学浆液（环氧、甲凝或内凝浆液）方法进行裂缝修补，或者灌浆与表面封闭同时采用；

4）宽度不大于 0.03 mm 的裂缝，由于后期水泥生成氢氧化钙、硫酸铝钙等类物质，碳化作用能使用裂缝自行愈合，可不处理或只进行表面处理。

4.3.6　冻胀裂缝

1. 现象

结构构件表面沿主筋、箍筋方向出现宽窄不一的裂缝，深度一般到主筋，周围混凝土酥松、剥落，如图 4-3-4 所示。

2. 原因分析

冬期施工混凝土结构构件未保温，混凝土早期遭受冻结，将表层混凝土冻胀，解冻后钢筋部位变形仍不能恢复，而出现裂缝、剥落。

3. 预防措施

1）结构构件在冬期施工，配置混凝土应采用普通水泥，低水灰比，并掺加适量早强抗冻剂，以提高早期强度；

2）对混凝土进行蓄热保温或加热养护，直至达到 40％的设计强度。

图 4-3-4　冻胀裂缝

4. 治理方法

对一般裂缝可用环氧胶泥封闭；对较宽较深裂缝，用环氧砂浆补缝或在加贴环氧玻璃布处理，对较严重的裂缝，应将剥落酥松部分凿去，加焊钢丝网后，重新浇筑一层细石混凝土，并加强养护。

4.3.7　混凝土施工缝处理不符合要求

1. 现象

混凝土施工缝通常分为垂直施工缝和水平施工缝。在上一段混凝土施工完成后，下一段施工开始前，必须对交界处进行毛面处理，此交界处即施工缝。施工缝处理的好坏直接影响到结构的整体性，甚至在施工缝处出现裂缝。施工缝处理不合要求的情况主要表现在凿毛点间隔太疏、凿毛深度不够、凿除后施工缝未清理干净这几种情况。

2. 原因分析

1）施工缝处理未在钢筋绑扎之前进行，待钢筋绑扎好后风镐难以伸入墙体内侧凿毛；

2）高底板分层浇筑时，施工缝凿毛较为困难，分层施工底板结构的钢筋是一次绑扎成型；

3）施工管理上缺陷，在分项工程施工质量计划中施工缝处理未列入检验点。

3. 预防措施

1）施工缝处理必须在钢筋绑扎之前进行；

2）高底板分层施工，在混凝土浇筑完后且初凝前，将混凝土面层采取冲毛方式处理；

3）在分项工程施工质量计划中施工缝处理必须列入检验点，待施工缝处理完后才可进行下一步施工。

4. 治理方法

混凝土施工缝处理不符合要求的应及时返工。

4.3.8　灌浆裂缝

1. 现象

灌浆处施工完后出现收缩裂缝，在设备基础灌浆施工过程中也存在浆体与设备底端分离现象，致使灌浆不密实。

2. 原因分析

1）灌浆若采用石灰水泥砂浆，其石灰的干缩较大，设备基础灌浆施工存在浆体与设备底端分离现象；

2）灌浆施工完后，未进行覆盖养护处理。

3. 预防措施

1）设备基础灌浆尽可能采用微膨胀型灌浆料，避免使用石灰水泥砂浆。若采用石灰水泥砂浆，应将砂浆浇筑至设备底端以上 1 cm 左右；

2）灌浆完后 12 h 以内加以覆盖养护。

4. 治理方法

用压力灌浆方法将微膨胀灌浆料压入裂缝或缝隙中，灌浆料浇筑至设备底端以上 1 cm 左右。

附　录

表 4-3-1　现浇混凝土结构外观质量缺陷严重程度判断表

名称	现　象	严重缺陷	一般缺陷
露筋	构件内钢筋未被混凝土包裹而外露	纵向受力钢筋有露筋	其他钢筋有少量露筋
蜂窝	混凝土表面缺少水泥浆而形成石子外露	构件主要受力部位有蜂窝	其他部位有少量蜂窝

续表

名称	现　象	严重缺陷	一般缺陷
孔洞	混凝土中空穴深度和长度均超过保护层厚度	构件主要受力部位有孔洞	其他部位有少量孔洞
夹渣	混凝土中夹有杂物且深度超过保护层厚度	构件主要受力部位有夹渣	其他部位有少量夹渣
疏松	混凝土局部不密实	构件主要受力部位有疏松	其他部位有少量疏松
裂缝	缝隙从混凝土表面延伸至混凝土内部	构件主要受力部位有影响结构性能或使用功能的裂缝	其他部位有少量不影响结构性能或使用功能的裂缝
连接部位缺陷	构件连接处混凝土缺陷及连接钢筋、连接件松动	连接部位有影响结构传力性能的缺陷	连接部位有不影响结构传力性能的缺陷
外形缺陷	缺棱掉角、棱角不直、翘曲不平、飞边凸肋等	清水混凝土构件有影响使用功能或装饰效果的外形缺陷	其他混凝土构件有不影响使用功能的外形缺陷
外表缺陷	构件表面麻面、掉皮、起砂、沾污等	具有重要装饰效果的清水混凝土构件有外表缺陷	其他混凝土构件有不影响使用功能的外表缺陷

表 4-3-2　现浇结构尺寸允许偏差和检验方法

项　目			允许偏差/mm	检验方法
轴线位置	基础		15	钢尺检查
	独立基础		10	
	墙、柱、梁		8	
	剪力墙		5	
垂直度	层高	≤5 m	8	经纬仪或吊线、钢尺检查
		>5 m	10	
	全高(*H*)		*H*/1 000 且≤30	经纬仪、钢尺检查
标高	层高		±10	水准仪或拉线、钢尺检查
	全高		±30	
截面尺寸			+8，−5	钢尺检查
电梯井	井筒长、宽对定位中心线		+25，0	钢尺检查
	井筒全高(*H*)垂直度		*H*/1 000 且≤30	经纬仪、钢尺检查
表面平整度			8	2 m 靠尺和塞尺检查
预埋设施中心线位置	预埋件		10	钢尺检查
	预埋螺栓		5	
	预埋管		5	
预留洞中心线位置			15	钢尺检查

注：检查轴线、中心线位置时，应沿纵横两个方向量测，并取其中的较大值。

表 4-3-3　设备基础尺寸允许偏差和检验方法

项　　目		允许偏差/mm	检验方法
坐标位置		20	钢尺检查
不同平面的标高		0,－20	水准仪或拉线、钢尺检查
平面外形尺寸		±20	钢尺检查
凸台上平面外形尺寸		0,－20	钢尺检查
凹穴尺寸		＋20,0	钢尺检查
平面水平度	每米	5	水平尺、塞尺检查
	全长	10	水准仪或拉线、钢尺检查
垂直度	每米	5	经纬仪或吊线、钢尺检查
	全长	10	
预埋地脚螺栓	标高(顶部)	＋20,0	水准仪或拉线、钢尺检查
	中心距	±2	钢尺检查
预埋地脚螺栓孔	中心线位置	10	钢尺检查
	深度	＋20,0	钢尺检查
	孔垂直度	10	吊线、钢尺检查
预埋活动地脚螺栓锚板	标高	＋20,0	水准仪或拉线、钢尺检查
	中心线位置	5	钢尺检查
	带槽锚板平整度	5	钢尺、塞尺检查
	带螺纹孔锚板平整度	2	钢尺、塞尺检查

注:检查坐标、中心线位置时,应沿纵横两个方向测量,并取其中的较大值。

5　钢筋工程

5.1　原料材质

5.1.1　表面锈蚀

1. 现象

1）浮锈:钢筋表面附有较均匀的细粉末,呈黄色或淡红色,如图 5-1-1 所示。

2）陈锈:锈迹粉末较粗,用手捻略有微粒感,颜色转红,有的呈红褐色,如图 5-1-2 所示。

3）老锈:锈斑明显,有麻坑,出现起层的片状分离现象,锈斑几乎遍及整根钢筋表面;颜色变暗,深褐色,严重的接近黑色。

2. 原因分析

1）保管不良,受到雨、雪侵蚀;

2）存放期过长;

3）储环境潮湿,通风不良。

3. 预防措施

1）钢筋原料存放应满足存储条件,避免长时间雨淋;

2）钢筋不得堆放在地面上,必须用混凝土墩、砖或垫木垫起,使离地面 200 mm 以上;

图 5-1-1　某项目钢筋绑扎（浮锈）

图 5-1-2　某项目钢筋材料（陈锈）

3）库存期限不得过长，原则上先进库的先使用；

4）工地临时保管钢筋原料时，应选择地势较高、地面干燥的露天场地；

5）根据天气情况，必要时加盖苫布；场地四周要有排水措施；堆放期尽量缩短。

4. 治理方法

1）浮锈：浮锈处于铁锈形成的初期，在混凝土中不影响钢筋与混凝土粘结，因此除了焊接操作时在焊点附近需擦干净之外，一般可不作处理。但是，有时为了防止锈迹污染，也可用麻袋布擦拭；

2）陈锈：可采用钢丝刷或麻袋布擦等手工方法；具备条件的工地应尽可能采用机械方法。盘条细钢筋可通过冷拉或调直过程除锈；粗钢筋采用专用除锈机除锈，如自制圆盘钢丝刷、除锈机（在电动机转动轴上安装两个圆盘钢丝刷刷锈）；

3）老锈：对于有起层锈片的钢筋，应先用小锤敲击，使锈片剥落干净，再用除锈机除锈；因麻坑、斑点以及锈皮去层会使钢筋截面损伤，所以使用前应鉴定是否降级使用或另作其他处置。

5.1.2　原材料混料

1. 现象

1）钢筋品种、强度等级混杂不清，直径大小不同的钢筋堆放在一起；

2）虽然具备必要的合格证件（出厂质量证明书），但证件与实物不符；

3）非同批原材料码放在一堆，难以分辨，影响使用。

2. 原因分析

1）原材料仓库管理不当，制度不严；钢筋出厂所捆绑的标牌脱落；

2）对直径大小相近的钢筋，用目测有时分不清；

3）合格证件未随钢筋实物同时送交仓库。

3. 预防措施

1）发现混料情况后应立即检查并进行清理，重新分类堆放；

2）如果翻垛工作量大，不易清理，应将该堆钢筋做出记号，以备发料时提醒注意；

3）已发出去的混料钢筋应立即追查，并采取防止事故的措施。

4. 治理方法

1）仓库应设专人验收入库钢筋；库内划分不同钢筋堆放区域，每堆钢筋应立标签或挂牌，标明其品种、强度等级、直径、合格证件编号及整批数量等；

2）验收时要核对钢筋肋形，并根据钢筋外表的厂家标记（一般都应有厂名、钢筋品种和直径）与合格证件对照，确认无误；

3）钢筋直径不易分清、无法明确厂家标记的，要用卡尺测量检查区分。

5.2 钢筋加工

5.2.1 钢筋标签牌错误或不规范

1. 现象

钢筋加工、堆放、吊装、运输、绑扎过程中，钢筋上的标签牌存在填写错误、破损、形状混用、颜色混用、无标签牌等不规范的现象，如图 5-2-1～图 5-2-5 所示。

图 5-2-1 某项目钢筋标识(标签牌信息不全)

图 5-2-2 某项目钢筋标识(标签牌破损)

图 5-2-3 某项目钢筋标识(标签牌形状混用)

图 5-2-4 某项目钢筋标识(标签牌颜色混用)

2. 原因分析

1）填写钢筋下料单时，标签牌颜色选择错误或者信息填写不全；

2）钢筋标签牌在挂置过程中，工作失误或不尽责，导致标识信息错误；

3）钢筋出场前，监督检查不到位，对于存在的问题未及时提出整改；

4）钢筋料在吊装、运输、绑扎过程中，造成标签牌损坏或者遗落；

图 5-2-5 某项目钢筋标识(无标签牌)

5）钢筋绑扎过程中，提前使用了带标签牌的钢筋料，导致余下钢筋无标签牌。

3. 预防措施

1）将填写错误、颜色混用、形状混用的料牌进行更换，正确填法见图 5-2-6 及图 5-2-7；

2）对责任人进行教育，提升其工作责任心；

3）缺少料牌的钢筋补料牌；

4）钢筋绑扎过程中，带标签牌的钢筋料最后使用。

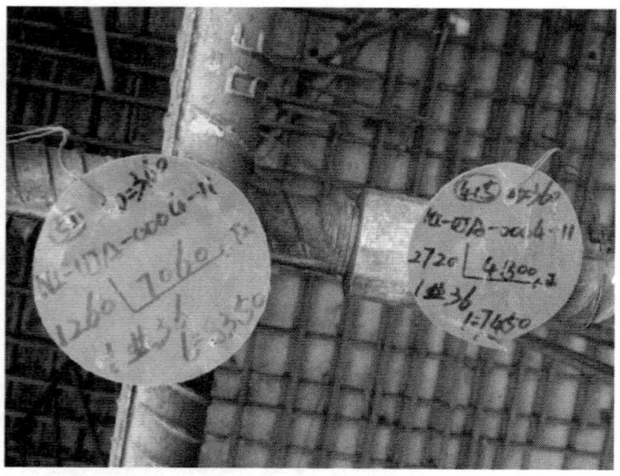

图 5-2-6　正确填法

图 5-2-7　形状、颜色一致

4. 治理方法

1）严格审核钢筋下料单，确保相应的信息准确无误；

2）对车间的技术员、工长、班组长进行培训，提升其质量意识；

3）专职的质量检查人员严格按照作业程序的要求，对钢筋料牌进行检查，若发现问题，应发出整改单，督促施工队整改。

5.2.2　成形后钢筋变形

1. 现象

1）钢筋在加工过程及成形后，尺寸满足要求，但在堆放、吊装、运输过程中操作不当，导致钢筋弯曲、歪斜或加工角度发生偏差，如图 5-2-8 及图 5-2-9 所示；

2）钢筋场堆放不符合要求；

3）车间吊装时发生变形。

图 5-2-8　某核电项目钢筋堆放无序

图 5-2-9　某核电项目钢筋下部垫木使用不规范

2. 原因分析

1）质量意识淡薄，成品保护意识欠缺；

2）成形后的钢筋，因地面不平，与别的物体或钢筋碰撞；

3）堆放过高或支垫不当被压弯；

4）吊装作业不规范，吊点不合理；

5）搬运频繁，吊点位置设置不合理；

6）运输至现场的成品料，堆放不合理；

3. 预防措施

1）对变形的钢筋进行矫正，确保钢筋加工的质量；

2）合理布置垫木的间距，确保成形钢筋料平直，不变形；

3）根据堆放场地，合理布安排钢筋堆放高度；

4）如变形过大，应检查弯折处是否有碰伤或局部出现裂纹，并根据具体情况处理。

正确码放方式见图 5-2-10 及图 5-2-11。

图 5-2-10 钢筋原材堆放整齐

图 5-2-11 钢筋加工堆放整齐

4. 治理方法

1）通过培训、宣传的方式，加强操作人员的质量意识和成品保护意识，加强成品保护工作；

2）材料堆放场地平整，合理布置垫木；

3）吊装、搬运、堆放时，要轻拿轻放；

4）严格按施工先后顺利领用钢筋料，减少倒运次数。

5.2.3 钢筋加工尺寸偏差

1. 现象

钢筋加工后，其截断钢筋尺寸不符合设计图纸要求，造成钢筋加工尺寸偏差。

2. 原因分析

1）钢筋加工机械上的定尺卡板松动偏位；

2）钢筋加工所用下料料表中的钢筋尺寸与设计图纸中钢筋尺寸不符。

3. 预防措施

1）定期检查钢筋加工机械上的定尺卡板是否松动；

2）加强配料工作管理，核对下料料表中的钢筋尺寸与设计图纸是否一致。

4. 治理方法

1）确定应截断的尺寸后拧紧定尺卡板的紧固螺栓；

2）根据钢筋受力和构造特征分别处理，如果存在超偏差部分对结构性能没有不良影响，应尽量用在工程上。对结构性能有重大影响，或钢筋无法安装的（例如钢筋长度或高度超出模板尺寸），则必须更换材料，重新加工。

5.2.4 钢筋加工角度、弧度超差

1. 现象

带有角度和弧度的钢筋在加工后，其角度和弧度不符合设计图纸的要求，造成钢筋角度和弧度超差。

2. 原因分析

1）钢筋弯曲时，钢筋弯曲机上输入角度或弧度的数据错误，导致加工后的钢筋角度和弧度超差；

2）钢筋弯曲机工作时间较长，机器出现误差，导致加工后的钢筋角度和弧度超差。

3. 预防措施

1）加强对班组管理和培训，在弯曲机数据输入后，进行复查比对；

2）安排人员定期对弯曲机进行检修。

4. 治理方法

1）根据钢筋的受力和构造特征分别处理，圆钢钢筋超差后可进行正弯和反弯调整；

2）螺纹钢钢筋角度和弧度可进行正向弯曲调整，不能反弯调整，只能重新加工。

5.2.5 预留机械接头丝头保护不到位

1. 现象

钢筋丝头在加工、堆放、运输、施工及施工完成后，均存在保护帽脱落、遗失的现象，导致成品保护不到位，个别丝头损坏，影响钢筋分项工程质量，如图 5-2-12～图 5-2-14 所示。

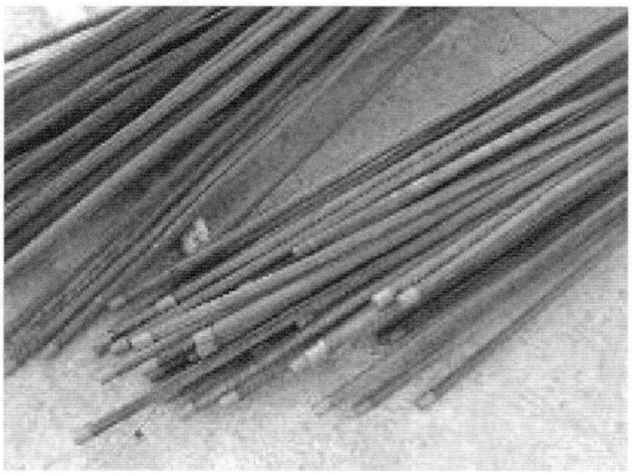

图 5-2-12 某项目机械接头丝头保护（个别无保护帽）

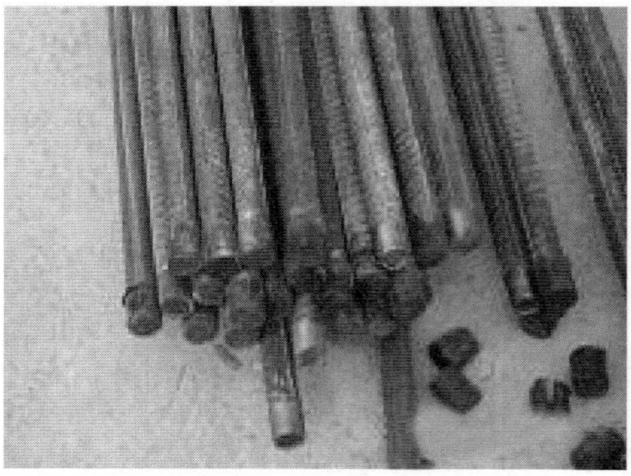

图 5-2-13 某项目机械接头丝头保护（钢筋绑扎过程中，提前摘除保护帽）

2. 原因分析

1）加工完成的钢筋，钢筋在堆放过程中，挤压导致保护帽破损，脱落；

2）钢筋在倒运过程中，挤压导致保护帽破损，脱落；成品保护意识不足；

3）操作人员在绑扎过程中，操作不规范，导致保护帽脱落、遗失；

4）现场操作人员成品保护意识不强，对保护帽脱落的丝头未进行保护；

5）现场监督管理不到位，对保护帽脱落的部位，未提出整改要求。

图 5-2-14 某项目机械接头丝头保护（钢筋绑扎完成后，少量缺少保护帽）

3. 预防措施

1）加强班组成品保护意识培训，提升质量意识；

2）加工完成的钢筋，质量检查人员应经常检查丝头保护状况，必要时开出质量整改通知单；

3）加强钢筋出场检查，确保出场的钢筋丝头保护措施到位；

4）加大现场监督检查力度，确保施工过程中以及施工完成后，丝头保护到位。

4. 治理方法

1）加工完成后的成品钢筋料，保护帽全数套好；

2）在堆放、运输、施工过程中，若发现现场无保护帽，应及时采取措施，保护丝头；

3）对车间及现场组织检查，对发现的问题提出整改。

钢筋绑扎完成且机械接头完整的例子如图 5-2-15 及图 5-2-16 所示。

图 5-2-15 某项目机械接头丝头保护
（钢筋绑扎完成，机械接头完整）

图 5-2-16 某项目机械接头丝头保护
（钢筋绑扎完成，机械接头完整）

5.3 钢筋安装

5.3.1 钢筋网片绑扎斜扭

1. 现象

绑好的钢筋网片在搬移、运输或安装过程中发生歪斜、扭由，如图 5-3-1 所示。

2. 原因分析

搬运过程中用力过猛；堆放地面不平；有绑扣的钢筋交叉点太少；绑一面绑扣方向变换太少。

3. 预防措施

1）堆放地面要平整；搬运过程要轻抬轻放；增加有绑扣的钢筋交点；

2）一般情况下，靠近网片外围两行的钢筋交点都应绑扎牢，而中间部分至少隔一交点绑一扣（易松动的网片，如搬运频繁的情况，应增加绑扣点）；

3）在靠近外围两行的钢筋交点最好按十字花扣绑扎；在按一面顺扣绑扎的区段内，绑扣的方向应根据具体情况交错地变换；

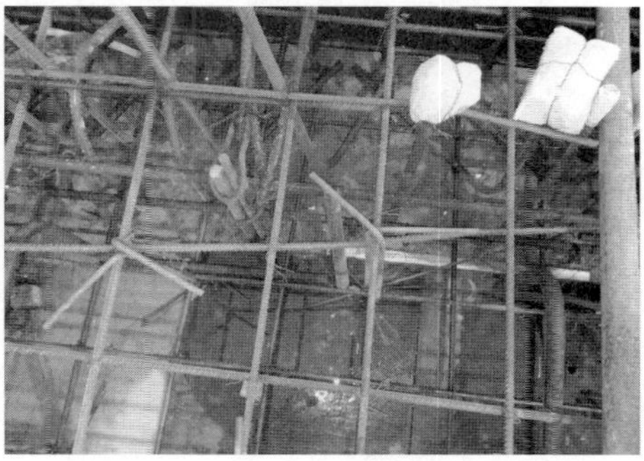

图 5-3-1 钢筋网片绑扎斜扭

4）对于面积较大的网片，可适当地用一些直钢筋作斜向拉结加固。

4. 治理方法

将斜扭网片扭正，并加强绑扎，紧固结扣，增加绑点或加斜拉筋。

5.3.2　同一连接区段内接头错位

1. 现象

在同一连接区段内的钢筋机械接头（或搭接接头）的位置与设计图纸的要求不符，导致钢筋接头错位。

2. 原因分析

1）钢筋加工时下料尺寸偏差，钢筋安装后导致钢筋接头错位；

2）在钢筋安装时，钢筋材料错用导致钢筋接头错位。

3. 预防措施

钢筋材料出场时认真比对钢筋料表，检查在钢筋上悬挂钢筋料牌标明的区域位置、型号、尺寸与实际钢筋是否相符合，避免钢筋尺寸偏差以及钢筋安装时材料错用。

4. 治理方法

根据设计图纸要求的钢筋接头位置，更换正确的钢筋材料，保证钢筋接头位置符合要求。

5.3.3　绑扎搭接接头脱落

1. 现象

1）钢筋工人在钢筋绑扎过程中，对搭接处钢筋漏绑，如图 5-3-2 所示。

2）在预埋件和洞口模板安装时，导致绑扎搭接接头松脱，如图 5-3-3、图 5-3-4 所示。

图 5-3-2　搭接处钢筋漏绑

2. 原因分析

1）钢筋工人在钢筋绑扎工作中不认真、不仔细，导致搭接处钢筋漏绑；

2）在预埋件和洞口模板安装过程中调整钢筋间距过大导致搭接处绑扎丝崩开，或人为拆开搭接处绑扎丝；

3）在钢筋网片搬运过程中，由于扎丝绑扎不牢固，受外力碰撞及钢筋自重影响，导致搭接处绑扎丝脱落。

图 5-3-3　搭接接头松脱（一）

图 5-3-4　搭接接头松脱（二）

3. 预防措施

1）预埋件和洞口模板安装完成后，重新检查钢筋搭接处接头，对扎丝脱落或漏绑的钢筋进行补绑；

2）搬运钢筋网片时应轻抬轻放，避免发生碰撞。

4. 治理方法

将搭接处漏绑或脱落的钢筋用扎丝重新进行绑扎。

5.3.4 顶层柱钢筋锚入梁内不符合规范要求

1. 现象

1）柱顶钢筋验收时，发现柱顶钢筋锚入梁内的长度、位置、形式、标高不符合规范要求；

2）柱子钢筋搭接长度不符合要求，导致竖向钢筋保护层不符合要求；

3）钢筋搭接长度符合要求，但保护层不符合要求；

4）楼板内钢筋定位不准确，导致锚入梁内长度不符合要求；

5）伸入梁内的钢筋标高不符合要求；

2. 原因分析

1）钢筋加工完成后，自检不到位，导致个别规格的钢筋加工误差超差或错误，不满足设计及规范要求；

2）现场绑扎时，对钢筋尺寸未全部核实；

3）现场操作不规范，钢筋绑扎位置不准确；

4）柱下部钢筋的搭接长度偏大，或绑扎不牢，钢筋下沉，致使柱端部钢筋标高不符合设计要求；

5）柱顶钢筋较密，绑扎梁钢筋时，没有合理安排好梁、柱钢筋的绑扎顺序。

3. 预防措施

1）加强对作业人员的技能培训和质量意识培训，树立良好的作业行为；

2）严格按照设计及规范要求加工钢筋，必要时钢筋的长度可适当加长；

3）钢筋加工过程中，加强班组自检；加工完成验收合格后，方可运送至现场；

4）现场绑扎前，班组提前对钢筋尺寸、形式进行检查；

5）柱下部钢筋绑扎牢固，定位准确，确保搭接长度满足设计要求；

6）合理安排好梁、柱钢筋的绑扎顺序；

7）技术监督、专职质检员加强过程控制。

4. 治理方法

1）拆除柱顶钢筋，对于错误或超差的钢筋重新加工；

2）调整柱下部钢筋的搭接长度；

3）调整钢筋柱顶和梁钢筋，如图 5-3-5 所示。

5.3.5 钢筋拉钩挂置不规范或者错误

1. 现象

现场钢筋检查验收时，发现现场拉钩挂置存在以下问题：

1）拉钩形式为两边均为 180°，现场无法安装，如图 5-3-6 所示；

2）拉钩形式一边为 90°，另一边为 180°，且 180°一边在基础底部，无法安装，如图 5-3-7 所示；

3）现场拉钩挂置错误或者不规范，如图 5-3-8 所示；

4）拉钩挂置过程中，存在遗漏的现象，如图 5-3-9 所示；

5）拉钩绑扎不牢固。

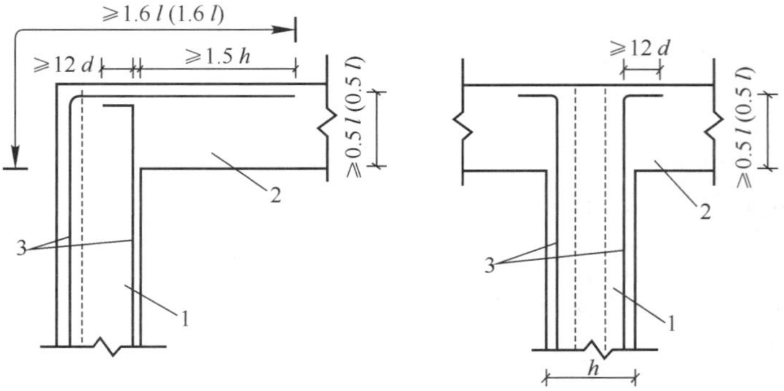

（a）顶层端节点　　（b）顶层中间节点

图 5-3-5　框架顶层柱纵向钢筋的锚固和搭接

注：括号内数值为相应的非抗震设计规定

1—异形柱；2—框架梁；3—柱的纵向钢筋

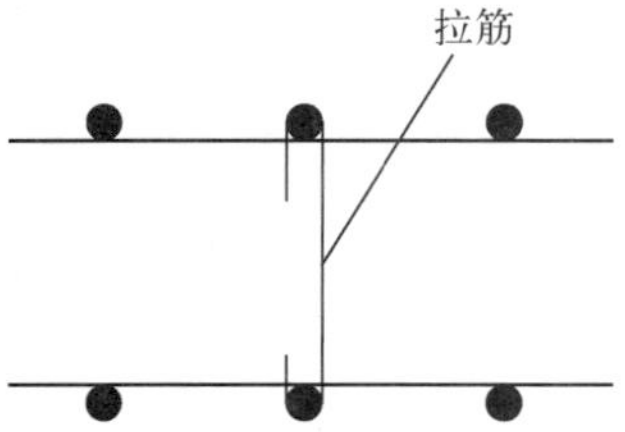

图 5-3-6　某项目拉结筋设计（墙体原设计图）

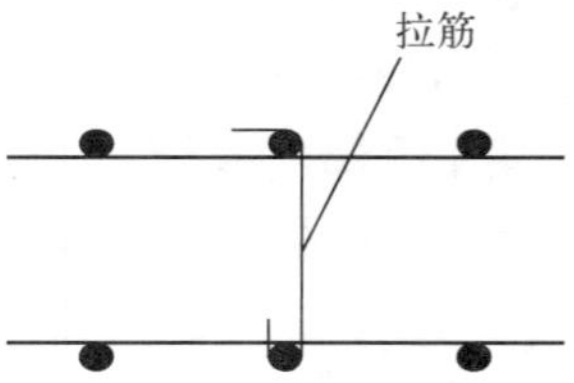

图 5-3-7　某项目拉结筋设计（底板原设计图）

图 5-3-8　某项目拉结筋（拉结筋挂置方法错误）

图 5-3-9　某项目拉结筋设计（拉结筋漏放）

2. 原因分析

1）图纸设计过程中，对现场拉钩绑扎的实际施工情况考虑不足；

2）绑扎过程中，操作人员技能差，责任心不强，随意绑扎；

3）绑扎过程中，未严格按照图纸进行绑扎，导致拉钩遗漏；

4）个别部位未进行满绑满扎；

5）绑扎完成后，班组未安排人员进行自检或者自检不到位。

3. 预防措施

1）提前与设计进行沟通或发出变更，对拉钩的挂设方法进行调整，便于拉钩施工；

2）加强操作人员的技能培训，提升其技能和责任心；

3）加强技术交底，要求操作层严格按照图纸施工；

4）加强班组自检，要求对拉钩进行满绑满扎；

5）加强过程控制，对于绑扎不规范的部位，要求班组进行整改。

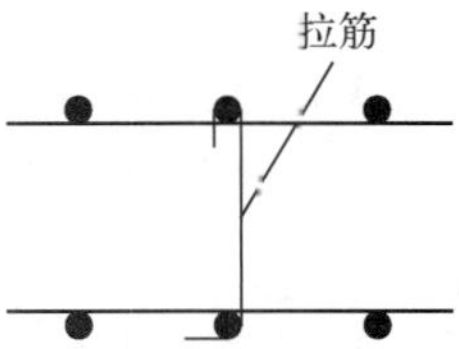

图 5-3-10 变更后

4. 治理方法

1）提出澄清或者与设计进行沟通，对拉钩的形式进行调整，在满足设计的情况下，便于现场的钢筋绑扎，如图 5-3-10 及图 5-3-11 所示；

2）对于绑扎不规范、遗漏的部位，进行重新绑扎，如图 5-3-12 所示。

图 5-3-11 拉钩勾住竖向和水平钢筋交点

图 5-3-12 拉钩放置满足图纸要求

5.3.6 钢筋遗漏

1. 现象

钢筋绑扎完成后，在内外部单位检查验收时，发现某规格型号的钢筋发生遗漏现象或者在混凝土浇筑过程中、浇筑后发生钢筋缺少、遗漏的现象，如图 5-3-13 所示。

2. 原因分析

1）同一部位的钢筋处于交叉部位，同时涉及多张图纸，技术人员在准备料单时，未将图纸理解透彻而未把钢筋列入料单中；

2）钢筋施工班组在施工过程中，没有按照图纸的要求进行施工或未严格遵守施工工序，从而将部分钢筋遗漏；

3）施工班组责任心不强，在钢筋绑扎完成后，发现有剩余钢筋却未去查明原因；

4）施工班组在钢筋绑扎完成后，未进行自检或者自检不到位；

5）预埋物项施工时，因个别钢筋影响预埋物项就位，操作人员擅自将钢筋移位或者拆除，未及时恢复；

图 5-3-13 箭头所指的钢筋设计为双排钢筋，遗漏了外排钢筋

6）模板支设或在浇筑混凝土时，未严格按照方案的要求留设施工缝，造成混凝土面标高超出

要求，造成钢筋遗漏。

3. 预防措施

1）技术人员在钢筋料单的准备过程中，须充分熟悉图纸，认真核实图纸上的钢筋数量、规格型号及尺寸；

2）钢筋出场前，需严格按照图纸及料单，对钢筋数量、规格型号及尺寸进行核实；

3）施工班组在施工过程中，严格按照图纸、施工技术交底的内容进行施工，严禁违反操作顺序。

4）钢筋绑扎完成后，班组须进行自检，对剩余的钢筋需及时与技术员或工长进行沟通，并认真核实余料，查找原因，确认无误后，方可进行下道工序；

5）杜绝擅自拆除钢筋，对于因钢筋影响预埋物项的结构部位，施工班组需及时与技术员进行沟通，得到一致认可后，方可对钢筋进行临时性拆除，施工完成后，需及时进行恢复；

6）技术监督、专职质量检查员熟悉图纸，检查钢筋的型号、数量、位置，并做好相应记录；

7）预埋物项验收时，需对钢筋进行核实，特别是洞口附加钢筋、预留钢筋等；

8）在混凝土的浇筑过程中，应严格按照施工方案的要求留设施工缝。

4. 治理方法

1）对于内外部验收时发现的钢筋缺少、遗漏现象，根据实际情况，增加钢筋或者开启不符合项进行处理；

2）漏掉的钢筋要全部补上，骨架构造简单的，将遗漏的钢筋放入骨架；复杂的要拆除骨架部分钢筋。

3）对于已浇筑的混凝土结构物或构件，若发现某号钢筋遗漏，则要通过结构性能分析来确定处理方案，如植筋。

对漏筋事件影响区域进行隔离标识如图 5-3-14 所示。

图 5-3-14　漏筋事件影响区域进行隔离标识

5.3.7 钢筋直螺纹连接接头漏丝

1. 现象

钢筋机械接头连接完成后，因现场施工不规范，导致个别钢筋外露丝头不满足要求，存在无漏丝或者外露标准螺纹超过 $2P$(P 为螺距),如图 5-3-15 及图 5-3-16 所示。

图 5-3-15 钢筋加工丝头长度和数量不符合要求

图 5-3-16 单边外露标准螺纹超过 $2P$

单边外露标准螺纹满足规范要求的例子见图 5-3-17。

图 5-3-17 单边外露标准螺纹满足规范要求

2. 原因分析

1) 钢筋机械接头丝头制作过程中,丝头长度和丝扣数量不满足要求;

2) 钢筋机械接头连接过程中,操作不规范,导致钢筋丝头未拧到连接套筒中心位置,丝头偏心;

3) 钢筋机械接头连接过程中,接头的拧紧力矩值未达到标准或漏拧;

4) 钢筋端部出现马蹄形,端面与钢筋轴线不垂直。

3. 预防措施

1) 钢筋机械接头丝头制作过程中,严格按照丝头长度及丝扣数量进行加工;

2) 加强钢筋机械接头丝头制作的监督检查,确保丝头长度及丝扣质量满足要求;

3) 加强钢筋半成品出厂前的检验,对不符合规范要求的严禁出厂;

4) 同径或异径采用接头连接时,应采用二次拧紧连接方法。连接水平钢筋时,必须先将钢筋托平对正,用专用的力矩扳手拧至规定的力矩值;

5) 钢筋丝头拧到连接套筒中心位置,在拧钢筋接头时作好标记,以便检查进入套筒的丝头长度;

6) 技术监督、专职质检员加强钢筋机械接头连接的施工过程,加强过程控制,施工过程中发现问题应及时督促整改。

4. 治理方法

1) 对于丝头长度及数量不满足要求的成品料,重新进行机械接头丝头制作;

2) 钢筋端部切平,不出现马蹄形;

3) 现场施工完成的钢筋机械连接,进行重新检查,对于发现的丝头外露长度或数量不符合要求的,重新进行机械连接;

4) 采用力矩扳手,重新进行检查,确保钢筋机械接头连接的拧紧力矩值达到标准要求。

治理方法见图 5-3-18～图 5-3-23。

图 5-3-18　某核电项目钢筋丝头制作前，作业人员对设备进行检查

图 5-3-19　某核电项目钢筋机械接头第 1 根制作完成后，作业人员对丝头数量及长度进行核实

图 5-3-20　钢筋机械接头丝头制作过程中(30 根)，作业人员对设备进行核查

图 5-3-21　钢筋机械接头丝头制作过程中，技术员、质检员对钢筋加工情况进行跟踪

图 5-3-22　钢筋机械接头连接过程中，技术员、质检员过程跟踪

图 5-3-23　钢筋机械接头连接验收验收合格后，作好标识

5.3.8　滚轧直螺纹钢筋接头施工不规范

1. 现象

钢筋检查发现，钢筋接头施工不符合规范或不符合设计要求，如图 5-3-24 及图 5-3-25 所示。

2. 原因分析

1）接头绑、焊形式不当；

2）搭接长度不足；

3）错开接头的百分比不符合规范；

4）接头位置不当；

5）绑扎搭接接头松脱。

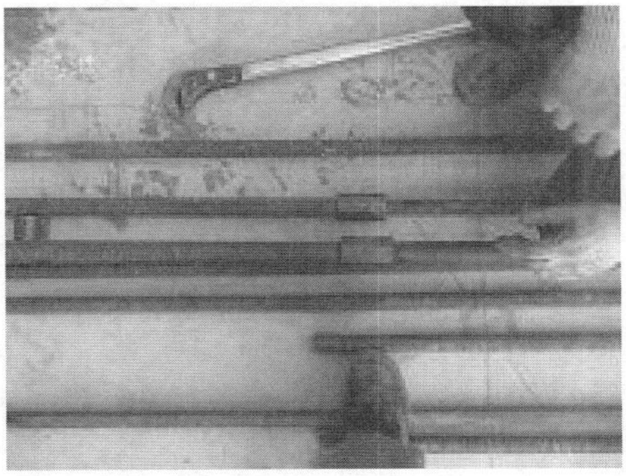

图 5-3-24　某项目施工时接头的百分比不符合规范

图 5-3-25　某项目施工时搭接长度不足

3. 预防措施

1）钢筋接头绑、焊形式，搭接长度，错开接头的百分比，接头位置严格按照图纸和规范的要求进行施工；

2）技术交底时，应明确钢筋接头施工的注意事项，交底要有针对性；

3）技术监督、专职质检员加强过程控制，若发现问题，应及时督促班组整改。

4. 治理方法

1）调整接头绑焊的形式，满足设计要求；

2）调整搭接长度至满足设计要求，如图 5-3-26 所示；

3）调整错开接头的百分比，符合规范要求，如图 5-3-27 所示；

4）调整接头位置，满足纸图要求；

5）接头处钢筋扎牢，绑扎部位在搭接部分的中心和两端，共三处。

图 5-3-26　搭接长度满足设计要求

图 5-3-27　错开接头的百分比符合规范要求

5.3.9　楼板钢筋偏位、板面负弯矩受力钢筋下沉

1. 现象

现浇结构钢筋混凝土楼板施工中，板面钢筋下沉、钢筋偏位，负筋的作用降低，导致现浇楼板的承载力减小，如图 5-3-28 所示。

2. 原因分析

1）钢筋混凝土楼板施工中，负筋往往被人为踩动、压低，从而加大了混凝土保护层的厚度；

2）钢筋料单编制过程中，马镫钢筋直径选择偏小，混凝土施工作业中踩踏，导致表面钢筋下沉；

3）钢筋绑扎过程中，马镫钢筋放置间距过大；

4）钢筋绑扎过程中，个别部位未进行满绑满扎，或者漏绑，或者混凝土施工过程中，绑扎丝断裂，导致负筋下沉。

图 5-3-28　某项目板面施工时钢筋下沉

3. 预防措施

1）混凝土施工过程中，施工中各工种应相互协调配合，按照木工支模、主筋绑扎水电配管、管线预留负筋绑扎的顺序进行作业。施工工序合理，可避免人为踩踏，混凝土浇筑前应再进行一次检查调整；

2）钢筋料单编制过程中，选择合理的钢筋直径作为马镫钢筋；

3）合理布置马镫钢筋，马镫沿分布筋范围内每米负筋交错放置不少于 1 个，1 m^2范围内不少于 2 个，并于负筋下部用扎丝绑扎牢固；

4）网片的绑扎，四周两行钢筋交叉点应每点绑扎，中间部分交叉点可相隔交错绑扎，需要保证受力钢筋不移位。

4. 治理方法

1）钢筋绑扎完成后，减少人员在钢筋上行走；

2）增加马镫，调整钢筋位置，扎丝绑扎牢固，如图 5-3-29 所示。

图 5-3-29　板面钢筋增加马镫

附　录

表 5-3-1　钢筋加工的允许偏差

项　　目	允许偏差/mm
受力钢筋顺长度方向全长的净尺寸	±10
弯起钢筋的弯折位置	±20
箍筋内净尺寸	±5

表 5-3-2　钢筋安装位置的允许偏差和检验方法

项　　目			允许偏差/mm	检验方法
绑扎钢筋网	长、宽		±10	钢尺检查
	网眼尺寸		±20	钢尺量连续三档，取最大值
绑扎钢筋骨架	长		±10	钢尺检查
	宽、高		±5	钢尺检查
受力钢筋	间距		±10	钢尺量两端、中间各一点，取最大值
	排距		±5	
	保护层厚度	基础	±10	钢尺检查
		柱、梁	±5	钢尺检查
		板、墙、壳	±3	钢尺检查
绑扎箍筋、横向钢筋间距			±20	钢尺量连续三档，取最大值
钢筋弯起点位置			20	钢尺检查
预埋件	中心线位置		5	钢尺检查
	水平高差		+3,0	钢尺和塞尺检查

注：1. 检查预埋件中心线位置时，应沿纵、横两个方向量测，并取其中的较大值。

2. 表中梁类、板类构件上部纵向受力钢筋保护层厚度的合格点率应达到 90% 及以上，且不得有超过表中数值 1.5 倍的尺寸偏差。

6　钢结构工程

6.1　不锈钢覆面焊接外观缺陷

1. 现象

1）不锈钢覆面焊接焊缝常见外观缺陷有焊缝成形差、夹钨、气孔、裂纹等，如图 6-1-1 所示；

2）焊缝成形差：焊缝波纹粗劣，焊缝不均匀、不整齐，焊缝与母材不圆滑过渡，焊缝高低不平等；

3）夹钨：钨极承载电流能力较差，过大的电流会引起钨极的熔化和蒸发，其微粒进入熔池而引起夹钨；

4）气孔：焊接过程中，熔池中的气体未完全溢出熔池（一部分溢出），而熔池已经凝固，在焊缝表面形成孔洞；

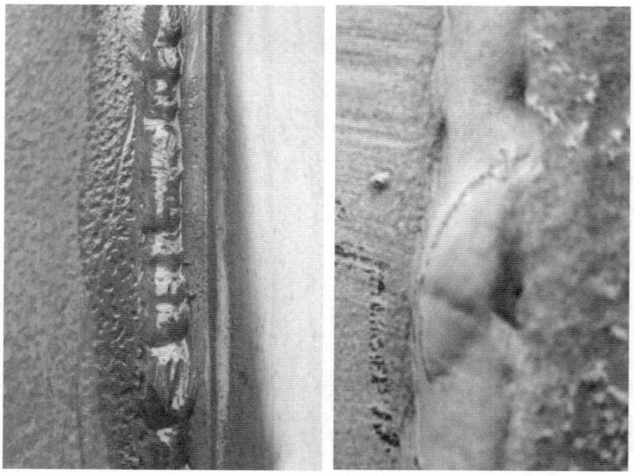

图 6-1-1　焊缝外观缺陷

5）裂纹：在焊接接头的焊缝、熔合线、热影响区出现的表面开裂缺陷。

2. 原因分析

1）焊缝成形差：焊件坡口角度不当或装配间隙不均匀，焊口清理不干净，焊接电流过大或过小，焊接中运条速度过快或过慢，焊条摆动幅度过大或过小，焊条施焊角度选择不当等；

2）夹钨：接触工件引弧、钨电极熔化；

3）气孔：焊接过程中由于防风措施不严格，熔池混入气体；焊接材料没有经过烘焙不符合要求，焊丝清理不干净，在焊接过程中自身产生气体进入熔池；熔池温度低，凝固时间短；焊件清理不干净，杂质在焊接高温时产生气体进入熔池；氩弧焊时保护气体流量过大、过小，保护效果不好，焊接电流过大，电弧过长；运棒速度过快，熔接部位不洁净，焊条受潮等；

4）裂纹：产生表面裂纹的根本原因是焊接应力造成的内部诱因。

3. 预防措施

1）焊缝成形差：焊件的坡口角度和装配间隙必须符合图纸设计或所执行标准的要求。焊件坡口打磨清理干净，无锈、无垢、无脂等污物杂质，露出金属光泽。加强焊接联系，提高焊接操作水平，熟悉焊接施工环境。根据不同的焊接位置、焊接方法、不同的对口间隙等，按照焊接工艺卡和操作技能要求，选择合理的焊接电流参数、施焊速度和焊条的角度。加强焊后自检和专检，发现问题及时处理；

2）夹钨：采用高频振荡器和高压脉冲发生器引弧，减小电流或加大钨极直径、减小钨极伸出长度，调换有裂纹的钨极；

3）气孔：母材、焊丝按照要求清理干净；焊条按照要求烘焙；防风措施严格，无穿堂风等；选用合适的焊接线能量参数，焊接速度不能过快，电弧不能过长，正确掌握弧、运条、息弧等操作要领；氩弧焊时保护气流量合适，氩气纯度符合要求；焊接材料、母材打磨清理等严格按照规定执行；加强焊工练习，提高操作水平和操作经验；

4）裂纹：严格按照规程和作业指导书的要求准备各种焊接条件；提高焊接操作技能，熟练掌握使用的焊接方法；采取合理的焊接顺序等措施，减少焊接应力等；针对每种产生裂纹的具体原因采取相应的对策。

4. 治理方法

1）焊缝成形差：对于焊缝成形差的焊缝，进行打磨、补焊。达不到验收标准要求，成形太差的焊缝实行割口或换件重焊。加强焊接验收标准的学习，严格按照标准施工；

2）夹钨：将夹钨打磨清除干净重新焊接；

3）气孔：对有表面气孔的焊缝，机械打磨清除缺陷，必要时进补焊；

4）裂纹：对已经产生裂纹的焊接接头，采取挖补措施处理。

6.2　钢衬里焊接焊缝外观缺陷

1. 现象

钢衬里焊接焊缝常见外观缺陷有焊缝成形差、咬边、错边、气孔、裂纹等，如图 6-2-1 所示。

1）焊缝成形差：焊缝波纹粗劣，焊缝不均匀、不整齐，焊缝与母材不圆滑过渡，焊缝高低不平等；

2）咬边：焊缝与母材熔合不好，出现沟槽，深度大于验收标准要求的长度；

3）错边：焊缝两侧外壁母材不在同一平面上；

4）气孔：焊接过程中，熔池中的气体未完全溢出熔池（一部分溢出），而熔池已经凝固，在焊缝表面形成孔洞；

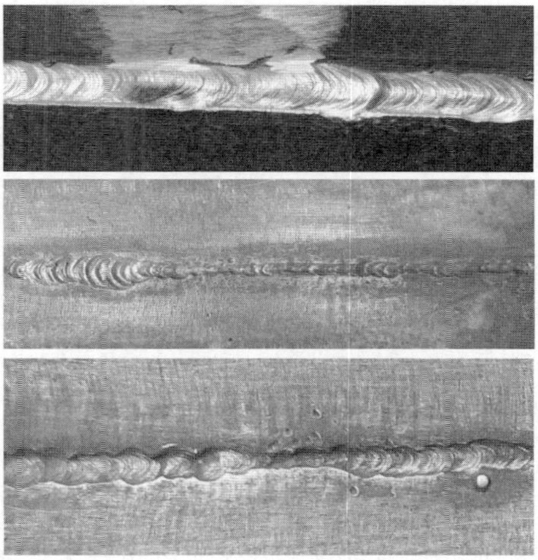

图 6-2-1　钢衬里焊接焊缝常见外观缺陷

5）裂纹：在焊接接头的焊缝、熔合线、热影响区出现的表面开裂缺陷，见图 6-2-2 及图 6-2-3。

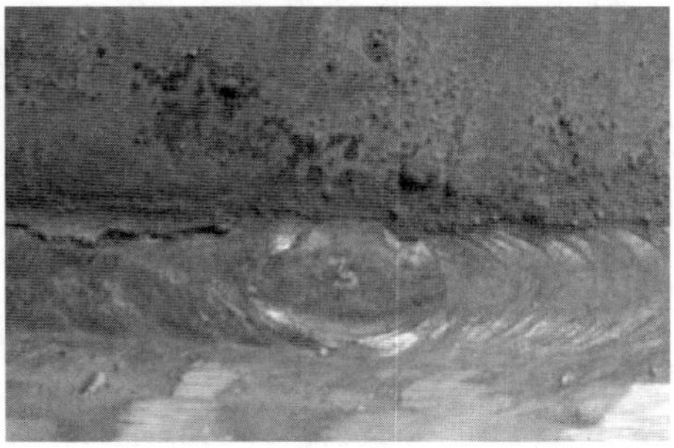

图 6-2-2　焊缝外观缺陷

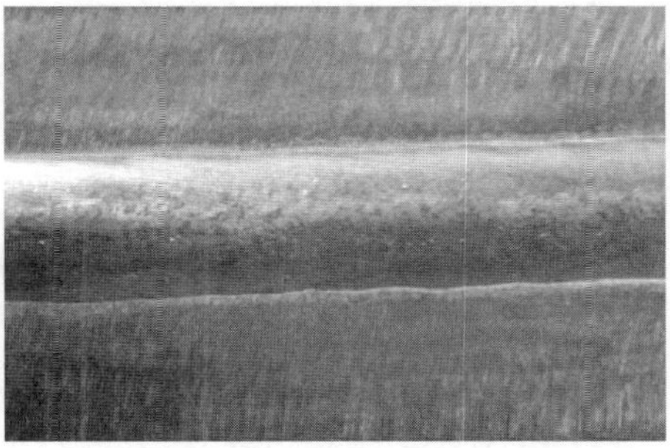

图 6-2-3　焊缝外观质量合格

2. 原因分析

1）焊缝成形差：焊件坡口角度不当或装配间隙不均匀，焊口清理不干净，焊接电流过大或过小，焊接中运条（枪）速度过快或过慢，焊条（枪）摆动幅度过大或过小，焊条（枪）施焊角度选择不当等；

2）咬边：焊接线能量大，电弧过长，焊条（枪）角度不当，焊条（丝）送进速度不合适等都是造成咬边的原因；

3）错边：焊件组对不符合要求，焊工在组对不合适的情况下点固和焊接；

4）气孔：焊接过程中由于防风措施不严格，熔池混入气体；焊接材料没有经过烘焙不符合要求，焊丝清理不干净，在焊接过程中自身产生气体进入熔池；熔池温度低，凝固时间短；焊件清理不干净，杂质在焊接高温时产生气体进入熔池；电弧过长，氩弧焊时保护气体流量过大或过小，保护效果不好等；

5）裂纹：产生表面裂纹因钢种、焊接方法、焊接环境、预热要求、焊接接头中杂质的含量、装配及焊接应力的大小等原因而不同，但产生表面裂纹的根本原因是产生裂纹的内部诱因和必需的焊接应力这两点。

3. 预防措施

1）焊缝成形差：焊件的坡口角度和装配间隙必须符合图纸设计或所执行标准的要求。焊件坡口打磨清理干净，无锈、无垢、无脂等污物杂质，露出金属光泽。加强焊接联系，提高焊接操作水平，熟悉焊接施工环境。根据不同的焊接位置、焊接方法、不同的组对间隙等，按照焊接工艺卡和操作技能要求，选择合理的焊接电流参数、施焊速度和焊条（枪）的角度。加强焊后自检和专检，发现问题及时处理；

2）咬边：根据焊接项目、位置，焊接规范的要求，选择合适的电流参数；控制电弧长度，尽量使用短弧焊接；掌握必要的运条（枪）方法和技巧；焊条（丝）送进速度与所选焊接电流参数协调；注意焊缝边缘与母材熔化结合时的焊条（枪）角度；加强质量标准的学习，提高焊工质量意识；加强练习，提高防止咬边缺陷的操作技能；

3）错边：加强安装工的培训和责任心；组对过程中使用必要的测量工器具；对于组对不符合要求的焊件，焊工不得点固和焊接；加强标准和安全培训学习，提高焊工技术水平；

4）气孔：母材、焊丝按照要求清理干净；焊条按照要求烘焙；防风措施严格，无穿堂风等；选用合适的焊接线能量参数，焊接速度不能过快，电弧不能过长，正确掌握弧、运条、息弧等操作要领；氩弧焊时保护气流量合适，氩气纯度符合要求；焊接材料、母材打磨清理等严格按照规定执行；加强焊工练习，提高操作水平和操作经验；

5）裂纹：严格按照规程和作业指导书的要求准备各种焊接条件；提高焊接操作技能，熟练掌握使用的焊接方法；采取合理的焊接顺序等措施，减少焊接应力等；针对每种产生裂纹的具体原因采取相应的对策。

4. 治理方法

1）焊缝成形差：对于焊缝成形差的焊缝，进行打磨、补焊。达不到验收标准要求，成形太差的焊缝实行割口或换件重焊。加强焊接验收标准的学习，严格按照标准施工；

2）咬边：对检查中发现的焊缝咬边，进行打磨清理、补焊，使之符合验收标准要求；

3）错边：对于产生错边，不符合验收标准的焊接接头，采取割除、重新对口和焊接；

4）气孔：对有表面气孔的焊缝，机械打磨清除缺陷，必要时进补焊；

5）裂纹：对已经产生裂纹的焊接接头，采取挖补措施处理。

6.3 钢衬里涂层外观缺陷

1. 现象

1）鼓泡：涂层表面不平滑，形成形似气泡状涂层表面，见图 6-3-1；

2）起皮：金属涂层局部与钢材基体脱离翘起，见图 6-3-2；

3）溜缀：表面呈不规则的条型流动状凸痕；

4）大熔滴：喷涂层表面有肉眼可见较大金属颗粒；

5）裂纹：涂层有不规则裂纹，未形成连续，均匀的外观；

6）松散粒子：喷涂粒子粒度大，涂层疏松；

7）表面粗糙：金属涂层表面不平整，肉眼可见凹凸不平，见图 6-3-3；

8）返锈：金属涂层上出现铁锈。

流挂是指垂直面上部分油漆在重力作用下产生流淌，漆膜厚薄不匀，或珠滴，或挂幕下垂状态。

起泡是指漆膜干透后漆膜表面有气泡鼓起。合格的涂层外观见图 6-3-4。

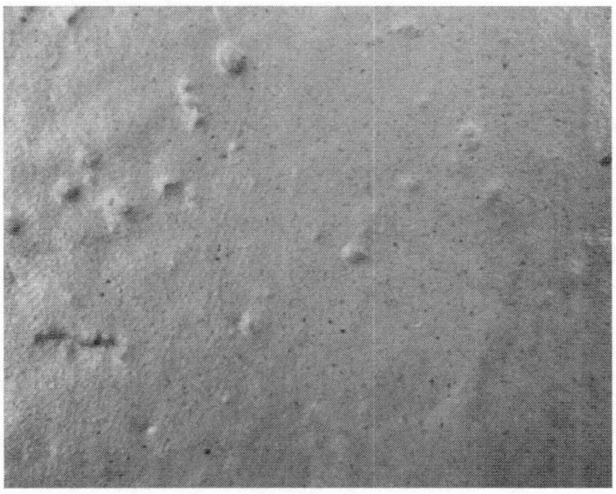

图 6-3-1 涂层外观缺陷(一)

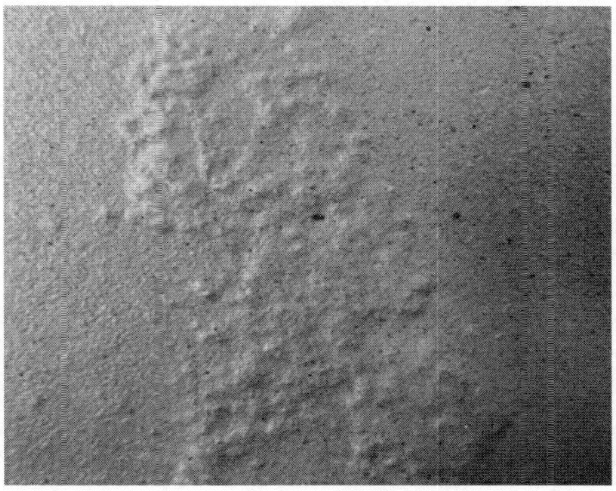

图 6-3-2 涂层外观缺陷(二)

图 6-3-3 涂层外观缺陷(三)

图 6-3-4 涂层外观合格

2. 原因分析

1) 鼓泡:基体表面处理不合格,有油;空气系统不符合要求,压缩空气中有油;电压、电流等工艺参数不合适;

2) 起皮:基材处理不当,如基材上除油不彻底或粗糙度不足;压缩空气中有油、有水;喷涂枪与钢材表面距离太大等;

3) 溜缀:喷涂电流或电压过大、压缩空气压力太高;喷涂枪与钢材表面距离不当等;

4) 大熔滴:导电嘴或导电管磨损;喷涂电压、电流过大;喷涂使用的压缩空气气压过低;

5) 裂纹:喷涂电压、电流过大;喷涂使用的压缩空气气压过低;

6) 松散粒子:喷涂时两次走枪未重叠;喷涂电压、电流参数不当;喷涂使用的压缩空气气压过低;

7) 表面粗糙:喷涂电压、电流参数选择不当;喷涂使用的压缩空气气压过低;可不必进行处理;喷涂时枪速、枪距不当;

8) 返锈:基体处理不当;涂层厚度过低;孔隙率大;

9) 流挂:漆料太稀、漆膜太厚或施工环境温度过高;漆膜干燥太快或太慢,出现流注;漆料中含重质颜料过多,涂漆附着力差;稀释剂挥发太快或太慢,影响漆膜干燥速度;油漆物面不平整,或有油、水等,造成漆膜下垂;

10) 起泡:油漆涂刷太厚,漆膜表面已干燥而溶剂来不及挥发,将漆膜顶起;环境温度太高,或日光曝晒；底漆未干透又涂上面漆，底漆干结产生气体，将漆膜顶起；木材含水率较大，有的木材含松香及挥发油，受热蒸发产生气体将漆膜顶起。

3. 预防措施

严格控制压缩空气质量，压缩空气中不得存在杂质、油水；严格控制电弧喷涂电流、电压及压缩空气压力等工艺参数；严格控制钢材表面处理的清洁度和粗糙度两大质量指标；加强操作工培训考核，提高其操作技能；及时检查导电嘴、导电管磨损情况，定期更换或调整安装位置。

4. 治理方法

喷砂打掉鼓泡，重新喷涂；除掉起皮的涂层，按设计要求处理基体得到无油、无水且粗糙的钢材表面后，采用干燥、无油的压缩空气重新喷涂；溜缀严重时采用砂纸打磨平整，缺陷面积较小时可不进行处理；铲掉大熔滴，必要进重新喷涂；出现裂纹、松散粒子重新喷涂；返锈时将返锈部分喷砂除掉，重新喷涂。

6.4　钢结构焊接焊缝外观质量缺陷

1. 现象

钢结构焊接焊缝常见外观缺陷有焊缝尺寸偏差、焊缝成形不良、焊瘤、咬边、裂纹、夹渣、气孔等，如图 6-4-1 所示。

1）焊缝尺寸偏差：焊缝高度过高和过低、焊缝过宽、焊缝两侧母材表面不平；

2）焊缝成形不良：焊缝表面凹凸不平，宽窄不匀。这种缺陷虽然对静载强度影响不大，但容易产生应力集中，对承受动载不利；

3）焊瘤：焊瘤是指正常焊缝之外多余的焊缝金属。焊瘤使焊缝的实际尺寸发生偏差，并在接头处形成应力集中区；

4）咬边：焊缝与母材交界处烧成缺口没有得到熔化金属的补充；

5）裂纹：按其产生的部位不同，可分为纵向裂纹、横向裂纹、熔合线裂纹、焊缝根部裂纹、弧坑裂纹以及热影响区裂纹等；按其产生的温度和时间的不同，可分为热裂纹和冷裂纹两种；

6）夹渣：焊缝金属中存在块状或弥散状非金属夹渣物；

7）气孔：焊接熔池中的气体来不及逸出而停留在焊缝中所形成的孔眼，大半呈球状。根据其分布情况，可分为疏散气孔、密集气孔和连续气孔等。

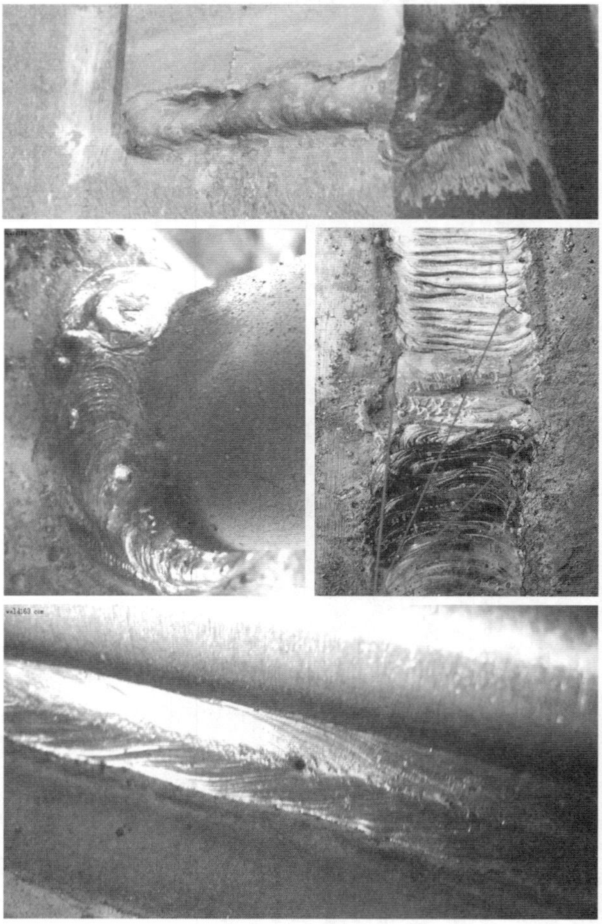

图 6-4-1　焊缝外观质量缺陷

2. 原因分析

1）焊缝尺寸偏差：制定与选用焊接规

范不合理；坡口加工及其截面边缘不直；组对时对缝处中心两侧不平；焊接坡口角度与施焊和焊条角度不当；

2）焊缝成形不良：焊工操作不当；焊接参数选择不合适；

3）焊瘤：熔池温度过高，凝固较慢，在铁水自重作用下下坠形成焊瘤。焊接电流过大，焊条角度不对或操作手势不当易产生焊瘤；

4）咬边：焊接电流过大，电弧太长，或操作不熟练；

5）裂纹：焊条质量低劣，焊芯中碳、硫、磷含量超过规定。焊接次序不合理，容易形成过大的内应力，引起接头裂纹。焊接环境温度偏低或风速大，焊缝冷却速度过快。焊接参数选择不合理，或焊接线能量控制不当；

6）夹渣：产生夹渣的原因很多，主要是由于准备工作未做好或操作技术不熟练引起的，如运条不当、焊接电流小、钝边大、坡口角度小、焊条直径较粗等。夹渣也可能来自钢表面的铁锈、氧化皮、水泥浆等污物，或焊接熔渣渗入焊缝所致；在多层施焊时，熔渣没有清除干净，也会造成层间夹渣；

7）气孔：碱性低氢型焊条受潮、药皮变质或剥落、钢芯生锈；酸性焊条烘焙温度过高，使药皮变质失效。焊接区域内清理工作不彻底。焊接电流过大，焊条发红造成保护失效，使空气侵入。焊条药皮偏心或磁偏吹造成电弧强烈不稳定。焊接速度过快，或空气湿度太高。

3. 预防措施

1）焊缝尺寸偏差：制定与选择焊接规范应合理，采用正确的坡口角度，提高边缘的直度，提高焊工操作技能水平，提高拼装质量；

2）焊缝成形不良：选择合适的焊接参数；要求焊工精心操作；

3）焊瘤：熔池下部出现"小鼓肚"时，可利用焊条左右摆动和挑弧动作加以控制。立焊时，焊接电流应比平焊适当减小，焊条左右摆动时在中间部位走快些，两边稍慢些；

4）咬边：选用合适的电流，避免电流过大。操作时电弧不能拉得过长，并控制好焊条的角度和运弧的方法；

5）裂纹：为了防止裂纹产生，除选择质量符合要求的焊条外，还应选择合理的焊接参数和焊接次序；

6）夹渣：采用焊接工艺性能良好的焊条，正确选择焊接电流。焊接时必须将焊接区域内的脏物清除干净；多层施焊时，应层层清除熔渣。当熔池中的铁水和熔渣分离不清时，应适当将电弧拉长，利用电弧热量和吹力将熔渣吹到旁边或后边。焊接过程中发现钢上有污物或焊缝上有熔渣，焊到该处应将电弧适当拉长，并稍加停留，使该处熔化范围扩大，以把污物或熔渣再次熔化吹走，直至形成清亮熔池为止；

7）气孔：各种焊条均应按说明书规定的温度和时间进行烘焙。药皮开裂、剥落、偏心过大以及焊芯锈蚀的焊条不能使用。焊接区域内的水、锈、油、熔渣及水泥浆等必须清除干净，雨雪天气不能焊接。引燃电弧后，应将电弧拉长些，以便进行预热和逐渐形成熔池，在焊缝端部收弧时，应将电弧拉长些，使该处适当加热，然后缩短电弧，稍停一会儿再断弧。焊接过程中，可适当加大焊接电流，降低焊接速度，使熔池中的气体完全逸出。

4. 治理方法

焊缝高度过高应修磨处理，过低应按工艺补焊，错边量超过规范规定量应处理重焊；仔细清渣后精心补焊一层；焊后如发现有裂纹，应铲除重新焊接。

6.5 钢筋电弧焊接焊缝外观缺陷

图 6-5-1 钢筋电弧焊接焊缝外观缺陷

1. 现象

钢筋电弧焊接焊缝常见外观缺陷有焊缝尺寸偏差、焊缝成形不良、焊瘤、咬边、电弧烧伤钢筋表面、弧坑过大、裂纹、表面夹渣、表面气孔等，如图 6-5-1 所示。

1）焊缝尺寸偏差：焊缝高度过高和过低、焊缝宽过宽、焊缝两侧母材表面不平；

2）焊缝成形不良：焊缝表面凹凸不平，宽窄不匀。这种缺陷虽然对静载强度影响不大，但容易产生应力集中，对承受动载不利；

3）焊瘤：焊瘤是指正常焊缝之外多余的焊缝金属。焊瘤使焊缝的实际尺寸发生偏差，并在接头处形成应力集中区；

4）咬边：焊缝与钢筋交界处烧成缺口，而没有得到熔化金属的补充，特别是直径较小钢筋的焊接及坡口立焊中，上钢筋很容易发生这种缺陷；

5）电弧烧伤钢筋表面：钢筋表面局部有缺肉或凹坑。电弧烧伤钢筋表面对钢筋有严重的脆化作用，往往是发生脆性破坏的起源点；

6）弧坑过大：收弧时弧坑未填满，在焊缝上有较明显的缺肉，甚至产生龟裂，在接头受力时成为薄弱环节；

7）裂纹：按其产生的部位不同，可分为纵向裂纹、横向裂纹、熔合线裂纹、焊缝根部裂纹、弧坑裂纹以及热影响区裂纹等；按其产生的温度和时间的不同，可分为热裂纹和冷裂纹两种；

8）夹渣：焊缝金属中存在块状或弥散状非金属夹渣物；

9）气孔：焊接熔池中的气体来不及逸出而停留在焊缝中所形成的孔眼，大半呈球状。根据其分布情况，可分为疏散气孔、密集气孔和连续气孔等。

2. 原因分析

1）焊缝尺寸偏差：

① 制定与选用焊接规范不合理；

② 坡口加工及其截面边缘不直；

③ 组对时对缝处中心两侧不平；

④ 焊接坡口角度与施焊和焊条角度不当。

2）焊缝成形不良：焊工操作不当；焊接参数选择不合适。

3）焊瘤：

① 熔池温度过高，凝固较慢，在铁水自重作用下下坠形成焊瘤；

② 坡口立焊、帮条立焊或搭接立焊中，如焊接电流过大，焊条角度不对或操作手势不当也易产生这种缺陷。

4）咬边：焊接电流过大，电弧太长，或操作不熟练。

5）电弧烧伤钢筋表面：由于操作不慎，使焊条、焊把等与钢筋非焊接部位接触，短暂地引起电弧后，将钢筋表面局部烧伤，形成缺肉或凹坑，或产生淬硬组织。

6）弧坑过大：这种缺陷主要是焊接过程中突然灭弧引起的。

7）裂纹：

① 焊接碳、锰、硫、磷化学成分含量较高的钢筋时，在焊接热循环的作用下，近缝区易产生淬火组织。这种脆性组织加上较大的收缩应力，容易导致焊缝或近缝区产生裂纹；

② 焊条质量低劣，焊芯中碳、硫、磷含量超过规定；

③ 焊接次序不合理，容易形成过大的内应力，引起接头裂纹；

④ 焊接环境温度偏低或风速大，焊缝冷却速度过快；

⑤ 焊接参数选择得不合理，或焊接线能量控制不当。

8）夹渣：产生夹渣的原因很多，主要是由于准备工作未做好或操作技术不熟练引起的，如运条不当、焊接电流小、钝边大、坡口角度小、焊条直径较粗等。夹渣也可能来自钢筋表面的铁锈、氧化皮、水泥浆等污物，或焊接熔渣渗入焊缝所致，在多层施焊时，熔渣没有清除干净，也会造成层间夹渣。

9）气孔：

① 碱性低氢型焊条受潮、药皮变质或剥落、钢芯生锈；酸性焊条烘焙温度过高，使药皮变质失效；

② 钢筋焊接区域内清理工作不彻底；

③ 焊接电流过大，焊条发红造成保护失效，使空气侵入；

④ 焊条药皮偏心或磁偏吹造成电弧强烈不稳定；

⑤ 焊接速度过快，或空气湿度太高。

3. 预防措施

1）焊缝尺寸偏差：制定与选择焊接规范应合理，采用正确的坡口角度，提高边缘的直度，提高焊工操作技能水平，提高拼装质量。

2）焊缝成形不良：选择合适的焊接参数；要求焊工精心操作。

3）焊瘤：

① 熔池下部出现“小鼓肚”时，可利用焊条左右摆动和挑弧动作加以控制。

② 在搭接或帮条接头立焊时，焊接电流应比平焊适当减少，焊条左右摆动时在中间部位走快些，两边稍慢些。

③ 焊接坡口立焊接头加强焊缝时，应选用直径 3.2 mm 的焊条，并应适当减小焊接电流。

4）咬边：选用合适的电流，避免电流过大。操作时电弧不能拉得过长，并控制好焊条的角度和运弧的方法。电弧烧伤钢筋表面：

① 精心操作，避免带电金属与钢筋相碰引起电弧。

② 不得在非焊接部位随意引燃电弧。

③ 地线与钢筋接触要良好紧固。

5）弧坑过大：焊条在收弧处稍多停留一会儿，或者采用几次断续灭弧补焊，填满凹坑。但碱性直流焊条不宜采用断续灭弧法，以防止产生气孔。

6）裂纹：

① 为了防止裂纹产生，除选择质量符合要求的钢筋和焊条外，还应选择合理的焊接参数和焊接次序。如在装配式框架结构梁柱附性节点钢筋焊接中，应该一头焊完之后再焊另一头，不能两头同时焊接，以免形成过大的内应力，造成拉裂。

② 在低温焊接时，环境温度不应低于 −20 ℃，并应采取控温循环施焊，必要时应采取挡风、防雪、焊前预热、焊后缓冷或热处理等措施，刚焊完的接头防止碰到雨雪。在温度较低时，应尽量避免强行组对后进行定位焊(如装配式框架结构钢筋接头)，定位焊缝长度应适当加大，必要时采

用碱性低氢型焊条。定位焊后应尽快焊满整个接头，不得中途停顿和过夜：

7）夹渣：

① 采用焊接工艺性能良好的焊条，正确选择焊接电流，在坡口焊中宜选用直径 3.2 mm 的焊条。焊接时必须将焊接区域内的脏物清除干净；多层施焊时，应层层清除熔渣；

② 在搭接焊和帮条焊时，操作中应注意熔渣的流动方向，特别是采用酸性焊条时，必须使熔渣滞留在熔池后面；当熔池中的铁水和熔渣分离不清时，应适当将电弧拉长，利用电弧热量和吹力将熔渣吹到旁边或后边；

③ 焊接过程中发现钢筋上有污物或焊缝上有熔渣，焊到该处应将电弧适当拉长，并稍加停留，使该处熔化范围扩大，以把污物或熔渣再次熔化吹走，直至形成清亮熔池为止。

8）气孔：

① 各种焊条均应按说明书规定的温度和时间进行烘焙。药皮开裂、剥落、偏心过大以及焊芯锈蚀的焊条不能使用。

② 钢筋焊接区域内的水、锈、油、熔渣及水泥浆等必须清除干净，雨雪天气不能焊接。

③ 引燃电弧后，应将电弧拉长些，以便进行预热和逐渐形成熔池，在焊缝端部收弧时，应将电弧拉长些，使该处适当加热，然后缩短电弧，稍停一会儿再断弧。

④ 焊接过程中，可适当加大焊接电流，降低焊接速度，使熔池中的气体完全逸出。

4. 治理方法

1）焊缝尺寸偏差：焊缝高度过高应修磨处理，过低按工艺补焊，错边量超过规范规定量应处理重焊；

2）焊缝成形不良：仔细清渣后精心补焊一层；

3）电弧烧伤钢筋表面：在外观检查中发现Ⅱ、Ⅲ级钢筋有烧伤缺陷时，应予以铲除磨平，视情况焊补加固；

4）裂纹：焊后如发现有裂纹，应铲除重新焊接。

6.6 焊材管理不规范

1. 现象

焊材管理不规范包含：

1）焊材库环境不能满足焊材储存要求；

2）焊材标识不清；

3）焊材领用、发放记录不完整；

4）焊条、焊剂的烘干不符合要求；

5）焊剂的重复使用不符合要求；

6）焊材的回收不符合要求等。

焊材管理不规范可能会造成焊材的使用性能不能保证，焊材储存混乱，焊材资源浪费等不良影响，因此，加强焊材管理对提高焊接施工质量有着重要意义。

2. 原因分析

1）焊材管理制度不完善，从事焊材管理的相关人员责任意识不强；

2）焊材管理的设备未按要求配备，或未按要求进行定期检定；

3）焊材库没有专人管理，没有做到专库专用，无关人员随意进出；

4）焊材存放混乱，标识不清；

5）烘箱、保温筒未张贴焊材的标识标签，导致用错焊材；

6）焊材的烘干、领用、发放及回收没有详细记录，导致焊材的使用没有追溯性。

3. 预防措施

1）存放焊材的库内可根据需要划分为“待检”“合格”及“不合格”等区域，各区域设置明显的标记；

2）焊材库应保持适宜的温度及湿度，配备所需的空调、去湿机等取暖、去湿设备；

3）所有从事焊材管理的相关人员都需经过培训，合格后方可进行相关的工作。焊材库管理人员应具备有关焊材保存的基本知识，熟悉本岗位的各项管理程序和制度。定期对焊材进行检查，并将检查结果做书面记录；

4）焊材的烘干严格按照焊材生产厂家的要求进行，在规定的温度下烘干，在保存温度下保存直到发放使用；

5）为了控制烘干后的焊条置于规定温度范围以外的时间，焊工在领用焊条时应使用事先已加热至规定温度的保温筒；

6）焊条存放在靠近焊工的个人便携式保温筒中，随用随取，不允许一次取出多根焊条待用，每次取出焊条后应及时盖上盖子；

7）焊条标识标签应长久固定在保温筒的外侧；

8）焊材管理员对焊接材料的烘干、保温、发放及回收应做详细记录，达到焊材使用的可追溯性；

9）焊接工作结束后，剩余的焊材应回收；

10）焊剂的重复使用，新旧焊剂的混合比例需符合要求，混合前，用适当的方法清除旧焊剂中的熔渣、杂质及粉尘；

11）焊材在原包装状态下储存，并按牌号分开存放在不同的搁架上，当存放在同一搁架上时不同种类的焊材设置实体间隔，焊材存放的搁架，离地面和墙壁的距离均不应小于 300 mm；储存有序，标识清楚，易于识别。

4. 治理方法

1）完善焊材管理制度，组织焊材管理相关人员进行培训或交底；

2）焊材库配备专人负责管理，关紧门窗，禁止无关人员出入；

3）保持焊材库清洁、干燥、专库专用，清除与焊材无关的任何其他材料；

4）焊材库设置温度计、湿度计及取暖、去湿设备，确保焊材库温湿度符合要求。

6.7 涂层的外观缺陷

1. 现象

涂料由挥发物（溶剂和稀释剂）和不挥发物两部分组成。涂料涂于物体表面以后，挥发物逐渐挥发逸去，不挥发物经过物理与化学作用干结成膜，附着于物体表面，起防腐蚀保护作用。

涂层常见外观缺陷有流挂、疙瘩、咬底、露底、慢干、倒光、皱纹、起泡、咬色等，如图 6-7-1 所示。

1）流挂是指垂直面上部分油漆在重力作用下产生流淌，漆膜厚薄不匀，或珠滴，或挂幕下垂状态；

2）疙瘩是指油漆涂在物面上，漆膜不光滑，手摸有粗粒突出感觉；

3）咬底是指涂刷面漆时将刷好的底漆咬起来；

4）露底是指漆膜厚度在正常情况下，部分或棱角处有露出底色；

5）慢干是指油漆涂刷后，超过干燥规定时间，漆膜表面仍有粘手指感觉；

6）倒光是指漆膜干燥后表面无光泽，或有一层白雾状物凝聚在漆膜上（有时呈蓝色光彩）；

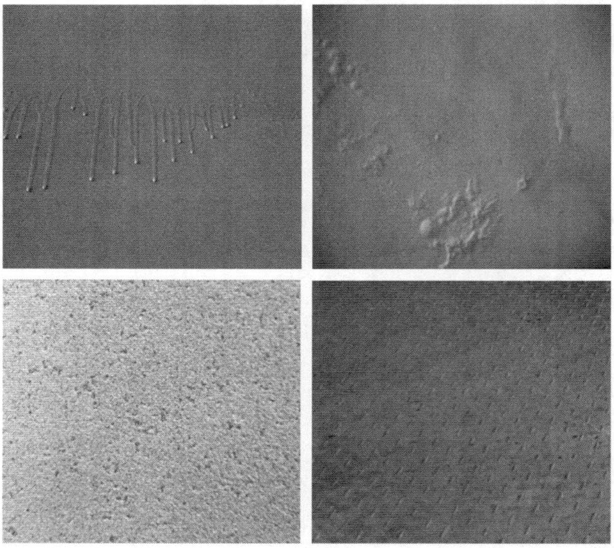

图 6-7-1 涂层外观缺陷

7）皱纹是指漆膜干燥后表面不光滑，不光亮，表面收缩形成很多弯曲的棱脊；

8）起泡是指漆膜干透后，漆膜表面有气泡鼓起；

9）咬色是指面漆成膜后，底漆颜色透到面漆上，造成色泽不一致现象。

2. 原因分析

1）流挂：漆料太稀、漆膜太厚或施工环境温度过高；漆膜干燥太快或太慢，出现流注；漆料中含重质颜料过多，涂漆附着力差；稀释剂挥发太快或太慢，影响漆膜干燥速度；油漆物面不平整，或有油、水等，造成漆膜下垂；

2）疙瘩：物理清理不干净，有砂粒等混入漆中；施工环境不清洁，灰尘、杂物混入油刷中，转而混在漆料中；油漆本身不干净，过箩不细致；漆料内颜料颗粒太粗或过多；调配油漆时，漆内气泡未散开，尤其是天气冷时，气泡更不易散开；

3）咬底：底漆未干透，不牢固；面漆涂刷太早；底漆与面漆不配套，底漆膜承受不了面漆强溶剂的作用，被咬起溶解；

4）露底：材料配合不匀，密度大的下沉；稀释剂较多，且未调匀；操作技术不熟练，涂刷不均匀，特别是棱角处轻刷或漏刷；

5）慢干：漆膜涂刷太厚，漆膜表面干燥，里面长期不干；底漆未干透就涂刷面漆，造成漆膜柔软不干结；催干刑过多造成漆膜不干；物面不干净；有蜡质、盐分、油脂等杂质混入漆膜中；漆料中含有不干性油；

6）倒光：物面不平整或物面吸油不一致而失去光泽；底漆未干透又涂面漆，面漆中的强力溶剂使底漆回软而失去光泽；漆料质量不良或稀释剂过量，漆膜光泽不能持久；油漆未干前受到烟熏，或水蒸气凝结在漆膜中；室内外温差较大，油漆干后也容易失去光泽；

7）皱纹：油漆质量不好，溶剂挥发太快，催干剂过多或油漆调配不匀；漆膜涂刷过厚，且不均匀；在高温或日光曝晒下涂刷；

8）起泡：油漆涂刷太厚，漆膜表面已干燥而溶剂来不及挥发，将漆膜顶起；环境温度太高，或日光曝晒；底漆未干透又涂上面漆，底漆干结产生气体，将漆膜顶起；木材含水率较大，有的木材含松香及挥发油，受热蒸发产生气体将漆膜顶起；

9）咬色：物面上有油污；木材节疤处没有点虫胶清漆封闭；底漆未充分干燥或底漆太稀，底漆膜不牢固；面漆中的稀释剂溶解力强，使底漆颜色泛出。

3. 预防措施

1）流挂：选用优质油漆和配套的稀释剂；物面处理要干净、平整，表面无油污、水分；环境温度应符合涂漆要求；操作人员应有熟练的技术，保证涂刷均匀；

2）疙瘩：选用优质油漆，过箩要细致，调和要均匀，无气泡后再用；物面要清理干净；施工环境应无灰尘、杂物等；

3）咬底：选用配套的油漆材料；底漆膜干燥后再涂面漆；

4）露底：油漆调和均匀后再进行涂刷，涂刷时力求均匀不漏刷；

5）慢干：选用优质油漆；调配后不得任意再加催干剂；选择良好的施工环境；物面要清理干净；使用合适的漆刷，漆膜不得一次涂刷太厚，要等底漆干透后再涂刷面漆；

6）倒光：选用优质油漆，不得任意加入稀释剂；前遍油漆干透后才能涂刷后遍油漆；选择良好的施工环境，在潮湿或烟雾大的情况下不宜涂刷油漆；物面要处理平整，无粗糙的腻子疤；

7）皱纹：选用优质油漆，不得任意加入催干剂；避免在烈日高温条件下涂刷；选用刷毛较硬的漆刷涂漆，涂刷力求均匀一致；

8）起泡：木材要干燥，松节囊或节疤处要点虫胶清漆封闭；不在高温下涂刷；涂漆不宜太厚，要分层进行；

9）咬色：物面要清理干净；松木的节疤、脂囊必须点虫胶清漆封闭；面漆应与底漆配套使用，并在底漆干透后涂刷面漆。

4. 治理方法

用砂纸打磨平整，严重时重新喷涂。

附 录

表 6-7-1 核岛钢衬里安装允许偏差和检验方法

序号	检查项目		允许偏差	检查方法
1	底板衬里	标高	不大于±25 mm	取25%进行标高检查
		平整度	不大于10 mm/3 m	用3 m直尺检查
2	截锥体	内半径	不大于±75 mm	沿截锥体上边缘内半径水平面上每30°测一次
		局部凹凸	±3 mm	长1 m的样板检查
3	筒壁衬里	每环直径与半径	最大与最小直径差不得大于直径的0.5%；实际半径与理论半径差不大于±75 mm	沿筒壁高每3.6 m、环向30°测量
		垂直度	每3.6 m高度≤±50 mm 筒壁总垂直度≤1/250	单块板垂直度测量 筒壁总垂直度测量
		水平不平度	当样板距焊缝>300时，间隙≤25 mm；样板与焊缝相交或小于300 mm，间隙≤38 mm	以设计尺寸为半径，长4.5 m的样板进行检查
		竖向不平度	间隙≤25 mm	用3 m直尺每30°作筒壁表面竖向检查

续表

序号	检查项目		允许偏差	检查方法
4	穹顶	水平位置	实际位置与设计位置≤150 mm	水平位置相对于筒壁衬里顶圈中心线
		垂直位置		垂直位置相对于衬里顶部平均标高
		内表面形状	不得大于筒壁衬里内直径的 1.25%	穹顶内表面形状与设计形状的偏差
		内表面水平不平度	当样板距焊缝>300 时,间隙≤25 mm;样板与焊缝相交或小于 300 mm,间隙≤38 mm	以设计尺寸为半径,长 4.5 m 的样板进行检查
		竖向不平度	间隙≤25 mm	用 3 m 直尺每 30°作筒壁表面竖向检查

7 预应力工程

7.1 波纹管孔道漏进水泥浆液

1. 现象

波纹管孔道漏进水泥浆液,轻则减小孔道截面积,增加摩阻值;重则堵孔,影响后期穿束张拉施工,如图 7-1-1 及图 7-1-2 所示。

图 7-1-1 某项目水平管道漏进水泥浆不符合要求

图 7-1-2 某项目水平管道安装缺陷不符合要求

2. 原因分析

1) 水平环向波纹管咬口开裂漏浆;

2) 波纹管被电焊灼穿,被尖锐物体(钢筋或钢件棱角)扎伤存在孔洞;

3) 接头处密封不严,热缩胶套烘烤有缺陷;

4) 浇筑或振捣混凝土时,人员踩踏使波纹管开裂。

3. 预防措施

1) 波纹管在试验合格之后方可批量生产,因波纹管为薄壁钢管,安装后若在其周围电焊施工,必须采取防护措施;

2) 波纹管运输及安装过程应避免钢筋等扎伤,混凝土不得直接冲击波纹管且振捣棒不能碰触;

3) 使波纹管接头处在热缩胶套中点,烘烤收缩完全且不得烤焦,混凝土浇筑过程中,设置人员看护，严禁设备碰击及人员踩踏；

4）通过通球检查可以对该缺陷进行观测，以便第一时间进行处理，如图 7-1-3 及图 7-1-4 所示。

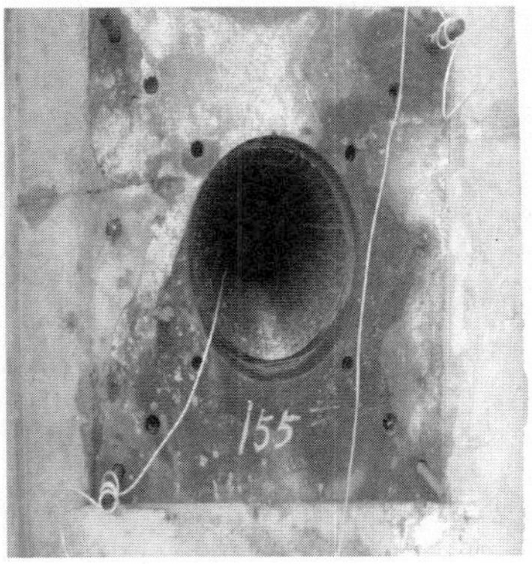

图 7-1-3　某项目对水平管道通球检查符合要求（一）

图 7-1-4　某项目对水平管道缺陷更换符合要求（二）

4. 治理方法

1）将存在缺陷的波纹管切除更换；

2）若混凝土已经凝固，可采用高压水枪清除漏浆，注水清理残渣，并使用压缩空气对管道进行吹干。

7.2　穿束后的钢绞线切割方式、预留长度错误

1. 现象

穿束后钢绞线应采用机械方法进行切割，如果使用氧气乙炔火焰切割或电焊烧灼切断，会影响钢绞线性能，影响张拉力，并产生安全风险；

预留长度应严格按照设计文件，过长则需多次切割，过短则无法张拉，浪费材料，影响工程进度。

2. 原因分析

管理层缺乏指导与监管，施工人员缺乏培训，或培训没有针对性、不全面、培训效果不理想，也有部分施工人员为了图方便而野蛮施工。

3. 预防措施

施工前，进行全面有效的专业培训，培训考核合格后方可上岗。作业过程中，管理人员加强指导与监督。钢绞线切割方式和预留长度严格按照设计文件执行，施工前对操作人员进行技术交底。

4. 治理方法

高温烧断会改变钢绞线的力学性能，导致预应力损失，锚固效果差，或在张拉时断丝。施工中若违规切割或预留长度过短，应更换钢绞线，重新穿束。

7.3　孔道堵塞

1. 现象

1）水平环向波纹管咬口不严漏浆，孔道堵塞。

波纹管咬口处开裂，混凝土和水泥浆进入孔道凝固，造成摩擦力增大或无法穿束。

2）管道出现凹坑，管道孔径颈缩无法穿索，见图 7-3-1。

管道出现凹坑，造成内径变小，钢绞线无法穿束完成，增大摩擦力。

3）管道接头处漏浆，凝固结块。

涂抹环氧树脂不饱满，热塑胶套未完全收缩或破损；接头处管道扩口偏大。

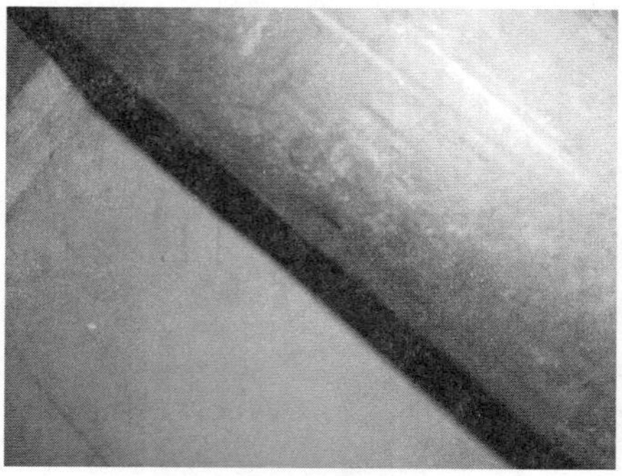

图 7-3-1　管道出现凹坑

2. 原因分析

1）波纹管制作缺陷，波纹管卷管机未正确调试，螺旋卷压接缝咬合不牢固，不严密；

2）波纹管在运输安装过程中被破坏或安装过程被碰撞变形；

3）浇筑混凝土时，振捣棒碰触波纹管，将波纹管振裂；

4）违背设计文件的要求，在弯曲较大的部位未用钢管代替波纹管，使波纹管过度弯曲导致咬口处开裂；

5）指导与监管缺失，操作人员技能差，缺乏责任心，质量控制人员检查不到位；扩口过大。

3. 预防措施

1）波纹卷管机调试可用，卷出合格波纹管且经过试验符合设计文件的要求后方可使用；

2）波纹管运输时不得与其他物件混装，同车运输其他物品需设隔离措施；

3）混凝土浇筑时，不得直接冲击波纹管，振捣棒不能碰触波纹管；

4）严格按照设计文件施工，在较大贯穿件附近的弯曲严重的波纹管用钢管代替。

5）加工管道时认真检查，发现存在缺陷及时剔除，管道安装完成后，逐个检查每根管道，排除隐患；

6）混凝土浇筑前及浇筑过程中通球检查管道是否畅通，或用手电筒查看管道内部是否鼓包，见图 7-3-2。

7）采用便于涂抹的环氧树脂及合适直径的热缩胶套，逐个检查管道接头，控制接头处钢管的最大扩口内径，不得超出设计文件要求。

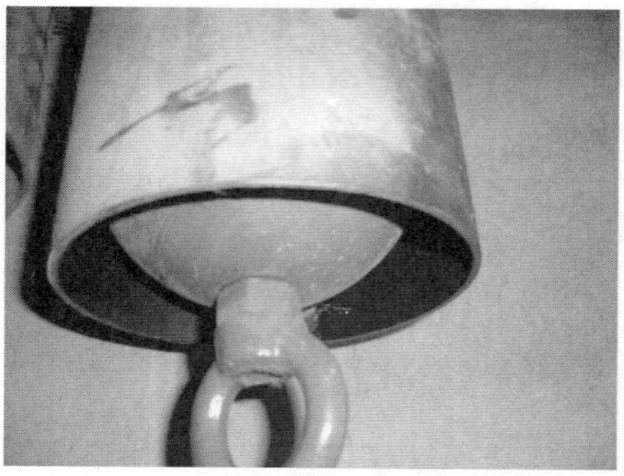

图 7-3-2　通球检查

4. 治理方法

1）将咬口开裂处的一段波纹管切除，用完好的波纹管替代，接头处须谨慎处理，保证密封性。

2）使用锥形球在钢管变形处反复拖拉，将凹坑复位，或者将变形部位切割后再将孔洞修补。

3）管道接缝处涂抹环氧树脂须饱满，热缩胶套收缩完全且无焦化；严格控制扩口制作。

7.4　孔道灌浆用浆液稠度不稳定

1. 现象

1）浆体稠度不稳定，流动度时大时小，浆液过稠不利于灌浆，甚至于难以灌入、灌满，见图 7-4-1；

2）浆液过稀，凝结干缩后，使孔道产生空隙，影响对预应力筋的握裹效果及防锈保护，见图 7-4-2。

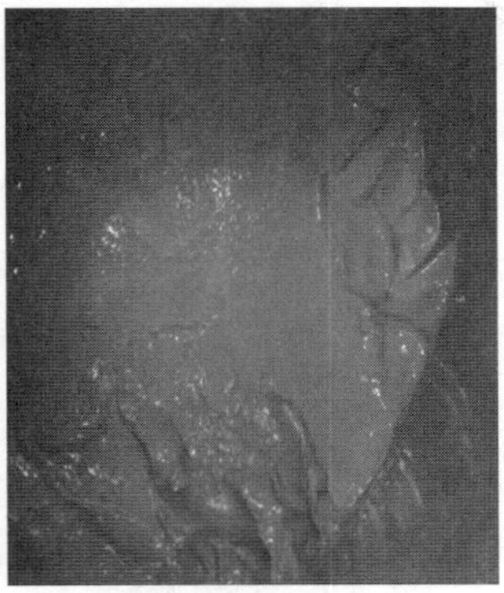

图 7-4-1　某项目对浆体流动度检查不合格不符合要求（一）

图 7-4-2　某项目浆体流动度检查不合格不符合要求（二）

2. 原因分析

1）配合比不准确；

2）水泥原材质量不稳定；

3）外加剂质量不稳定或与水泥不匹配；

4）浆体在运输过程未采取保护措施。

3. 预防措施

1）调配适合的浆体配合比；

2）选择性能稳定的原材料；

3）设置专门负责浆体配制工作的试验人员，控制好水灰比，浆体制作人员培训授权；

4）浆体运输过程应按照要求采取保温等措施。

浆体流动度检查符合要求的情况见图 7-4-3 及图 7-4-4。

图 7-4-3　某项目浆体流动度检查合格符合要求（一）

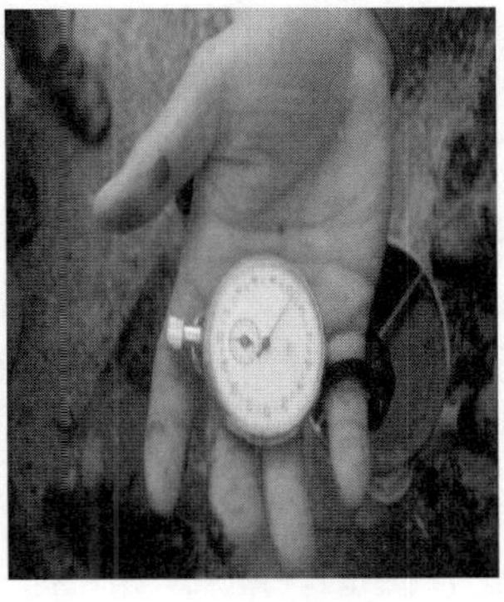

图 7-4-4　某项目浆体流动度检查合格符合要求（二）

4. 治理方法

按照设计文件要求测量浆体稠度，废弃不合格浆体，重新制浆。

7.5　预应力钢绞线发生滑丝或断丝

1. 现象

钢绞线被拉断或滑脱，预应力筋的有效截面积减少，影响构件承载能力和耐久性，如图 7-5-1

所示。

2. 原因分析

1）夹片的锥度误差大，夹片硬度不合格：夹片硬度大时，会造成断丝，夹片硬度小，会造成滑丝；

2）钢绞线缠结扭结，各股钢绞线受力不均匀；

3）钢绞线表面划伤、锈蚀或被污染，造成断丝或滑脱。

3. 预防措施

1）对夹片认真选取，剔除不合格的产品；

2）编束时，认真梳理使钢绞线顺直，夹片安装时保证与钢绞线接触面整洁，无沙粒等。安装千斤顶时避免钢绞线交叉错位；

3）对于弯曲孔道内的各股钢绞线长度相差较大应先进行等应力张拉；

4）钢绞线的存放、运输、保养等必须符合设计要求。

图 7-5-1　预应力钢绞线发生滑丝或断丝

4. 治理方法

开启不符合项报告，对于不符合设计要求的钢束放张；关闭不符合项报告，重新穿束张拉。

7.6　张拉设备及仪表未标定进行使用

1. 现象

表现为未经标定或标定超期后继续使用，或已标定张拉设备无标识，油泵与千斤顶随意组合使用，造成张拉力不准确，当张拉力不足时，造成伸长值不达标，当张拉力过大时，钢绞线过载易断丝，直接影响结构承载能力和安全壳耐久性。

2. 原因分析

张拉设备及仪表管理不善，未建立计量器具动态管理台账，计量器具标定有效期到期前无预警制度，标定完成的设备标识不清；管理层及监督层，指导与监督不到位，导致作业层未按配套的标识使用设备。

3. 预防措施

1）禁止使用没有标定标识的设备，也不得使用虽有标定标识，但不配套的设备；配套检验标定的张拉设备，必须配套使用，不得随便更换、随意搭配组合使用；

2）所有施工人员学习规范、规程，了解张拉设备的工作原理；

3）千斤顶、油泵、油压表、油管要经编号组合配套后进行检验标定；

4）在使用过程中，按标定时编号配套的设备进行使用；

5）建立张拉设备台账，明确标定周期和日期，编制到期计量器具的预警制度，设专人管理；张拉前，由技术监督员、质检员、操作员一起对张拉设备的有效性进行验证检查。

4. 治理方法

对使用未标定的设备进行张拉的钢束，开启不符合项报告，进行放张处理。对设备及仪表标定合格后，方可再次张拉。

7.7　张拉时夹片破碎或断裂

1. 现象

夹片部分断裂或整体破裂影响锚固效果，或者造成钢绞线滑脱，如图 7-7-1 所示。

2. 原因分析

夹片质量不合格，夹片几何尺寸不合格，硬度不均匀，表面存在裂纹、锈蚀；安装质量差，各片不同步、不均匀；顶锲力过大。

3. 预防措施

锚固系统各组件经匹配性试验后使用，夹片表面存在裂纹、锈蚀或表面质量差应剔除，安装夹片应均匀、同步，严格掌握顶楔力，如图 7-7-2 及图 7-7-3 所示。

4. 治理方法

用单个千斤顶将钢绞线卸载，重新更换夹片进行张拉。

图 7-7-1　张拉时夹片破碎或断裂

图 7-7-2　某项目钢绞线张拉合格符合要求（一）

图 7-7-3　某项目钢绞线张拉合格符合要求（二）

7.8　张拉顺序错误

1. 现象

张拉顺序错误，不利于已张拉钢束的应力调整，可能造成混凝土强度受力集中，结构可能出现细微裂缝或变形，干扰安全壳预应力体系的正常建立。

2. 原因分析

1）管理层的管理存在缺失，监督层监督不到位，作业层未熟知张拉顺序设计文件；

2）在管理层及监督层监管不力的情况下，作业层还因图省事、赶进度、减少移动设备、违规施工等造成张拉顺序错误。

3. 预防措施

内部设置张拉前核对张拉顺序签字确认环节，由技术监督员、质检员、操作者签字确认。作业前，对参与张拉作业的人员进行张拉顺序的专项培训，培训合格方可上岗。作业过程中，加强指导与监督，严格按设计文件规定的张拉顺序施工。预应力张拉作业须由多方质量控制人员现场见证。

4. 治理方法

对张拉顺序错误的钢束，开启不符合项报告，对已张拉的钢束进行放张。不符合项报告关闭后，按正确的张拉顺序重新进行张拉。

7.9　预应力孔道变形

1. 现象

在施工现场，预应力管道受外力影响，经常会出现局部变形，出现凹坑等缺陷，造成管道通球无法通过，需现场立即处理。如果不及时发现，将影响后期穿束、张拉施工，如图 7-9-1 及图 7-9-2 所示。

图 7-9-1　某项目预应力管道局部凹坑不符合要求

图 7-9-2　某项目水平管道受外力破坏不符合要求

2. 原因分析

1）预应力管道受外力造成的变形，如放炮飞石砸伤、风镐凿伤等；

2）管道运输或安装过程被碰撞变形；

3）混凝土浇筑过程中，振动棒对波纹管造成冲击。

3. 预防措施

1）管道运输时不得与其他物件混装，同车运输其他物品需设隔离措施；

2）混凝土浇筑时，不得直接冲击波纹管，振捣棒不能碰触波纹管；

3）严格按照设计文件施工，在较大贯穿件附近的弯曲严重的波纹管用钢管代替；

4）加工管道时认真检查，发现存在缺陷及时剔除，管道安装完成后，逐个检查每根管道，排除隐患；

5）混凝土浇筑前及浇筑过程中通球检查管道是否畅通，或用手电筒查看管道内部是否鼓包；

6）混凝土浇筑过程中，安排专人看护预应力管道，以免受外力破坏；

7）严格控制扩口制作。

4. 治理方法

1）缺陷发生在波纹管，变形较大，将咬口开裂处的一段波纹管切除，用完好的波纹管替代，接头处须谨慎处理，保证密封性；

2）缺陷发生在波纹管，变形较小，使用锥形球在钢管变形处反复拖拉，将凹坑复位；

3）缺陷发生在钢管，采用切割机将凹坑处切除，缚以形状相同的钢管片，采用环氧树脂进行连接密封；

4）管道接缝处涂抹环氧树脂须饱满，热缩胶套收缩完全且无焦化。

预应力管道修补过程符合要求的情况如图 7-9-3 及图 7-9-4 所示。

图 7-9-3　某项目预应力管道修补过程符合要求(一)

图 7-9-4　某预应力管道修补完成符合要求(二)

8　测量工程

8.1　现场测量定位放线与施工文件不符

1. 现象

现场测量定位与施工文件不符。

2. 原因分析

未对施工文件检查、未进行测量放线技术交底。

3. 预防措施

1）在进行每一项测量作业前，都要进行相应的施工文件的熟悉和检查，检查的文件有：

① 检查使用的相关图纸、变更、文件是否是最新和有效的；

② 检核测量起算坐标及起算高程的正确性；图纸坐标及高程系统的定义；

③ 检查施工方案的准确性；

④ 检查所使用的测量仪器鉴定证书是否在有效期内，如图 8-1-1 及图 8-1-2 所示；

⑤ 检查测量人员是否有相应的证书。

国家光电测距仪检测中心

检 定 证 书

计量器具名称　全站仪

型号/规格　TCA2003

制造单位　LEICA

批准人

核验员

检定员

图 8-1-1　某核电项目测量仪器鉴定证书

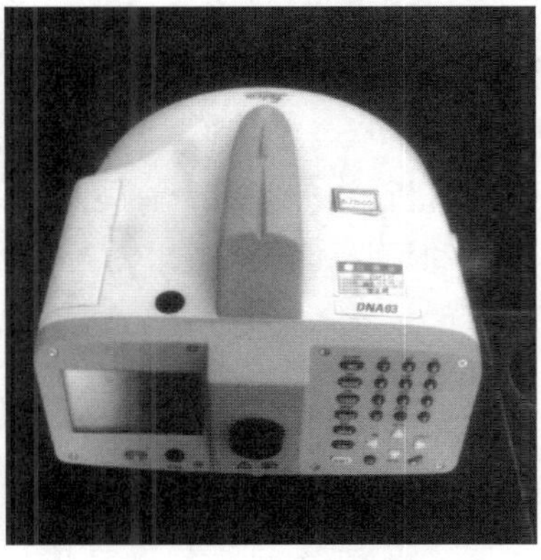

图 8-1-2　某核电项目测量仪器

2）在进行测量作业前，必须对测量人员进行技术交底：

① 检查测量人员对施测方法是否了解；

② 检查测量人员对精度要求是否清楚；

③ 检查测量人员对应注意的事项是否清楚；

④ 检查测量人员对验收要求是否明白。

8.2 平面控制不当

1. 现象

场区控制网布设不便于施工测量的使用，无法进行闭合校核。

2. 原因分析

1）平面控制网的制定及施工方案中未充分考虑核电工程的特性，如各厂房的形状和布局，主轴线尺寸的关系，布设规划未将总平面布置图结合现场实际情况等进行全面综合考虑；

2）平面控制网规划未考虑控制网图形，施测时无法校核其准确性；

3）平面控制线之间距离太短，影响精度要求，或控制点之间有障碍物，不通视；

4）布设标高控制网以及各厂房微网，未根据已知标高点的基准位置，结合各厂房的布局特点综合考虑。

3. 预防措施

1）根据核电工程特点，布设时次级网应覆盖主厂区，结合现场总平面布置图，为施工放样提供尽可能持久、清晰、便利的控制视线，为保证精度，视线倾角不宜过大。随工程进展，建筑物施工到±0.00 m 以上后，需保证次级网点有两个以上的通视点，以便后视和检查；

2）为保证点位长期稳定，采用具有强制对中装置的钢筋混凝土观测墩深埋，尽量使其在施工过程中不被破坏，不需要移动，并能保持必要的通视视线，以便复测；

3）高程控制网，东西或南北每相距 100 m 左右要有水准点，并构成闭合图形，以便闭合校核；

4）为满足各厂房内部定位放线，设备安装检查建立的厂房微网，按照分级布网的原则布设，应提前预埋水平和竖向通视孔，保证各点间通视。各厂房应以次级网为基准，在底板布设微网水准点，并固定选用一个作为该厂房高程控制依据。

8.3 高程误差超差

1. 现象

水准测量时，产生的系统误差和偶然误差超出了容许误差范围。

2. 原因分析

1）仪器和标尺有缺陷或未校正，产生误差；

2）仪器架设位置与前后视点距离差偏大，产生偏差；

3）水准仪视线未整平，视平线不平行于水准面；

4）水准仪照准时，“十”字丝线未正对水准尺中线，焦距未调好，视差未消除；

5）高程基准点存在变化或理论数据偏差；

6）施测过程中，未进行检查复核。

3. 预防措施

1）测量仪器和工具应定期送有资质的检验单位检验和校正，消除系统误差；

2）架设仪器时，力求前后视距相等，消除因视准轴与水准管轴不平行而引起的误差；

3）水准仪照准时，用微动螺旋使十字丝纵线正对水准尺中线，持尺者确保尺身垂直；

4）望远镜精确调平时，确保水准气泡居中，照准后眼睛在目镜后上下移动观测，调整调焦螺旋，直到十字丝交点在目标中上下不显动，消除视差；

5）在对标高施测前，应对后视水准点的可靠性进行复查，检查后视水准点引用有无测量报告依据，是否符合引用的标准，图纸±0.00 m 的定义及建筑标高和绝对标高的转换，现场水准点是否牢固，有无变化；

6）标高测量后应该采用与测量时不同的水准路线进行复核，以达到检核的目的。当后视水准点与检查标高有较大高差，又不便于直接水准测量引测时，可采用钢尺传递标高的方法引测标高，测量应符合二等水准的要求，同时对钢尺进行尺长及温度校正；

7）全站仪检查：全站仪检查标高时一般采用三角高程测量法，检查前对所引用后视点高程进行校核检查，检查无误后进行标高的检查。全站仪的三角标高检查一般适用于标高精度要求不高、无法布设水准路线情况下的标高检查。

拉线法检查：在对一些基础性标高检查时，如检查垫层面标高是否平整、钢筋绑扎是否在同一水平面上等，可采用此方法，即在边角处抄出理论标高用线拉平，再用卡尺或者钢尺检查其是否在同一水平面上。该方法用于一般精度要求的平整度检查；

8）对于有平整度等特殊要求的埋件、轨道等的标高，除了应符合规定的标高要求外，还应符合平整度的要求。在测量检查中对该段的埋件检查取能够反映该埋件平整度情况的点位进行检查，轨道一般采用每米布设一点的方法进行标高的测量，再对标高的检查数据进行平整度的分析，即最高最低点的差值应在规定的限差范围内：

① 两者之差若小于 1/2 限差，可将标高测量工作评为优良；

② 两者之差略小于或等于限差，可将标高测量工作评为合格；

③ 两者之差大于限差，不予验收；

9）在标高测量中对于不同的精度要求，应采用不同精度的仪器进行检查。一般对于限差大于 2 mm 的可采用普通水准仪配合塔尺测量，对于限差小于等于 2 mm 的应采用精密水准仪配合铟瓦尺，而对于限差大于 10 mm 可采用全站仪三角高程测量法。

8.4　竖向偏差超差

1. 现象

使用天底仪引测微网点，精度不能满足要求。

2. 原因分析

1）首层结构平面上轴线控制点精度不能保证；

2）仪器未调整好或仪器自身未校核好；

3）未消除竖轴不垂直于水平轴产生的误差。

3. 预防措施

1）底板面上的微网点必须保证精度，各点须经严密平差，检查审核后方可使用。在浇筑上层的顶板混凝土时，必须在相应的位置预留 200 mm×200 mm 与首层楼面控制点相对应的竖向孔洞。微网点向上竖向投测过程中，其投测依据应该是同一原始轴线基准点，以避免误差积累；

2）为保证引测微网控制点的准确性，在引测微网点后，架设全站仪，复核已知次级网点或原有检查合格的轴线或方向线，合格后方可以使用；

3）引测过程中为了消除竖轴不垂直水平轴产生的误差，需绕竖轴转动照准部位，让水平度盘分别在0°、90°、180°、270°四个位置上，观察点位变动位置，若有变动，其变动的位置成十字的对称型，对称连线的交点即为精确的铅垂仪正中点。

8.5 放线标识不规范或错误

1. 现象

现场放线标识不清或尺寸错误。

2. 原因分析

1）钢卷尺超限；

2）放线草图与图纸的内容和尺寸不一致；

3）放线使用错误的施工文件；

4）放线人员对测量人员给定的定位记录和标高记录理解不清楚；

5）放线的方法、放线的精度要求、放线的验收要求、放线的标识放线交底不清。

3. 预防措施

1）定期对钢卷尺进行检校和标定，对磨损严重或钢尺中间有弯折的进行更换；

2）定期对水准尺检查水准气泡，对线锤进行更换和保养；

3）由技术监督对放线人员的放线草图进行审核，使用蓝图对现场放线进行检查；

4）对新收到现场变更和澄清在图纸上进行标识，将旧的图纸和澄清变更文件退还资料室；

5）增加与测量人员的沟通和配合，放线时必须以定位轴线为依据，并对测量定位点和标高进行复核，细部放线成果必须100%检查，并严格按照自检互检的程序执行。

第三章
建筑装饰装修工程

1　地面工程

1.1　水泥地面起砂

1. 现象

地面表面粗糙，不光泽，有起皮现象，使用后表面出现水泥灰粉，随走动次数增多，砂粒逐步松动，露出松散的砂子和水泥灰，如图 1-1-1 所示。

2. 原因分析

1）水灰比配制不当。水灰比过小，水泥用量较多，砂浆比较干硬，施工困难，破坏了面层强度；水灰比过大，水泥用量少，表面产生泌水现象，砂浆强度降低，面层不耐磨，在其表面行走后出现松散的水泥灰，产生起砂现象；

图 1-1-1　水泥地面起砂

2）原材料不符合要求。水泥强度等级低，或使用安定性不合格、过期、受潮、结块的水泥；砂的粒径过细，拌合时水灰比增大，降低强度；砂的含泥量过大，减小了单位体积的水泥用量，在拌制时影响粘结力，降低强度，造成表面耐磨性降低，产生起砂现象；

3）搅拌不均匀。砂浆搅拌不均匀，砂浆收缩时浇水，吃水不一，水分过多处容易出现起砂、脱皮现象；

4）压光时间掌握不当。没有熟悉水泥硬化的基本原理，安排的工序不当或底层较干或较湿等，导致地面压光时间过早或过迟；

5）未能及时养护或养护不充分；

6）在水泥地面砂浆强度没有达到一定强度时，上人走动或进行下道工序。

3. 预防措施

1）严格控制水灰比，用水泥砂浆作面层时，稠度不应大于 35 mm，如果用混凝土作面层，应选用细石混凝土，其坍落度不应大于 30 mm；

2）水泥地面的压光一般为三遍：第一遍应随铺随拍实，抹平；第二遍压光，应在水泥初凝后进行（以人踩上去有脚印但不下陷为宜）；第三遍压光要在水泥终凝前完成（以人踩上去脚印不明显为宜）；

3）面层压光 24 h 后，用湿麻袋覆盖，每天洒水 2 次（以麻袋保持湿润为准），养护不少于 7 d；

4）面层完成后应避免过早上人走动或堆放重物，严禁在地面上直接搅拌或倾倒砂浆；

5）水泥宜采用硅酸盐水泥和普遍硅酸盐水泥，强度等级一般不应低于 32.5 级，严禁使用过期水泥或将不同品种、等级的水泥混用；砂子应用粗砂或中砂，含泥量不大于 3%。

4. 治理方法

1）小面积起砂且不严重时，可用打磨机或手工将起砂部分水磨，磨至露出坚硬表面。也可把松散的水泥灰和砂子冲洗干净，铺刮纯水泥浆 1～2 mm，然后分三遍压光；

2）对严重起砂的地面，应把面层铲除后，重新铺设水泥砂浆面层。

1.2　地面裂缝（面层不规则裂缝、预制楼板地面裂缝）

1. 现象

这种裂缝在底层回填土的地面上以及预制板楼地面或整浇板楼地面上都会出现，裂缝的部位不固定，形状也不一，有的为表面裂缝，也有贯穿裂缝，如图 1-2-1 所示。

2. 原因分析

1）室内回填土未压实，回填土不均匀升降造成地面拉裂；

2）基层不平整，造成面层厚薄不一致；

3）多管道并列埋设或面层厚度较大时未设置抗裂钢筋网片；

4）未进行二次表面压光收面；

5）养护不到位，保湿养护时间不足；

6）面层面积较大，分格缝设置不合理。

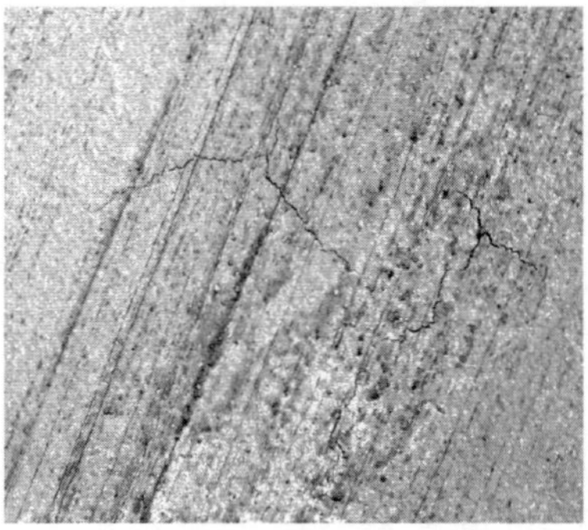

图 1-2-1　地面裂缝

3. 预防措施

1）室内回填土前要清除积水、淤泥、树根等杂物，选用合格土分层夯实。靠墙边、墙角、柱边等机械夯不到的地方，要人工夯实；

2）面层铺设前，应检查基层表面的平整度，如有高低不平，应先找平，使面层厚薄一致。局部埋设管道时，管道顶面至地面距离不得小于 10 mm。当多根管道并列埋设时，应铺设钢丝网片，防止面层裂缝；

3）面层铺设厚度超过 50 mm 时，宜加设抗裂钢筋网片；

4）严格控制面层水泥拌合物用水量，水泥砂浆的稠度不大于 35 mm，混凝土坍落度不大于 30 mm，如表面水分大，难以压光时，可均匀撒一些 1∶1 干水泥砂，不宜撒干水泥；

5）面层完成 24 h 后，及时铺湿麻袋养护，洒水养护至少 7 d；

6）面积较大地面应按设计或地面规范要求，设置分格缝。

4. 治理方法

1）对宽度细小、无空鼓现象的裂缝，如果楼面平时无液体流淌，一般可不作处理。对宽度在 0.5 mm 以上的裂缝，可用水泥浆封闭处理；

2）对伴随地面空鼓的裂缝，应先确定空鼓面积大小，对小面积空鼓采用切割机沿空鼓部位四周切割，切割面积稍大于空鼓面积，并切割成较规则的形状，然后剔除空鼓的面层，进行修补。如地面有多处大面积空鼓裂缝，应将整个面层凿去，重新铺设面层；

3）如果裂缝涉及结构变形，应结合结构是否需加固一并考虑处理办法。对于还在继续开展的裂缝，可继续观察，待裂缝稳定后再处理。如已经使用且经常有液体流淌的，可先用柔性密封材料做临时封闭处理。

1.3 地面返潮

1. 现象

地面垫层下地基土壤中的水通过毛细管作用上升,以及气态水向上渗透,使地面材料潮湿,并随之恶化整个房间的湿度;梅雨季节,雨水多,气温高,湿度大天气下在地面表面产生凝结水。

2. 原因分析

1) 回填土未夯实或回填土含水率较大;

2) 未按设计要求设置防潮层或防潮层施工质量不符合要求;

3) 室外排水不畅,致使雨水渗入室内;

4) 温度较高的潮湿空气(相对湿度在 90%以上)遇到温度较低而又光滑不吸水的地面时,易在地面产生凝结水。

3. 预防措施

1) 重视素土填层的施工质量。这是地面防潮的第一道防线。防潮地面的填土应采用粘(黄)土夯填,有条件时,可采用 3∶7 或 2∶8 灰土夯填。不宜用建筑垃圾或杂土夯填,填土应分层夯实,每层厚度以 20 mm 为宜。防潮地面的填土,不应采用松填浸水法施工,以免增大地基土的含水量;

2) 防潮层施工。采用 25 cm 厚夯实青碎石干铺垫层,粗黄砂或片石填面缝;6 cm 厚细石混凝土;1∶2.5 水泥砂浆面层;

3) 架空地面施工中应注意以下几个问题:

① 架空板下的地基土仍应夯实,尽量减少潮气向板下空间渗透;

② 架空板下应有足够的空间和通风条件。因为架空板下的地基土虽经夯实,仍会不断有潮气向上渗透淤积,并向板内渗透。设置通风洞后,这对地面干燥是极为有利的;

③ 搁置架空板的地垅墙应用水泥砂浆砌筑,顶面应抹一层防水砂浆层;

④ 重视架空板的拼缝质量,架空板的拼缝是地面防潮的薄弱部位,若处理不当,板下潮气将从此乘虚而入。铺板时,板间应留有一定的缝隙。嵌缝前,应认真清扫干净,并予湿润。嵌缝时,用细石混凝土仔细嵌实,当板较厚时,应分层嵌实。并应认真养护,达到强度后方能正常使用;

⑤ 有条件时,铺板前应在板底刷一道热沥青,堵塞板底毛细孔,能有效地增强架空地面防潮效果;

4) 地面防潮应同墙基防潮结合起来考虑,墙基应设置防水砂浆防潮层,与地面接触部分的内墙面,亦应做防水砂浆抹面;

5) 防潮地面的室内外高差不宜小于 30 cm,室外应设有散水坡,以及时排除雨雪等积水,防止雨水渗入室内,加大地基土的含水量。

4. 治理方法

1) 先检查地面是否有裂缝,裂缝是地下水向上渗透的主要通道。再检查地面是否有空鼓现象,检查方法可用一木棍沿着地面轻轻垂直敲击,所敲击的响声有空响,该处即有空鼓;

2) 对于有规则的裂缝,应凿成"V"形缝,将缝内清理干净并干燥后,用沥青油膏进行封闭。对有空鼓的地方,应将面层敲掉,将垫层部分凿毛,在垫层上刷一道水泥浆,随即用与面层相同的材料修补平整;

3) 对裂缝和空鼓局部处理完后,应对面层进行全面防潮封闭处理。处理的原则是阻塞水泥砂浆或混凝土中毛细管渗水通道。一般可采用涂刷防水涂料或防水剂的做法。涂刷前，先将面层凿毛，清扫干净，涂刷二度防水涂料。第一道涂刷时应用力，使其深入毛细孔内。待第一道涂料实干后（一般 24 h 左右）再涂刷第二遍，这样形成整体防水涂膜。在地面与墙面转角处，涂料应刷至墙面踢脚板高度。

1.4 地面空鼓

1.4.1 水泥地面空鼓

1. 现象

用小锤敲击有空鼓声，严重时会开裂甚至剥落，影响使用。

2. 原因分析

1）垫层（或基层）表面清理不干净，有浮灰、浆膜或其他污物；

2）垫层（或基层）过于光滑，未采取凿毛或界面处理；

3）面层施工时，垫层（或基层）表面不浇水湿润或浇水不足。

4）垫层（或基层）表面有积水，在铺设面层后，积水部分水灰比突然增大，影响面层与垫层之间的粘结。

3. 预防措施

1）做好基层清理工作。认真清除基层上的附着物，吹尽粉尘，地面基层过于光滑的应凿毛或刷界面处理剂。

2）施工前须洒水湿润，使施工时达到润湿饱和但无积水。

3）地面施工前应在基层上均匀涂刷素水泥浆结合层，素水泥浆水灰比为 0.4～0.5。不宜用先撒水泥后浇水的扫浆方法。涂刷素水泥浆应与地面铺设紧密配合，做到随刷随抹。如果素水泥浆已结硬，一定要铲去重新涂刷。

4. 治理方法

对于空鼓面积不大于 400 cm^2，且无裂纹，以及人员活动不频繁的房间边、角部位，一般可不作处理。当空鼓超出以上范围时应局部翻修，可用混凝土切割机沿空鼓部位四周切割，切割面积稍大于空鼓面积，并切割成较规则的形状，然后剔除空鼓的面层，适当凿毛底层表面，冲洗干净。修补时先在底面及四周刷素水泥浆一遍，随后用与面层相同的拌合料铺设，分三次抹光。如地面有多处大面积空鼓，应将整个面层凿去，重新铺设面层。

1.4.2 板块地面空鼓

1. 现象

用小锤轻击地面有空鼓声，严重处板块与基层脱离。

2. 原因分析

1）基层表面清理不干净或浇水润湿不够，涂刷水泥浆结合层不均匀或涂刷时间过长，使得水泥浆风干结硬，不起粘结作用；

2）板块面层铺设前，背面浮灰没有刷净和浸水润湿，若在施工中直接将干燥的板块进行铺贴，水泥砂浆中的水分很快被板块吸去，造成砂浆脱水而影响其凝结硬化，降低了砂浆的强度，影响砂浆与基层，砂浆与板块的粘贴；

3）铺设砂浆应为干硬性砂浆，如果加水较多或砂浆不振实，不平整，易造成板块地面空鼓。

3. 预防措施

1）确保基层平整、洁净、湿润；

2）板块应提前浸水，地砖应提前 2～3 h 浸水，如背面有灰尘应洗干净，待表面晾干无明水后方可铺贴；

3）先刷建筑胶水泥浆一遍（水泥、建筑胶、水之比为 1∶0.1∶0.4），约 15～30 min 后，铺 1∶2 干硬性水泥砂浆结合层，然后将板块背面刮一层薄水泥砂浆，铺贴时要求板块四角同时下落，用木锤或橡皮锤垫木块轻击，使砂浆振实，并敲至与旁边板块平齐，也可采用粘结剂作结合层；

4）铺贴大理石、花岗岩时，按前述要求试铺，合适后，将板块掀起，检查结合层，如有空隙，则用砂浆补实，再浇一层水灰比为 0.45 的素水泥浆，板块背面也刮一层素水泥浆，最后正式铺贴；

5）铺好的地面应及时洒水养护，一般不少于 7 d，在此期间不准上人。

4. 治理方法

地砖空鼓、脱壳严重时，可将地砖掀开，凿除原结合层砂浆，冲洗干净晾干后，按照本节预防措施的方法重新铺贴，最后用水泥砂浆灌缝、擦缝。

1.5　板块地面接缝不平，缝宽不一

1. 现象

相邻板块接缝高差大，地面不平整，板块缝口宽度不一致，如图 1-5-1 所示。

2. 原因分析

1）板块本身厚薄不一，几何尺寸不准，有翘曲、歪斜等缺陷，铺贴前挑选不严。

铺贴板块面层时不用水平尺找平，板缝不通长拉线，易使板块接头不平及缝隙不匀；

2）板块面层铺贴后，成品保护不好，在养护期内过早上人行走或使用，板缝也易出现高低不平。

图 1-5-1　板块地面接缝不平，缝宽不一

3. 预防措施

1）施工前要认真检查板块材料质量是否符合有关标准的规定，不符合标准要求的不能使用；

2）从走廊统一往房间引测标高，并按操作规程进行预排、弹控制线等，铺贴时纵、横接缝宽度应一致，经常用靠尺检查表面平整度；

3）铺贴大理石、花岗岩时，应在房内四边取中，在地面上弹出十字线，先铺设十字线交叉处一块为标准块，用角尺和水平尺仔细校正。然后由房间中间向两侧和后退方向顺序铺设，随时用水平尺和直尺找准。缝口必须拉通长线，板缝宽度一般不大于 1 mm；

4）地面铺贴好后，注意成品保护，在养护期内禁止人员通行。

4. 治理方法

对接缝高差过大或接缝宽度严重不一致的地方，应返工重新铺贴。

1.6　楼地面渗漏

1. 现象

现浇钢筋混凝土楼板混凝土缺陷处（如裂缝、蜂窝、施工缝处）出现渗漏水现象。

2. 原因分析

1）楼板混凝土施工质量较差，漏振、杂物未清理等造成蜂窝麻面、夹渣；

2）楼板混凝土未进行二次抹压收面处理，养护不及时或养护时间不够；

3）施工缝留设不合理且未清理干净。

3. 预防措施

1）钢筋混凝土现浇楼板宜一次浇注成型，必须留置施工缝时，施工缝应留置为阶梯形，在下次混凝土浇筑时应将施工缝清理干净，提前浇水湿润，并在接缝处进行二次抹压收面处理；

2）混凝土浇筑应连续进行，振捣密实，并做好抹压收面工作，及时保湿养护，不得出现蜂窝、露筋、孔洞、裂缝等缺陷。

4. 治理方法

1）当楼板面无防水层时，对渗水点周围进行凿毛清理，凿毛深度 2 cm 左右，根据渗漏面积，每 0.3 m^2（或 30 cm 距离）利用冲击钻成孔，钻孔直径 14 mm，钻孔深度约为楼板厚度的一半但不超过 30 cm，埋设针头单项阀式注浆嘴；孔间及凿毛部位用微膨胀块硬性水泥材料封堵密实，使用电动注浆泵高压灌注遇水膨胀聚氨酯堵漏材料，根据需要进行稳压操作，以达到表面有浆液渗出或压力达到 40 MPa 时注浆结束；注浆完成后拆除注浆嘴并进行表面清理，用微膨胀快硬性水泥材料进行填堵；

2）当如卫生间等板面有防水层的楼板出现渗漏，应凿开防水层，用压力水冲洗干净，干燥后按上述治理措施进行处理，并对该区域防水层进行加强处理。

附　录

表 1-6-1　整体面层的允许偏差和检验方法　　单位：mm

序号	项目	允许偏差				检验方法
		水泥混凝土面层	水泥砂浆面层	普通水磨石面层	高级水磨石面层	
1	表面平整度	5	4	3	2	用 2 m 靠尺和楔形塞尺检查
2	踢脚线上口平直	4	4	3	3	拉 5 mm 线和用钢尺检查
3	缝格平直	3	3	3	2	

表 1-6-2　板、块面层的允许偏差和检验方法　　单位：mm

序号	项目	允许偏差									检验方法
		陶瓷锦砖面层高级水磨石板陶瓷地砖面层	缸砖面层	水磨石板块面层	大理石面层和花岗石面层	塑料板面层	碎拼大理石碎拼花岗石面层	活动地板面层	条石面层	块石面层	
1	表面平整度	2.0	4.0	3.0	1.0	2.0	3.0	2.0	10.0	10.0	用 2 m 靠尺和楔形塞尺检查
2	缝格平直	3.0	3.0	3.0	2.0	3.0	—	2.5	8.0	8.0	拉 5 m 线和用钢尺检查
3	接缝高低差	0.5	1.5	1.0	0.5	0.5	—	0.4	2.0	—	用钢尺和楔形塞尺检查

续表

序号	项目	允许偏差									检验方法
		陶瓷锦砖面层高级水磨石板陶瓷地砖面层	缸砖面层	水磨石板块面层	大理石面层和花岗石面层	塑料板面层	碎拼大理石碎拼花岗石面层	活动地板面层	条石面层	块石面层	
4	踢脚线上口平直	3.0	4.0	4.0	1.0	2.0	1.0	—	—	—	拉 5 m 线和用钢尺检查
5	板块间隙宽度	2.0	2.0	2.0	1.0	—	—	0.3	5.0	—	用钢尺检查

注：当板块面层的水泥砂浆结合层的抗压强度达到设计要求后，方可正常使用。

1.7　楼梯踏步宽度及高度不一

1. 现象

在地面工程楼梯施工中经常会出现楼梯踏步宽度、高度不一，使用者上下时会出现一脚高、一脚低的现象。楼梯踏步高宽比不一，不符合人体自然跨步（步距）的要求，也不符合方便舒适和楼梯统一美观的要求。

2. 原因分析

1）在结构施工阶段，由于模板支护不准确等原因造成踏步的高、宽尺寸偏差较大，装饰面层时，又没有认真的弹线操作进行补救，而是随高就低地进行抹面。

虽然弹了斜坡线，但没有注意将踏步的高、宽等分一致，尽管所有踏步的阳角都落在所弹的斜坡线上，但踏步的高、宽仍然不一致；

2）楼梯踏步的高度，没有以楼梯间结构层的标高结合楼梯上、下级踏步与平台、走道连接处面层的做法进行划分，使铺设后每级踏步的高度与上一级踏步和下一级踏步的高度差不一致；

3）楼梯踏步面施工前，没有在楼梯一侧墙面上画出各个踏步做面层后的高宽尺寸及形状，或按每个梯段的上、下两头踏步口画一斜线作为分步标准；

4）楼梯踏步面层的施工没有与相应的面层施工结合，即每个踏步宜先抹立面（踢面）后再抹平面（踏面）。楼梯踏步面层没有自上而下进行施工；

5）楼梯踏步施工完后没有保护，养护期内上人和运输重物；

6）楼梯踏步面层未验收前，没有严加保护，碰坏或碰掉踏步边角。

3. 预防措施

1）加强楼梯和台阶在结构施工阶段的复尺检查工作，使踏级的高度和宽度尽可能一致，偏差应控制在±10 mm 以内；

2）为确保踏级的位置正确和宽、高度尺寸一致，抹踏级面层前，应根据平台标高和楼面标高，先在侧面墙上弹一道踏级标准斜坡线，然后根据踏级步数将斜线等分，这样斜线上的等分各点即为踏级的阳角位置，根据斜线上的各点位置，抹前应对踏级进行恰当的錾凿；

3）对于不靠墙的独立楼梯，如无法弹线，可在抹面前，在两边上下拉线进行抹面操作，必要时可做出样板，以确保踏级高、宽度尺寸一致；

4）楼梯装饰完后，应要有足够的养护时间，严禁施工操作人员上下通行；

5）如果在养护龄期不到时需要提前上人，在楼梯每一踏步平面上放 2 个砂袋（砂袋装到八成满即可），放置时把袋子揉开扁平状，砂的外侧要遮盖处踏步的阳角。

4. 治理方法

将楼梯地面返修。

1.8　楼梯、台阶踏步阳角处裂缝、脱落

1. 现象

踏步在阳角处出现裂缝、脱落，有的在踏步平面上出现通长裂缝，然后沿阳角上下逐步剥落，影既响使用也影响美观，因此除了要满足坚固、耐久、安全、便于通行、搬运物品及人员硫散的要求外，还应兼顾美观。

2. 原因分析

1）踏步抹面时基层比较干燥，致使抹面砂浆失水过快，既影响了抹面砂浆的强度增长，又降低了与基层的粘结，留下日后裂缝、空鼓、脱落的隐患；

2）基层清理不干净，表面有浮尘等杂物，影响了砂浆与基面的连接；

3）砂浆强度等级较低，不耐使用；

4）没有注意养护，在砂浆未达到强度时，在踏步上行走或搬运货物；

5）没有增设踏步护角钢筋，导致阳角易掉落。

3. 预防措施

1）踏级抹面（或抹底糙）前，应将基层清理干净，并充分洒水湿润，最好提前 1 d 进行洒水湿润；

2）抹前应先刷一度素水泥浆结合层，水灰比应控制在 0.4～0.5 之间，并严格做到随刷随抹；

3）砂浆稠度应控制在 3.5 cm 左右；

4）一次粉抹厚度应控制在 1 cm 之内。过厚的粉抹应分次进行操作；

5）踏级平、立面的施工顺序应先抹立面，后抹平面，使平、立面的接缝在水平方向，并应将接缝搓压紧密；

6）抹面（或底糙）完成后应加强养护。养护天数一般为 7～14 d，养护期间应禁止行人上下。

7）增设护角筋：按照下图所示进行加工，将 ϕ6 mm 钢筋与 ϕ8 mm 钢筋焊接牢固，ϕ8 mm 钢筋应平直，ϕ6 mm 钢筋加工成型后，应保证 90°，具体如图 1-8-1 所示：

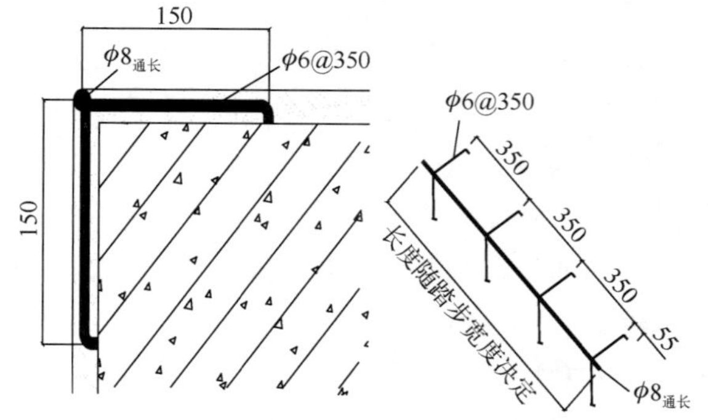

图 1-8-1

4. 治理方法

1）将掉落部分剔凿、清理进行修补；

2）面积较大时将踏步全部返工。

1.9　楼梯踏步踢脚板倾斜（外倾、内倾）

1. 现象

住宅工程中，楼梯间的踏步、休息平台、踢脚等大多采用水泥砂浆抹面。由于楼梯间

是施工人员通行和运输的主要通道，在施工中不注意找方找直、上下不用垂线，使楼梯侧面上下不成线造成踏步踢脚板存在倾斜，内倾和外倾现象均有。

2. 原因分析

1）管理原因：技术质量交底不清，检查不认真，成品保护措施不到位；

2）工艺原因：压光时机掌握不好，压光不认真，养护时间不正确；

3）方法原因；基层清理不干净，贴饼不到位，上下不吊线，踏步齿角未找正；

4）踏步立面模板固定不牢，在浇筑混凝土时侧压力作用下，立模被压斜。

3. 预防措施

1）对施工人员进行培训，使他们明确质量要求，掌握施工工艺要点、检查方法等；

2）实行样板引路制度，即先一个单元做出样板楼梯，然后组织小区的施工人员参观学习，由专家现场示范讲解。

4. 治理方法

1）将倾斜的踏步剔凿返修。灰饼做好后待收水不致塌陷时，即在基层上均匀扫素水泥浆一遍，水灰比 0.4～0.5，并掺水重 20％的建筑胶，随扫随铺砂浆，砂浆稠度控制在 50 mm 左右。若待灰饼硬化后再铺砂浆，则应随铺砂浆随找平，同时把利用过的灰饼敲掉，并用砂浆填平；

2）同时调整护角钢筋位置，确保位置准确、平整、顺直，钢筋外露 2 mm；

3）踏步找平、压头遍，铺抹水泥砂浆压头遍铺抹水泥砂浆，用木抹子赶铺拍实，然后搓平，注意阴阳角方正，随时用方尺检查待反水后略撒 1∶1 干水泥砂子面，吸水后用铁抹子抹平。

1.10　防静电架空地板支架不稳

1. 现象

防静电架空地板支架不稳。

2. 原因分析

基层不平，平整度超差，凸起或孔洞。

3. 预防措施

检查准备安装活动地板的基层。该区域必须相当干净，无尘土及残留物，更不可有水渍。如果楼面不平且不适合装设活动地板，要求在装设地板之前先修正。

4. 治理方法

防静电架空地板支架应支承在现浇水泥混凝土基层（或面层）上，基层表面应平整、光洁、不起灰。平整度误差太大就应当用水泥沙浆找平。

1.11　防静电架空地板接缝不严

1. 现象

相邻板块之间不平，缝隙宽窄不匀。

2. 原因分析

铺设活动地板四角接触不平整、不严密。铺设活动地板块不符合模数。

3. 预防措施

1）板块本身几何尺寸应符合规范要求，凡有翘曲、拱背、宽窄不方正等缺陷时，应事先套尺检查，否则不得使用。

2）当活动地板不符合模数时，其不足部分在现场根据实际尺寸将板块切割后镶补，并配装相应的可调支撑和横梁。切割边不经处理不得镶补安装，并不得有局部膨胀变形情况。

3）按规定施工，随时用水平尺和直尺找平，缝隙要通长拉线。

4. 治理方法

铺设活动地板块不符合模数时，不足部分可根据实际尺寸将板面切割后镶补，并配装相应的可调支撑和横梁。

1.12 防静电架空地板表面不平整

1. 现象

地板表面不平，局部出现起鼓或局部翘起。

2. 原因分析

活动地板与横梁接触搁置处四角不平等、不严密。

3. 预防措施

1）找中套方，分格弹线：首先量测房间的长，宽尺寸，在地面弹出中心十字控制线；依照活动地板的尺寸，排出活动地板的放置位置；在墙面上弹出活动地板面层的横梁组件标高控制线和完成面标高控线；

2）按照分格线的位置，安放支座和横梁，并调整支座的螺杆，使横梁与标高控线同高且水平。待所有支座和横梁均安装完毕构成一体后，用水平仪再整体超平一次。支座与基层面之间的空隙应灌注环氧树脂，应连接牢固；

3）先在横梁上铺设缓冲胶条，并用乳胶液与横梁粘合。铺设地板应用吸盘，垂直放入横梁间方格，保证四角接触处平整，严密，不得采用加垫的方法；

4）活动地板与横梁接触搁置处应达到四角平等、严密。

4. 治理方法

先在横梁上铺放缓冲胶条，并用乳胶液与横梁粘合。铺设活动地板调整水平高度以保证四角接触平整、严密。

板、块面层的允许偏差和检验方法见表 1-6-2。

2 吊顶工程

2.1 龙骨线条不平直

1. 现象

吊顶龙骨安装后，主龙骨、次龙骨在纵横方向上不顺直，有扭曲、歪斜现象；龙骨高低位置不匀，使得下表面拱度不均匀、不平整，甚至成波浪线；吊顶完工后短期使用产生凹凸变形。

2. 原因分析

1）产品运输过程中，有扔摔、碰撞现象；产品堆放时，底部未加适量的垫条而防止变形，堆放高度过高；

2）主龙骨、次龙骨受扭折，虽经修整，仍不平直；

3）龙骨吊杆分布间距不均匀，龙骨遭受扭曲；

4）四周墙面的水平线应测量误差大，中间平线起拱度不符合规定；吊顶施工中，未拉通线全面调整主次龙骨的高低位置；

5）吊顶挂件不牢，吊杆变形不均匀，产生局部下沉。

3. 预防措施

1）搬运前对搬运工进行注意事项的交底，搬运过程中，小心轻放，严禁扔摔等野蛮搬运行为；产品堆放时，底部需加适量的垫条，堆放高度不宜超过 1.8 m。

2）龙骨安装时，检查龙骨的平直度。

3）吊杆安装按照规范要求施工，加强对施工人员的技术交底和施工质量控制，按设计要求弹线，确定龙骨吊点位置，主龙骨端部或接长部位增设吊点，吊点间距不宜大于 1.2 m。吊杆距主龙骨端部距离不得大于 300 mm。当大于 300 mm 时，应增加吊杆。当吊杆长度大于 5 m 时，应设置反支撑。当吊杆与设备相遇时，应调整并增设吊杆。

4）测量器具应校对满足施工精度要求，吊顶标高线需根据高精仪器投射的控制线核对，且弹线清楚，位置正确；在调整时，对纵横向龙骨一定要拉通线，对于不上人吊顶，龙骨安装时，挂面不应挂放施工安装器具；对于大型上人吊顶，龙骨安装后，应为机电安装等人员铺设通道板，避免龙骨承受过大的不均匀荷载而产生不均匀变形。

5）施工前核对吊杆、挂件等物相的型号大小，加强对挂件、吊杆加固的检查力度，增加抽查数量。

4. 治理方法

1）凡是受扭折修正后仍然不平直的主龙骨、次龙骨一律不采用；

2）调整吊点位置，重新加固吊杆，重新调整起拱高度。

2.2　吊顶不平

1. 现象

吊顶不平、倾斜或局部有波浪。

2. 原因分析

1）吊顶标高未找准水平，或弹线不清，局部标高找错，吊顶周边格栅或四角不平；

2）吊杆或吊筋间距过大，未加固牢固；龙骨变形后产生不规则挠度；

3）木龙骨吊顶的木材含水率，收缩变形；

4）石膏板吊顶覆面板不平，板面弯折起拱。

3. 预防措施

1）用水柱法找准墙四周标高线，弹线清晰准确，对于吊顶四周的标高线，应准确地弹到墙上，其误差不能大于±5 mm。如果跨度较大，还应在中间适当位置加设控制点。在一个断面内应拉通线控制，线要拉直，不能下沉。

2）轻钢龙骨的吊杆间距，不可过大；一般吊杆的水平间距为 900～1 200 mm。吊杆应选专用吊杆、钢筋等，吊杆、吊件、挂件安装牢固，如果采用膨胀螺栓固定吊杆，应做好隐检记录，如膨胀螺栓埋入深度、间距等。关键部位还要做膨胀螺栓的抗拔试验。

4. 治理方法

1）增加吊杆或吊筋数量，重新加固吊杆；

2）替换平整度不满足要求的覆面板。

2.3　接缝明显

1. 现象

在主次龙骨安装完成后，存在龙骨与龙骨之间接缝明显，在面板安装时还存在面板与龙骨之间接缝明显，通风口、灯具等设备与龙骨或面板之间接缝明显，此三种情况的存在都影响吊顶工程的整体感观。

2. 原因分析

1）龙骨切口不平整、不顺直以及龙骨存在翘曲等导致龙骨接长时存在明显的缝隙；

2）在面板安装时，由于龙骨不顺直或是面板切割不整齐，导致面板与龙骨之间存在明显的缝隙；

3）通风口、灯具等设备的尺寸与主次龙骨之间的间距不符，导致设备平面与龙骨或面板存在缝隙。

3. 预防措施

1）吊顶材料在进场时以及进场后存放应考虑龙骨和面板的堆放，防止龙骨和面板产生翘曲变形，避免安装时龙骨与龙骨、龙骨与面板之间产生明显的接缝；

2）龙骨应整榀、面板应整块安装，尽可能避免切割。如需切割时，应保证切口平直、顺滑；

3）在安装龙骨前，应做好吊顶的排版，避免通风口、灯具等设备尺寸与主次龙骨间距、已切割好的面板尺寸产生冲突，导致存在明显的接缝。

4. 治理方法

1）做好下料工作。龙骨、面板切割时，除了控制好切割的角度外，对切口部位再用锉刀将其修平，将毛边及不妥处修整好；

2）对已产生的明显接缝，用相同色彩的胶粘剂（可用硅胶）对接口部位进行修补。用胶的目的，一可使接缝密合，二也可对切口白边进行遮掩。

附　录

表 2-3-1　暗龙骨吊顶工程安装的允许偏差和检验方法　　单位：mm

序号	项目	允许偏差				检验方法
		纸面石膏板	金属板	矿棉板	木板、塑料板、格栅	
1	表面平整度	3	2	2	2	用 2 m 靠尺和塞尺检查
2	接缝直线度	3	1.5	3	3	拉 5 m 线，不足 5 m 拉通线，用钢直尺检查
3	接缝高低差	1	1	1.5	1	用钢直尺和塞尺检查

表 2-3-2　明龙骨吊顶工程安装的允许偏差和检验方法

序号	项目	允许偏差				检验方法
		石膏板	金属板	矿棉板	塑料板、玻璃板	
1	表面平整度	3	2	3	2	用 2 m 靠尺和塞尺检查
2	接缝直线度	3	2	3	3	拉 5 m 线，不足 5 m 拉通线，用钢直尺检查
3	接缝高低差	1	1	2	1	用钢直尺和塞尺检查

3　油漆工程

3.1　腻子不干硬、卷皮、开裂、塌陷

1. 现象

刮上腻子不干硬，表面出现卷皮、开裂、塌陷现象。

2. 原因分析

1）不干结；

2）混凝土或抹灰基层的表面有灰尘、隔离剂、油污等；

3）在很光华的表面及在表面温度较高的情况下刮抹腻子；

4）腻子刮的过厚，基层较干燥；

5）腻子黏性较小或过稠；

6）基层尚未充分干燥，施工时有大风或受烈日暴晒；

7）凹陷较大时，刮抹的腻子有半眼、蒙头等缺陷，造成腻子不生根或一次抹腻子太厚，形成干缩裂纹，甚至脱落；

8）头遍腻子未干就刮第二遍；调制油性腻子补洞嵌缝时，加水过少，施工性补好，使腻子干燥后出现塌陷。

3. 预防措施

1）腻子不干硬，不得使用烧过火的石膏粉；

2）混凝土或抹灰基层表面的灰尘、隔离剂、油污等必须清除干净；

3）基层表面很光滑，或在清除油污后，要涂一遍胶粘剂，再刮腻子；

4）每遍刮抹的腻子不宜过厚，不可在潮湿和高温的基层面上刮抹腻子；

5）基层应当干燥后再进行刮腻子，施工时避开大风和烈日暴晒；

6）腻子拌合时，加入适量胶液调制腻子，稠度要合适，以使用合适为准；

7）基层表面尤其凹陷处，要清理干净，并涂饰一遍胶粘剂．增加腻子附着力，孔洞大时，腻子黏性要略大些，并分层反复刮抹平整、坚实；

8）腻子分多次薄刮，充分干燥，逐步找平。

4. 治理方法

不干硬、裂缝较大并脱落的腻子，要铲除。基层重新处理后再抹新腻子。半眼蒙头腻子必须挖除，处理后再分层刮抹腻子直至平整。卷皮的腻子要铲净，并找出原因，采取措施后重新刮抹腻子。

3.2　油漆流坠

1. 现象

涂刷后漆液向下流淌，形成漆膜厚薄不均，严重者如挂幕下垂，轻者如串珠泪痕，如图 3-2-1 所示。

2. 原因分析

1）稀释剂过多，使黏度低于正常施工要求，漆料不能附在物体表面下坠流淌；

2）稀释剂挥发太快，在漆膜未形成前已挥发，而影响流平性，导致漆膜厚薄不均；或挥发太慢，使流动性增大，也易发生流坠；

3）漆膜刷得太厚，由于漆的自重造成。形成山峦倒影状；

4）物面凸凹不平，或物体的棱角、转角、线角的凹槽处，容易造成涂刷不匀、厚薄不一。较厚处就要流淌；

5）物面不洁，有油、水等污物，涂刷后不能很好地附着而流淌；

6）选用的漆刷太大，毛太长、太软，或刷油时蘸油太多，使漆膜厚薄不匀，较厚处就流淌；

7）喷漆时，喷嘴的孔径太大，喷枪距物面太近，或距离时近时远，喷涂的气压太大或太小，都易造成漆膜不匀而流淌；

8）漆料中含重质颜料（如红丹粉、重晶石粉等）过多，研磨不均匀，颜料润湿性能不良。

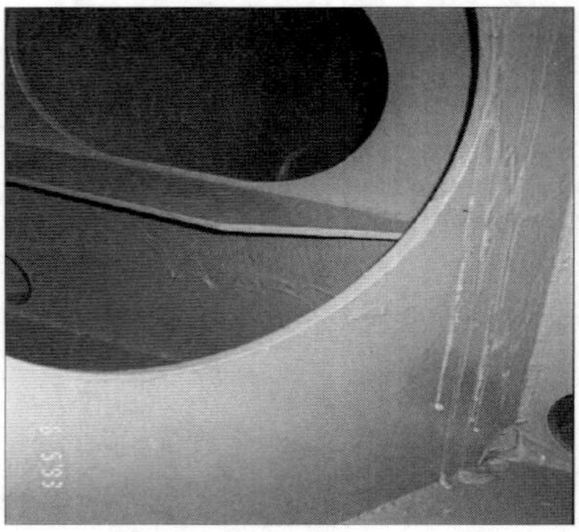

图 3-2-1　油漆流坠

3. 预防措施

1）选用优良的油漆材料和适量的稀释剂；

2）按规定进行基层处理，做到基层平整、洁净；

3）施工环境，以温度 15～25 ℃、湿度 50%～75%为宜；

4）根据施工环境及方法，合理调整油漆黏度。温度高时，黏度应小些。采用喷涂较刷涂黏度要小些；

5）每次刷漆的漆膜不宜太厚，一般在 50～70 μm，喷涂要比刷涂的薄一些；

6）选用的漆刷，毛要有弹性，根粗而梢细，鬃厚而口齐。刷面漆和黏度大的漆，可用八成新的旧油刷；刷底漆或黏度小的漆，可用新刷；

7）喷漆时，喷嘴孔径不宜太大，空气压力应在 20～40 MPa（2～4 kgf/mm^2）范围内，喷枪与物面距离控制在，小枪 15～20 cm，大枪 20～25 cm 为宜，且距离始终一致，速度均匀；

8）按规定进行刷涂。应先开油，再横油、斜油，最后理油，不要横涂乱抹。在线角、棱角处要用油刷轻轻按一下，将多余的油漆蘸起顺开，以免漆膜过厚而流淌。

4. 治理方法

1）流痕未干时，即用漆刷轻轻地将流痕刷平。油漆黏度过大，酚醛、脂胶、钙脂漆类，出现流坠，可立即用净刷蘸松节油在流坠部位刷一次，使流坠重新溶解，然后用漆刷将流坠推开刷平；醇酸漆出现流坠，可用醇酸稀释液将流坠润溶后，再推开刷平。喷漆流坠，可用同类溶剂将之擦除，再重新喷涂；

2）漆膜未完全干燥，在一个边或一个面部位出现流坠，可用铲刀（开刀）将多余的油漆铲除后，对这个边或面再用同样的油漆满刷一遍即可；

3）如漆膜已完全干燥，对于轻微的油漆流坠，可以用砂纸将流坠漆膜磨平整；对于大面积油漆流坠，可用水砂纸磨平或用铲刀（开刀）铲除干净，并在修补腻子后，再满刷油漆一遍即可；

4）涂刷时应勤检查，发现流坠现象及时清除或调整涂刷工艺。若已大面积出现流坠，可用水砂纸磨平或用铲刀铲除干净，修补腻子再满刷一遍油漆。

3.3　油漆皱纹、橘皮、发笑、鼓泡、针孔、开裂

3.3.1　皱纹

1. 现象

在油漆的干燥过程中，涂膜表面出现皱纹、凹凸不平。通常是在表干快的场合，表层的面积

大而产生凹凸不平的无规则的皱纹。

2. 原因分析

1）涂膜喷涂过厚，导致漆膜表干内不干；

2）干燥环境不良、低温、高温或喷涂后表面的空气流动量过大或通风，使涂膜内外干燥不匀，表面已干燥结膜，内部尚未干燥，形成皱纹；

3）各涂层干燥时间不足；

4）干燥快和干燥慢的涂料掺合使用；

5）过量使用慢干剂、稀释剂选用不当；

6）涂料黏度过高。

3. 预防措施

1）避免喷涂过厚，第一道最好采用干喷；

2）改进喷涂及干燥环境，提高温度，增强空气流动；

3）各涂层间应有充分的干燥时间，使用合格的稀释剂；

4）掌握涂料性能。酯胶调和漆含棕榈油较多，易产生皱纹，醇酸调和漆含树脂较多，不易产生皱纹；

5）注意控制黏度。黏度大的涂料可适当加入稀释剂，使涂料易刷。当黏度较大又不能稀释时，要选刷毛短而硬的油刷进行涂饰；

6）采用防起皱剂，如改性的醇酸树脂漆喷涂稍厚，在烘干时易起皱，添加少量（约为 5%）氨基树脂作为防起皱剂，一次喷涂剂 40 μm 以上厚度，烘干也不起皱。

4. 治理方法

1）缺陷轻的场合，待漆膜实干后，用水砂纸轻轻将皱纹打磨平整，重喷；

2）缺陷严重者，则铲至底材，重新涂装。

3.3.2　橘皮

1. 现象

在喷涂时涂膜出现类似橘皮、柚子皮那样的皱纹。

2. 原因分析

1）油漆的黏度过高，流平性差，稀释剂选用不当；

2）喷涂技术不良，喷涂距离太远或太近；涂层喷得过厚或过薄；喷涂气压低，出漆量过大和喷具不佳，导致漆料雾化不良；

3）被涂物和空气的温度偏高，喷漆室内风速过大，稀释剂挥发太快；

4）晾干时间缩短。

3. 预防措施

1）选用合适的溶剂，添加流平剂或挥发较慢的高沸点溶剂，确保黏度的正确，以改善油漆的流平性；

2）调整喷涂气压与漆量、喷涂距离走枪速度。选用雾化好的喷枪，使油漆达到良好的雾化；

3）喷涂到规定厚度（宜控制到不流挂的限度），适当延长晾干时间，不宜过早进入高温烘干；

4）被涂物温度冷却到 50 ℃以下，喷涂室内气温应维持在 20 ℃左右。

4. 治理方法

对于有橘皮弊病的涂层，待面漆完全干固后，可用水砂纸将凸起部分磨平，凹陷部分再抹腻子，磨砂纸，找补油漆待干后，再满涂一遍漆。

3.3.3　发笑

1. 现象

涂料在被涂物表面收缩，成锯点齿、圆珠、针孔等形状，如水洒在蜡纸上一样，甚至斑斑点点露出底层。

2. 原因分析

1）底层涂料内有不干性稀释剂，如煤油、柴油，干燥后未及挥发就涂面漆；

2）底层有油污、蜡、潮气，影响了漆膜的附着力，漆膜的表面张力使漆膜收缩“发笑”；

3）涂料中使用的干性油过稠，或涂层太薄或溶剂选用不当，挥发过快，涂层来不及流平；

4）底层漆太光滑，使与面层的附着力小于面层涂料的表面张力而产生收缩；

5）涂料黏度小，或颜料的润湿性差，或掺入了过多的有机硅油，都不易形成一层均匀的膜层，极易发生收缩。

3. 预防措施

1）稀释涂料黏度要适中，选用挥发性较慢的溶剂。

2）选用润湿性强的涂料，避免用纯酚醛树脂漆。

3）尽量不在寒冷、潮湿、烟熏的环境下施工。

4）认真进行基层处理。施涂层不得有油污，蜡纸、潮气等。如基层太光滑时，可用肥皂水、酒精或溶剂擦一遍或用细砂纸打磨后再涂面漆。

5）对双组分或多组分的涂料要搅拌均匀后才能施工。硅油掺量要适当。使用没有油和水的压缩空气进行喷涂。

4. 治理方法

1）在涂装过程中或刚涂装完不久发现有“发笑”现象，应立即停刷，并用汽油或松香水擦净物面，用布包石灰粉或滑石粉拍擦物面，再清扫干净或刷 1～2 遍漆片封闭。

2）对收缩不严重的可在施涂时反复理顺；收缩严重的要全部干透后，打磨平整再重新施涂。

3.3.4　鼓泡

1. 现象

在漆膜与基层或面层与底层之间局部失去附着力，在漆膜干透后，出现大小不一的鼓泡，如图 3-3-1 所示。

图 3-3-1　鼓泡

2. 原因分析

1）基层处理不合要求，如基层含水率较高，抹灰面内有潮气、碱或硝质，金属表面凹陷处积聚潮气或包含铁锈等，导致漆膜附着不良，在高温、日晒等条件下，蒸发、挥发而鼓泡；

2）耐水性低的涂料用于浸水物体的涂饰，或底漆不干就涂面漆，油性腻子不干就进行下道工序等，都会导致下层干燥气体挥发而又不能排出，遇到上层漆膜的封闭而鼓泡；

3）在油性调和漆、磁漆表面再施涂强溶剂的涂料或硝基纤维素漆，底层膨胀而产生气泡；

4）喷涂时，压缩空气中含有的水蒸气与涂料混在一起，或涂刷的漆黏度太大，空气随漆刷夹带进入涂层，又不能随着溶剂一起挥发而产生气泡。

3. 预防措施

1）认真进行基层处理。在含水率高的木材、混凝土、水泥砂浆等基层上不得涂刷油漆。在金属表面刷漆必须把铁锈和污物清除干净。木材的节疤、松脂囊应作处理并用漆片封闭方可施涂。

2）在潮湿或经常接触水的部位应选用耐水涂料。

3）严格按规范操作。下层的油性腻子不干透、底漆不干透或有水，不得进行下道涂刷。

4）涂料的黏度不宜太大，一次涂刷不宜过厚，喷涂使用的压缩空气要过滤，防止潮气进入漆膜中。

4. 治理方法

1）对鼓泡轻微的，可待漆膜干透后，用水砂纸打磨平整，再补面漆。

2）对鼓泡严重的，则应将其铲除，使基层干透，针对起泡原因进行处理，再涂面漆。

3.3.5　针孔

1. 现象

针状小孔或像皮革的毛孔那样的小孔，孔的直径为 100 μm 左右，它不仅在表面有凹坑，且深达底层，如图 3-3-2 所示。

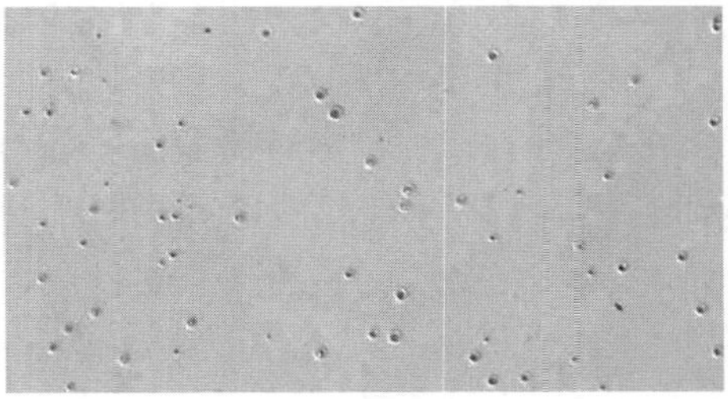

图 3-3-2　针孔

2. 原因分析

1）油漆的流动性不良，流平行差，释放气泡性差。尤其色漆喷涂在有粗膜现象的底漆或面漆层上。

2）被涂物面有小孔。喷涂后晾干不充分，烘干升温过急，表面干燥过快。

3）涂刮腻子技术不良，在喷涂前腻子层又未能封固隔绝。

4）被涂物温度过高或被涂物面有污染（如焊药等）。

5）油漆中混入异物。

3. 预防措施

1）避免底漆或第一道面漆的干喷，确定正确的喷涂黏度与喷涂气压；

2）彻底整平被涂物面，以去除所有已呈现之针孔，注意被涂物的温度；

3）正确掌握刮涂技术；

4）喷涂后按规范晾干，烘干时升温不应过急，添加挥发慢的溶剂表干减慢。

防止异物混入油漆中。

4. 治理方法

1）用湿或干式打磨漆膜至能确实消除针孔的深度再重喷，或除去受损漆面露出底材后重喷，切不可试图以整平底漆连续干喷的方法来填补针孔；

2）腻子层经打磨后显露的针孔，以刮刀与被涂平面成 90°角涂一薄层腻子，这样可确保使腻子能压填入孔中，且不致因移动而被拖出；

3）如针孔成为喷涂现场之常见问题时，应检查并调整各项有助表面快速干燥之因素（油漆的黏度、稀释剂的种类、环境气温及空气流量）。

3.3.6　开裂

1. 现象

在涂装过程中或刚涂装完不久，漆面上产生裂纹现象称为开裂、裂痕，如图 3-3-3 所示。

2. 原因分析

1）在软而有弹性的涂层上涂刷稠度大的油漆；

2）在底层油漆干燥前即涂饰上一层油漆；施工温度太低，回暖后开裂；

3）干燥剂掺量过多；

4）漆膜上沾有糨糊或胶水。

3. 预防措施

1）正确选择油漆品种；

2）达到规定的干燥时间后，再涂饰一层油漆；低于 5 ℃时停工；

3）干燥剂应掺得适量；

4）漆膜上沾有的糨糊或胶水应立即除去。

4. 治理方法

在裂纹干燥过程中，待漆膜干固后打磨到裂纹的深度或铲除细小裂痕，尤其是丙烯酸喷漆，通常可予修正，以细的砂纸打磨并抛光。

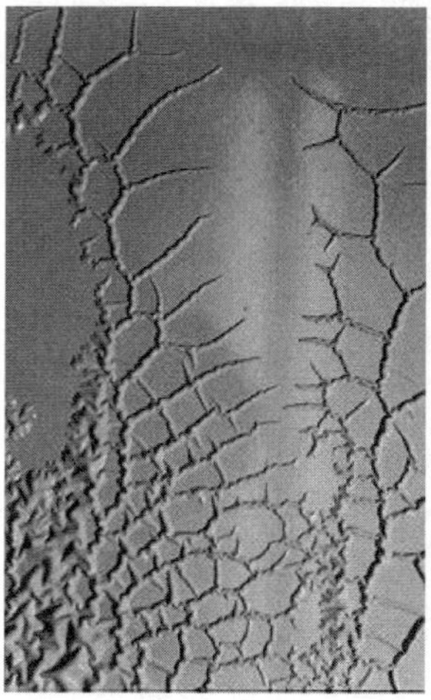

图 3-3-3　开裂

3.4　油漆附着力不足

1. 现象

涂膜脱落、涂膜开裂后失去应有的粘附力，以致分成小片或整张揭皮脱落，如图 3-4-1 所示。

2. 原因分析

1）基层处理不当，表面有油垢、锈垢、水汽、灰尘或打磨污物等；

2）被涂表面过于光滑；

3）所选用底漆与底材或旧漆面不配套，底漆层未干固透；

4）稀释剂的品质不佳(溶解能力差)；

5）油漆配套不适当；

6）喷涂中涂层时天气潮湿，稀释剂挥发太快或者底漆层涂层准备好后在潮湿环境中过夜，在中涂漆面形成看不清的水膜，未干燥立刻喷涂面漆；

图 3-4-1　油漆附着力不足

7）金属底色漆喷涂后放置时间过长(超过漆厂推荐许可的时间)，喷涂清漆，罩光层与底层间附着力变差。

3. 预防措施

1）在喷漆前确保被涂表面彻底清洁；

2）如被涂面较光滑，适当地进行打磨(尤其旧漆层应打磨，以提高涂层的附着力)；

3）选用配套性好的油漆，注意底层涂料和面层涂料的配套，应选用附着力和润湿性较好的底层涂料；

4）使用合格的稀释剂，以正确的黏度喷涂；

5）基层应当干燥，后再涂刷涂料，烘干水分后，再喷涂面喷；

6）喷面漆前底漆层应干透或按漆厂推荐的期限内喷涂下道底漆(或面漆)。

4. 治理方法

严重的剥落，铲除到露底材后重新进行涂装。

3.5 PID159 系统玻璃布接缝处高差

1. 现象

PID159 系统玻璃布铺设时在接缝处出现高低不平现象。

2. 原因分析

1）玻璃布铺设时未事先计划好铺设顺序、每块玻璃布的尺寸、重叠位置、起始点等；

2）每块玻璃布之间接缝出现空隙、不严密；

3）玻璃布接缝处重叠折皱。

3. 预防措施

1）在施工之前，确定玻璃布铺设顺序、每块玻璃布的尺寸、重叠位置、起始点；

2）用铅笔在做好标记并画出每块位置的参考线，按此比例将玻璃布切割成块；

3）依照参考线铺上第一块玻璃布，用特制滚筒逐步挤压玻璃布使其排出空气，彻底浸透；

4）在玻璃布接缝处重叠部分，用滚筒来回滚压至重叠部分浸透平整。

4. 治理方法

玻璃布接缝处高差待干透后，用水砂纸打磨平整，再补面漆。

附　录

表 3-5-1　色漆涂饰质量和检验方法

项次	项　目	普通涂饰	高级涂饰	检验方法
1	颜色	均匀一致	均匀一致	观察
2	光泽、光滑	光泽基本均匀光滑无档手感	光泽均匀一致光滑	观察、手摸检查
3	刷纹	刷纹通顺	无刷纹	观察
4	裹棱、流坠、皱皮	明显处不允许	不允许	观察
5	装饰线、分色线直线度允许偏差/mm	2	1	拉 5 m 线，不足 5 m 拉通线，用钢尺检查

注：无光色漆不检查光泽。

表 3-5-2　清漆涂饰质量和检验方法

项次	项目	普通涂饰	高级涂饰	检验方法
1	颜色	基本一致	均匀一致	观察
2	光泽、光滑	光泽基本均匀光滑无挡手感	光泽均匀一致光滑	观察、手摸检查
3	刷纹	刷纹通顺	无刷纹	观察
4	裹棱、流坠、皱皮	明显处不允许	不允许	观察
5	木纹	针眼刮平、木纹清楚	针眼刮平、木纹清楚	观察

4 门窗工程

4.1 门窗洞口过大或过小

1. 现象

土建标准中对门洞设计要求公差值为（＋25.4 mm，－6.4 mm）。由于门有制造公差要求（±2 mm/±3 mm），若门根据现场实际（比设计尺寸偏小的情况）的尺寸安装，则造成门的最小净通尺寸不符合要求。

2. 原因分析

1）土建标准允许公差与门安装标准允许公差要求不一致，门安装标准要求更高（如图 4-1-1 及图 4-1-2 所示）；

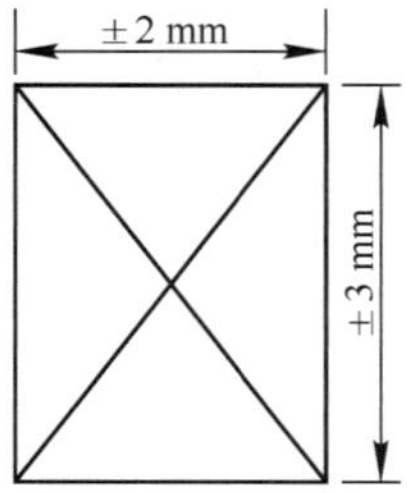

图 4-1-1　门框制作允许偏差

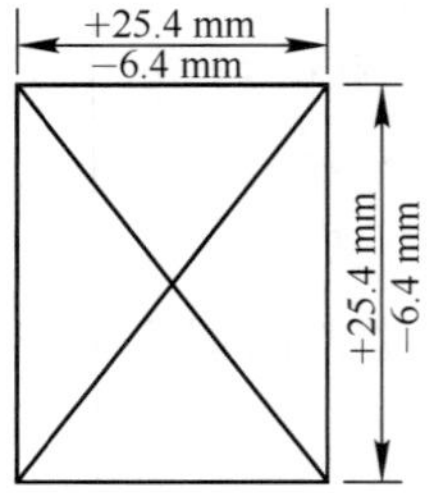

图 4-1-2　土建标准门洞允许偏差

2）前期结构施工中存在的细部尺寸精度控制不够严格；

3）混凝土浇筑过程中，门窗洞口处的模板受冲击过大，发生位移。

3. 预防措施

1）安装前对门窗扇进行检查，翘曲超过 2 mm 的经处置后才能使用；

2）安排核对已成型的门洞尺寸，超差的门洞口尽快处理；

3）为保证门的净通尺寸，门洞尺寸在保证尽可能精确、满足设计尺寸的前提下，宜大不宜小，不宜取负误差值。即施工时，洞口的模板尺寸取正误差值，使洞口的实际尺寸得正误差值。

4. 治理方法

门洞的尺寸偏差是按照现场门框安装实际尺寸来处理，当门洞与门框之间的缝隙小于 6 mm 时，门洞需用磨光机打磨；大于 150 mm 时，门洞采用抹灰修补。当门洞与门框之间的缝隙为 6～150 mm 时，采用密封胶封堵。

4.2 门窗翘曲变形

1. 现象

在装饰装修工程中经常会出现门窗扇立面以及制作的家具门扇立面不在同一平面上的现象。框、扇料弯曲变形，关闭不严密，或者扇与框摩擦和卡住。

2. 原因分析

1）木材含水率超过了规定数值。当木材发生干缩时，就会发生变形，门框也随着变形；

2）制品拼装成形后没有及时刷底油，安装门窗扇后又没有及时油漆，遭到日晒、雨淋、风吹，再次发生膨胀干缩而变形；

3）制作用的木材中有易变形的阴面部分木材；

4）门窗扇过高、过宽，而选用的木材断面又小，刚度不足，遇到木材稍有膨胀干缩，就会产生变形；

5）制作质量低劣。如刨料不方正、打眼偏斜、开榫不平整、榫肩不方（榫肩和榫头的平直不垂直），拼装时台面不平等都会引起门窗扇的翘曲变形；

6）在进行粘贴、冷压制作时，摆放得不平。

3. 预防措施

1）要选用含水率达到规定数值的干燥木材制作门窗扇；

2）在选料和配料时，将易变形的阴面部分木材剔除不用；

3）设计较高、较宽的门窗扇，应适当加大断面，以防止木材稍有干缩就发生翘曲变形；

4）提高门窗扇的制作质量。打眼方正，两侧要平整；开榫要平衡，榫肩方正；要拼一扇检查一扇，发现有扭歪情况，应在加楔子时适当纠正；

门窗扇拼装成形后重叠堆放时，应使地面支承点在一个平面上，以免发生翘曲变形；

5）安装门窗扇前，表面应先涂上底油；安装后，应及时涂刷油漆。

4. 治理方法

1）如发现钢门窗变形，可根据变形情况进行调直处理；

2）如钢门窗框或窗扇的梃子、棂子发生局部弯曲变形，可适当加热烘烤，进行局部校正；

3）门窗框拼装好后发生变形，对弓形反翘、边弯的木材可烘烤凸面使其平直；

4）将变形严重的框料取下，重新换上好料；

5）调整合页在框立梃上的横向位置，使扇上销或插销的一边与框平齐；

6）扇与框过紧部分进行修刨；

7）用门锁或插销对翘曲门扇进行校正。

4.3　门窗开启受阻

1. 现象

门窗经过一段时间使用后，会出现推拉不灵活或开启受阻，甚至会出现推拉不动或开启失效的情况。

2. 原因分析

1）制作工艺粗糙，窗框与窗扇的配合尺寸欠妥，窗扇制作尺寸偏大；

2）因温度变化、建筑物沉降或者受震动挤压而变形，导致窗扇开启受阻；

3）选用的五金不配套，螺钉安装不平直；

4）安装质量差，超出允许偏差甚多，又未及时调整；

5）针对铝合金门窗，滑轮质量低劣，椭圆度超差，耐久性不好；选用的滑轮与窗扇构造不配套，偏大或者偏小，滑轮脱出轨道。

3. 预防措施

1）提高操作人员的技术水平，精确计算门窗框扇构造的下料尺寸，准确进行窗框扇的下料和制作，使用框扇尺寸配合良好；

2）在窗框四周与洞口墙体的缝隙间采用柔性连接，以防窗框受挤压变形。

3）选用配套的五金，并注意保养，防止生锈腐蚀；

4）窗框及窗洞均要画出中线，窗框装入洞口时要中线对齐。框角作临时固定，仔细调整窗框的垂直度、水平度及直角度，误差应在允许偏差范围内；

5）针对铝合金门窗，选用符合设计规定厚度的铝型材，防止因型材厚度过薄而产生变形；选用质量好，而且与窗扇配套的滑轮；

6）做好成品保护及平时的使用保养，防止外力冲击，不得悬挂重物，致使门窗变形。使用时要轻开轻关，延长其使用寿命。

4. 治理方法

1）如果窗扇尺寸偏大或铝合金窗框有较大变形，可将窗扇卸下，重新改造到合适的尺寸；

2）如果因为滑轮质量低劣，而且窗扇不配套，可将窗扇卸下，换上配套的优质滑轮。

4.4 门窗走扇

1. 现象

就是自然变形使门或窗关闭不严的意思。

2. 原因分析

1）因掩扇时缝隙留的过小，受潮后，使之开关困难；或缝隙过大，口扇不密封，透风，加之合页安装不好，使门窗开启后不能固定而有走扇现象；

2）因门窗本身收缩变小出现“走扇”不得不在门边上钉些木板橡胶皮或按上图钉，既不美观又因局部摩擦而再次出现走扇。

3. 预防措施

1）施工单位严把材料进货关，主要原材料必须有厂合格证和检验报告，合格后方可安装；门窗安装要符合安装工序，随时检查和调整每工序的安装质量；

2）门窗框装好后必须垂直无误，才可以安装窗及门的扇活；

3）正确选用合页及安装用的螺钉；

4）安装门窗时掌握好缝隙的大小应符合规范要求，门窗扇对口缝，扇和框间的留缝宽度1.5～2.5 mm框与扇上缝留置宽度1～1.5 mm窗扇与下坎留缝2～3 mm；

5）检查合页轴应在同一直线上以保持扇的灵活，不走扇；

6）门窗扇入框前应检查对角线及平整度偏差；

7）做好成品保护及平时的使用保养，防止外力冲击，不得悬挂重物，致使门窗变形。使用时要轻开轻关，延长其使用寿命。

4. 治理方法

将门窗关上后，如缝隙不超过3 mm，只需将固定门窗折页上的每个螺丝钉用螺丝刀倒1～2下即可；如缝隙超过3 mm，可将固定拆页的螺丝钉全部倒出，然后按折页的部位垫上同缝隙等厚的小三合板重新上好折页即可；若阴雨天门窗涨满关不上时，可将倒出的螺丝钉重新上紧，门就关上了。

4.5 门五金安装不合要求

1. 现象

1）合页安装不符合要求；

2）拉手位置不一致；

3）木螺钉松动、倾斜；

4）门窗五金配件损坏：五金配件固定不牢固，松动脱落，滑轮滑撑铰链等损坏，启闭不灵活；

5）门窗小五金安装位置不适宜，槽边不齐整，小五金不齐全；

6）塑料门窗安装五金配件时，没有在相应位置的型材内设置金属衬板。

2. 原因分析

1）五金配件选择不当，质量低劣；紧固时未设金属衬板，没有足够的安装强度；

2）安装合页划线高低不一致，安装位置不适宜；

3）塑料型材是中空多腔型的，壁厚较薄，材质较脆，五金件安装时，不设置金属衬板，螺钉拧入薄壁塑料上，易造成松动、断裂，无法保证五金配件的安装强度。

3. 预防措施

1）合页位置距门窗上下端取立梃高度 1/10，并避开榫头。安装合页时，必须按画好的合页位置线开凿合页槽，槽深比合页厚度大 2 mm。安装合页时应根据合页规定选用合适木螺钉；

2）拉手位置规定应设在门窗扇的中线下。同一樘窗、同一间房、同一单元，拉手位置应一致；

3）严格按五金表配备木螺钉，遵守操作规程，严禁用锤将木螺钉钉入，可先打入 1/3 深度后再拧入；

4）选用五金配件的型号、规格和性能符合国家标准有关规定，并与选用的塑料门窗相匹配；

5）对宽度超过 1 m 的推拉窗或安装双层玻璃的门窗。设置双滑轮过滚动滑轮；

6）用紧固螺丝安装五金件，必须内设金属衬板，衬板厚度至少应大于紧固件牙距的两倍。不得紧固在塑料型材上，不得采用非金属内衬；

7）滑撑铰链不得采用铝合金材料，采用不锈钢材料；

8）五金配件应最后安装，门窗锁、拉手等应在窗门扇入框后再组装，保证位置正确，开关灵活；

9）五金件安装后要注意保养，防止生锈腐蚀；

10）合页槽应划线剔凿并高低一致，使合页能严丝合缝的嵌入槽内，槽底面应铲平，深浅一致；

11）门锁位置一般宜高出地面 90～95 cm，不宜安装在中冒头和立梃结合处，在胶合板门、纤维板门上装锁时，必须安装在内层骨架的垫木板上；

12）上下插销应安装在梃宽中间，暗插销应在外梃上剔凿；

13）塑料门窗安装五金配件时，应在相应位置的型材内设置金属衬板，衬板应做防腐处理。衬板厚度至少应大于紧固件螺纹间距的 2 倍，一般以 3 mm 为宜。衬板不得采用木材等非金属材料。

4. 治理方法

1）损坏的五金及时更换；

2）松动的五金件及时固定，有生锈腐蚀现象，及时打磨、上油。

5　抹灰工程

5.1　墙体与门窗框交接处抹灰层空鼓、裂缝、脱落

1. 现象

门窗框两侧墙面出现抹灰层空鼓、裂缝或脱落。

2. 原因分析

基层处理不当；预埋木砖（混凝土块）位置、方法不当或数量不足；砂浆品种选择不当。

3. 预防措施

1）木砖数量及位置应适当。木砖应做成燕尾式，并做防腐处理，埋设于“丁”砖层；

2）抹灰前用水洇墙面时，门窗口两侧的小面墙洇水程度应与大面墙相同，且此处为通风口，抹灰时还应当洇水；

3）门窗框塞缝应作为一道工序由专人负责。木门窗框和墙体之间的缝隙应用水泥砂浆全部塞实并养护，待达到一定强度后再进行抹灰；

4）门窗口两侧阳角必须抹出不小于 50 mm 宽，高度不低于 2 m 的水泥砂浆护角。

4. 治理方法

1）将空鼓裂缝范围内的抹灰铲除并清理干净，在其四周向里铲出 15°的斜角。当基体为砖砌体时，应刮掉砖缝 10～15 mm 深，使新灰能嵌入缝内，与砖墙结合牢固；

2）门洞每侧墙体内预埋木砖不少于 3 块，预埋位置正确，木砖尺寸与砖相同，并经过防腐处理；

3）门窗框塞缝宜采用混合砂浆，砂浆不宜太稀，塞缝前先浇水湿润，缝隙过大时应分层多次填塞；

4）不同基层材料交汇处宜铺钉钢筋网，每边搭接长度应大于 100 mm。

5.2　砌体墙、现浇墙基层抹灰空鼓、裂缝

1. 现象

墙抹灰后过一段时间，往往在不同基层墙面交接处，基层平整度偏差较大的部位，墙裙、踢脚板上口，以及线盒周围、砖混结构顶层两头、圈梁与砖砌体相交等处出现空鼓、裂缝情况。

2. 原因分析

1）基层清理不干净或处理不当；

2）墙面浇水不透，抹灰后砂浆中的水分很快被基层（或底灰）吸收，影响粘结力。基层偏差较大，一次抹灰层过厚，收缩率较大；

3）配制砂浆和原材料质量不符合要求，使用不当。

3. 预防措施

1）抹灰前的基层处理是确保抹灰质量的关键之一，必须认真做好；混凝土、砖石基层表面砂浆残渣污垢、隔离剂油污、析盐、泛碱等，均应清除干净。

2）墙面脚手孔洞须先用同品种砖加水泥砂浆堵塞严密；水暖、通风管道通过的墙洞和剔墙管槽，必须堵严抹平。

3）不同基层材料如木基层与砖面、混凝土基层相接处，应铺钉金属网，搭接宽度应从相接处起，两边均不小于 100 mm。

4）抹灰前墙面应浇水。基层墙面浇水程度还与施工季节、气候和室内外操作环境有关，应根据实际情况酌情掌握。

5）确保抹灰厚度基本一致。中层抹灰必须分若干次抹平。

6）抹灰用的砂浆必须具有良好的和易性，并具有一定的粘结强度。

7）抹灰用的原材料和使用砂浆应符合质量要求。墙面抹灰底层砂浆与中层砂浆配合比应基本相同。严禁用素水泥浆挂面。

8）加强抹灰中各层之间的检查与验收，发现空鼓、裂缝应及时铲除并修补，不要等到面层施工后再进行验收。

4. 治理方法

1）将空鼓裂缝范围内的抹灰铲除并清理干净，在其四周向里铲出15°的斜角。当基体为砖砌体时，应刮掉砖缝10～15 mm深，使新灰能嵌入缝内，与砖墙结合牢固。

2）基体表面（含四周铲口）晒水湿润，要求洒足而均匀，但也不要过量。

3）按原抹灰层的分层厚度分层补抹底灰。

4）待第二遍抹灰层干到六七成时抹罩面层，罩面层应与原抹灰层相平，并再接缝处压实抹光。

5.3　轻质隔墙板抹灰空鼓、裂缝

1. 现象

轻质隔墙板是以水泥砂浆、珍珠岩等为基料，以玻璃纤维做增强材料的一种复合板材，适用于建筑物内高度不大于3 m的非重隔墙使用，是一种较理想的施工材料。但由于某些原因，在墙面抹灰经过一段时间后，沿板缝处产生纵向裂缝，条板与地面或顶板之间产生横向裂缝，墙面产生不规则裂缝或空鼓。

2. 原因分析

基层处理不当，没有根据板材的特性采用合理的抹灰材料及合理的操作方法；条板安装时，板缝间的粘结砂浆挤压不严，砂浆不饱满，粘结不当；墙面较高较薄造成刚度较差，条板平面接缝处未留出凹槽，无法进行加固补强处理；条板端头不方正，与顶板粘结不牢；条板下端头做在光滑的地面面层上，仅一侧背木楔，填塞的细石混凝土坍落度过大。

3. 预防措施

1）条板根据需要长度定货进厂，验收合格后将板两端头用刨子找平、找方，长度宜比结构净空高度小15～20 mm；

2）条板宜同结构相交，应在地面、墙面及顶棚抹灰前安装，并将同板发生接触的墙、地、顶及板对接口处的浮灰清理干净，并提前2 d浇水润湿；

3）配制的胶泥除按规定的配合比外，应加入YH-2防裂剂5%或UEA膨胀抗裂剂8%（均为水泥质量的百分比），拌合均匀成黏稠膏状，注意应在2 h内使用完毕；

4）安装时将配制好的胶泥满抹灰顶及板侧凹槽内，板立起后，挤紧板凹凸槽面，板间缝隙5 mm左右。用撬棍将板顶同墙面和顶棚粘压牢固，要板下两侧1/3处用木楔（或钢楔）背紧，并将挤出胶泥刮净；

5）板下空隙用1∶2干硬性砂浆（空隙大于20 mm时用C20细石混凝土）填嵌并捣实，加强养护，其强度达10 MPa时撤出木楔（钢楔不再撤出）并堵孔。同时在安装好的板缝处刮成深3 mm、宽60 mm的凹槽，槽内满刮胶（根据原板材要求用胶），将玻纤网格带（宽50 mm）贴平、压实，再满刮胶一遍。充分干燥后，将胶泥腻子分两次将凹槽处刮成与表面相平，此法可解决板间的纵向裂缝；

6）墙面抹灰前应用钢丝刷将墙体表面浮灰、松散颗粒清扫干净，并将墙面浇水润湿。轻质隔墙板上抹灰不应直接抹强度较高的水泥砂浆。抹石灰砂浆时，应先刷108胶水溶液（108胶∶水＝1∶3～4）一道；抹混合砂浆时，应先刷108胶素水泥浆（108胶掺量为水泥重的10%～15%），紧跟着抹底层砂浆。需要做水泥砂浆墙面的，应先刷108胶素水泥浆两道（增强墙面防水效果），底层砂浆以 1∶3∶9 或 1∶1∶6 混合砂浆为宜，中层用 1∶0.3∶3 混合砂浆，面层抹水泥砂浆或粘贴面砖。

4. 治理方法

条板之间的纵向裂缝，可将裂缝处抹灰铲除，清理打磨干净。将板缝处用板材所需的胶结材料将玻纤网格带贴平、压实，刷胶后，重新抹灰。

5.4 地面抹灰空鼓、裂缝

1. 现象

地面空鼓多发生于面层和垫层之间，或垫层与基层之间，用小锤敲击有空鼓声，使用一段时间后容易开裂。

2. 原因分析

1）垫层（或基层）表面清理不干净，有浮灰、浆膜或其他污物，特别是室内粉刷的白灰砂浆沾污在楼板上，严重影响垫层与面层的结合；

2）面层施工时，垫层或基层表面不浇水湿润或浇水不足，致使砂浆失水过快，强度不够，面层与垫层粘结不牢；

3）垫层或基层表面积水，在铺设面层后，积水部分水灰比突然增大，影响面层与垫层之间的粘结而形成空鼓；

4）为增强面层与垫层之间粘结力，涂刷水泥浆结合层操作不符合要求，如刷浆过早或扫浆法不均匀等；

5）垫层材料质量不符合要求。

3. 预防措施

1）严格处理底层（垫层或基层），认真清理表面的浮灰、浆膜以及其他污物，并冲洗干净。如底层表面过于光滑则需凿毛。控制基层平整度，以保证面层厚度均匀，防止厚薄悬殊，造成凝结硬化时收缩不均而产生裂缝、空鼓。面层施工前 1～2 d，应对基层认真进行浇水湿润，使基层具有清洁、湿润、粗糙的表面。

2）做好结合层施工。用水灰比为 0.4～0.5 的素水泥浆均匀涂刷结合层，刷素水泥浆就应与铺设面层紧密配合，做到随刷随铺，如在铺设面层之前水泥浆已风干硬结，则要铲除后重新涂刷。在水泥炉渣或水泥石灰炉渣垫层上涂刷结合层时，宜加砂子，其配合比可为水泥∶砂子＝1∶1（体积比）。刷浆前应将表面松动的颗粒扫除干净。

3）地面做法要符合施工规范要求，回填用土要符合设计规范要求，要分层夯实，保证垫层施工质量。基层铺设的材料质量、密实度和强度等级要符合设计和规范要求。施工前应修整基层、铲除灰疤，清扫干净后用水冲洗晾干。铺抹时先在基层均匀扫水泥素浆一遍，随扫随铺砂浆，用通长木杠压实搓平，防止楼（地）面出现空鼓、裂缝，再用木抹子由边及中，由内及外反复压实搓平，使砂浆与基层密实，搓平后分 3 遍压光，整体面层铺设后养护时间不应少于 7 d，抗压强度达到设计要求后，方可正常使用。

4. 治理方法

1）切割剔除：对现场需维修的空鼓、裂缝处进行画圈标记确认，并用中、小型切割机把空鼓处原水泥砂浆块切割、剔除，并清理干净；对现场单裂缝（不空鼓）超 2.5 mm 宽的，将裂缝清理干净，并用水泥胶浆刮缝；

2）基层清理：先将基层剔除的原砂浆块垃圾、灰尘扫掉并装袋运走，用钢丝刷和錾子刷净、剔掉灰浆皮和灰渣层，用10%的火碱水溶液刷掉基层上的油污，并用清水及时将碱液冲净；

3）洒水湿润：提前用喷壶（严禁用水管）将所维修处地面基层均匀喷洒一遍。但应注意水分控制不宜浸泡地面，以免造成渗漏，把楼下的夹层电气层内管线设备泡坏；

4）抹灰饼和标筋（或称冲筋）：如现场局部空鼓面积较大，超过 3 m^2 一处的，需根据房间内四周不需维修的现有地面，确定面层抹灰厚度（不应小于 20 mm），然后拉水平线开始抹灰饼（5 cm×5 cm）横竖间距为 1.5～2.00 m，灰饼上平面即为地面面层标高。如果维修面积单处超 10 m^2 的，为保证整体面层平整度，还须抹标筋（或称冲筋），将水泥砂浆铺在灰饼之间，宽度与灰饼相同，用木抹子拍抹成与灰饼上表面相平一致；

5）搅拌砂浆：水泥砂浆的体积比宜为 1∶2（水泥∶砂），其稠度不应大于 35 mm，强度等级不应小于 M15。为了控制加水量，应使用搅拌机搅拌均匀，颜色一致；

6）刷水泥浆结合层：在铺设水泥砂浆之前；应涂刷水泥加胶浆一层，其水灰比为 0.4～0.5（涂刷之前要将抹灰饼的余灰清扫干净，再洒水湿润），不要涂刷面积过大，随刷随铺面层砂浆；

7）铺水泥砂浆面层：涂刷水泥浆之后紧跟着铺水泥砂浆，在灰饼之间（或标筋之间）将砂浆铺均匀，然后用木刮杠按灰饼（或标筋）高度刮平。铺砂浆时如果灰饼（或标筋）已硬化，木刮杠刮平后，同时将利用过的灰饼（或标筋）敲掉，并用砂浆填平；

8）木抹子搓平：木刮杠刮平后，立即用木抹子搓平，从内向外退着操作，并随时用 2 m 靠尺检查其平整度；

9）当设计要求需要压光时，采用铁抹子压光；

10）养护：地面压光完工后 24 h，铺塑料膜、锯末或其他材料覆盖洒水养护，保持湿润，养护的时间不少于 7 d 当抗压强度达 5 MPa 才能上人。

5.5　外墙抹灰空鼓、裂缝

1. 现象

外墙用水泥砂浆抹灰后有的部位出现空鼓、裂缝严重的会有脱落现象发生。

2. 原因分析

1）底层与基层未处理，或处理不认真，清理不干净，或抹灰面未浇水，浇水量不足、不均匀；

2）抹灰层表面过分光滑，又未采取技术措施处理。抹灰层之间的材料强度差异过大；

3）抹灰材质不符合要求，主要是水泥强度或安定性差，砂子含粉尘，含泥量过大或砂粒径过细；

4）一次抹灰太厚或各层抹灰间隔时间太短，或表面撒干水泥等而引起收缩裂缝；

5）基层由两种以上的材料组合的拼接部位处理不当或温差而引起裂缝。

3. 预防措施

1）墙面的脚手孔洞、框架结构中梁与砌体交接处的缝隙必须作为一道工序，由专人负责堵孔和勾缝工作；

2）抹灰前应将基层表面清扫干净；

3）从上到下进行抹灰打底，并进行一次质量验收，合格后再进行罩面，不允许分段打底随后进行罩面施工；

4）表面光滑的混凝土和加气混凝土墙面，抹灰前应先刷一道 108 胶素水泥浆粘结层，增加粘结力，避免空鼓和裂缝；

5）室外水泥砂浆抹灰一般面积均较大，为了不显接茬，防止抹灰砂浆收缩开裂应设分格缝；

冬期室外抹灰，砂浆的使用温度不宜低于 5 ℃。

4. 治理方法

1）墙面抹灰层空鼓开裂处理：当抹灰施工后发生空鼓时，抹灰空鼓处只能作返工处理。具体方法为：先将空鼓部分凿去，四周凿成方块形，并凿进结合良好处 30～50 mm，边缘凿成斜坡形，用钢丝刷刷掉墙面松散灰皮处理时，水泥采用硅酸盐水泥，严禁混用不同品种、不同强度等级的水泥，砂采用中、粗砂，过 8 mm 孔径筛子，含泥量不大于 3%。底层表面适当凿毛或毛化，凿好或毛化后，将修补处周围 100 mm 范围内清理干净。修补前 1 d，用水冲洗，使其充分湿润，一天内最好浇水湿润两次。修补时，先在底面及四周刷 801 胶素水泥浆一遍，然后分两次用和原面层相同材料的 1∶2 水泥砂浆填补并槎平。

2）剪力墙、梁、柱与砌体交接处空鼓开裂处理：当剪力墙、梁、柱与砌体交接处空鼓且裂缝过大时，先将开裂处抹灰层凿除，四周凿成方块形，清理基层，将松动、疏松、脱落的砂浆清除干净，在不同材料基体交接处的表面重新粘贴钢 丝网，之后才采用 801 胶素水泥浆的方法对墙面进行毛化处理，待毛化的砂浆终凝后，用水将墙面适当湿润，然后分两次用和原面层相同材料的 1∶2 水泥砂浆填补并槎平。当剪力墙、梁、柱与砌体交接处没有空鼓且出现细小裂缝时，先将裂缝处四周切割成较整齐规则的平面，四周切割边切成向外约 45°的斜口，宽度为沿裂缝两边各扩大 10～15 cm，只凿除面层，清除周围松动的砂浆，并用钢丝刷清理干净，然后用水湿润，然后挂纤维网片，采用素水泥浆修补抹平。

3）线管开槽处出现裂缝处理：当线管开槽处出现裂缝时，由于线槽处裂缝较小，先将裂缝处四周切割成较整齐规则的平面，四周切割边切成向外约 45°的斜口，宽度 2～3 cm，剔除线管周围松动的砂浆，并用钢丝刷清理干净，然后用水湿润，采用抗裂砂浆分两次修补抹平。

5.6 抹灰面不平、阴阳角不垂直、不方正

1. 现象

墙面抹灰后，经质量验收，抹灰面平整度、阴阳角垂直或方正达不到要求。

2. 原因分析

抹灰前没有事先按规矩找方、挂线、做灰饼和冲筋，冲筋用料强度较低或冲筋后过早进行抹面施工；冲筋离阴阳角距离较远，影响了阴阳角的方正。

3. 预防措施

1）抹灰前按规矩找方、横线找平、立线吊直，弹出基准线和墙裙（或踢脚板）线。先用托线板检查墙面平整度和垂直度，决定抹灰厚度。

2）常检查和修正抹灰工具，尤其避免木杠变形后再使用。

3）抹阴阳角时应随时检查角的方正，及时修正。

4）罩面灰施抹前应进行一次质量验收，不合格处必须修正后再进行面层施工。

4. 治理方法

1）抹灰前应在阴阳角处（上部）吊线，以 1.5 m 左右相间做塌饼找方，作为粉阴阳角的“基准点”；附角护角线必须粉成“燕尾形”，其厚度按粉刷要求定，宽度为 50～70 mm，且高度不小于 600 mm；

2）阴阳角抹灰过程中，必须以基准点或护角线为标准，并用阴阳角器做辅助操作；阳角抹灰时，两边墙的抹灰材料应与护角线紧密吻合，但不得将角线覆盖；

3）水泥砂浆粉门窗套，有的可不粉护角线，直接在两边靠直尺找方，但要在砂浆初凝前运用

转角抹面的手法，并用阳角器抽光，以预防阳角线不吻合；

4）平顶粉刷前，应根据弹在墙上的基准线，往上引出平顶四个角的水平基准点，然后拉通线，弹出平顶水平线；以此为标准，对凸出部分应凿掉，对凹进部分应用 1∶3 水泥砂浆（内掺 108 胶）先刮平，使平顶大面大致平整，阴角通顺。

5.7　建筑物外表面起霜

1. 现象

在墙面抹灰后过一段时间，往往在墙体表面会析出一些白色或絮状物质。

2. 原因分析

水泥在水化过程中产生 $Ca(OH)_2$，同空气中的 CO_2 化合成白色粉末状 $CaCO_3$ 析出于墙面。

3. 预防措施

1）拌合砂浆掺一定数量的减水剂，减少砂浆中的游离水，则可以减轻 $Ca(OH)_2$ 游离而渗至表面；

2）拌合砂浆掺一定数量的分散剂，使 $Ca(OH)_2$ 分散均匀，不会形成成片的析白现象；

3）低温季节水化过程慢，可在拌合砂浆中掺加一定数量的促凝剂，以加快硬化减少泌水现象，也就减少了表面的析白现象；

4）选择适宜的外加剂。外加剂应满足《室内装饰装修材料胶粘剂中有害物质限量》（GB 18583）的要求。

4. 治理方法

1）由能溶于水的碱金属盐类组成的白霜，可直接用水冲刷除去；

2）由 $CaCO_3$ 沉淀形成的白霜，无法用水立即洗掉，小面积可用细砂纸磨去，大面积起霜可采用喷砂法，用喷砂机向起霜表面喷射干燥细砂。清水墙或彩色混凝土（或砂浆）表面均可采用这种方法；

3）如上述方法无效，则可采取酸洗法。易起霜的建筑材料都是碱性的，用酸洗法会腐蚀建筑物表面，因此不到万不得已不采用这种方法。酸的浓度应尽量低，一般用草酸或 1∶1 的稀盐酸。清洗前，先将建筑物表面润湿，使其表面孔隙吸水饱和（防止酸液进入孔中，以可溶性盐的形式再产生起霜现象，或渗入内部加速钢筋锈蚀），然后用稀酸清洗。除去白霜后，立即用清水彻底冲洗表面，防止酸液留在表面孔中；

4）处理后最好再用有机硅对表面做憎水处理。

5.8　外墙面污染（雨水、尘土）

1. 现象

雨后外墙出现顺雨水流下方向的水渍和尘土污染的痕迹，有的甚至还会造成墙体的渗漏，使外装饰失去光泽。

2. 原因分析

在窗台、雨篷、阳台、压顶、突出腰线等部位没有做好流水坡度或未做滴水线槽，易发生雨水顺墙流淌，污染墙面；外墙面施工的平整度差或为毛面而易积尘土，雨后（尤其是小雨后）易发生雨水顺墙面流淌，污染墙面。

3. 预防措施

1）外墙装饰线凡突出墙面 60 mm 以内者（如窗套、压顶、腰线等）上面应做流水坡度，下面做滴水线，窗楣部分必须做滴水槽；凡突出 60 mm 以上者（挑檐、雨篷等）上面应做流水坡度，下面做滴水槽，滴水槽必须用木条成形，两端应留出 30 mm 做断水处理；

2）压顶流水坡度方向应指向屋面；

3）外墙窗台抹灰前，窗框下缝隙必须用水泥砂浆填实，防止雨水渗漏；抹灰面应缩进木窗框下 10 mm 左右，慢慢抹出泛水。当为钢、铝合金窗时，窗台处抹灰应低于窗框下 10 mm；

4）室外窗台应低于室内窗台，窗框与窗台交接处除认真做好处理外，应做不小于 5%的外流水坡度，严禁倒坡。

4. 治理方法

治理雨（雪）水污染墙面的方法：

1）为避免雨水污染墙面，在容易造成污染墙面部位必须截住雨水的毛细作用，阻止雨水将污染物带到墙面。有效的办法是做好滴水线（槽）和流水坡度。

2）当前滴水做法存在的通病：在檐口、压顶、雨篷、阳台、窗台、突出腰线、空调隔板等部位，滴水线与滴水槽马虎、粗糙，根本起不到滴水线（槽）的作用；窗台虽按"规范"要求做滴水槽，但其两边缘仍被雨水污染墙面，呈"八"字形雨污挂痕在窗台下面墙面上；窗楣不做滴水线（槽），使雨水污染窗天盘底面，影响美观。

3）改进滴水线、槽做法：窗台要做成两个坡度，一个坡度向外，一个坡度是使窗台两边缘和肩胛向窗台内侧。这种做法也适用于突出墙面的压顶、雨篷、空调隔板等。

4）窗楣滴水：很多建筑工程的窗天盘均不突出墙面，在饰面砖铺贴时漏做滴水线（槽）。所以必须按"规范"要求做滴水线（槽）。

5）阳台栏板：阳台栏板下普遍存在着污染痕迹，影响美观。为避免污染，一般抹灰阳台栏板下可做滴水槽，饰面砖（板）宜做滴水线。

5.9 外墙面分格缝不平、缺棱、错缝

1. 现象

水泥砂浆饰面分格缝不直不平，缝口两边缺棱角或错缝。

2. 原因分析

两条分格条镶接时未吻合或不平直，或分格条变形；分格条制作不规范：厚度不一致、宽度不统一，两侧下部未割角；在嵌条面上的砂浆未及时清除，或取条的时间与方法不当。

3. 预防措施

1）拉通线弹出水平分格线，柱子等侧面要用水平尺引过去，以保平直度；竖向分格缝应统一吊线分块；

2）分格条宜使用变形小的材质；

3）水平分格条一般应粘在水平线下边，竖向分格条一般应粘在垂直线左侧，

以便检查其准确度，防止发生错缝、不平现象。面层压光时将分格条水泥砂浆清刷干净。

4. 治理方法

1）柱子等短向分格缝，对每个柱子要统一找标高，拉通线弹出水平分格线，柱子侧面要用水平尺引过去，保证平整度；窗心墙竖向分层分格缝，几个层段应统一吊线分块；

2）分格条使用前要在水中泡透。水平分格条一般应粘在水平线下边，竖向分格条一般应粘在垂直线左侧，以便于检查其准确度，防止发生错缝、不平现象。分格条两侧抹八字形水泥砂浆固定时，在水平线处应先抹下侧一面，当天抹罩面灰压光后就可起出的分格条，两侧可抹成 45°，

如当时不罩面的，应抹陡一些成 60°坡，待水泥砂浆达到一定强度后才能起出。面层压光时应将分格条上水泥砂浆清刷干净，以免起条时损坏墙面。

附 录

表 5-9-1 一般抹灰的允许偏差和检验方法 单位：mm

序号	项目	允许偏差		检验方法
		普通抹灰	高级抹灰	
1	立面垂直度	4	3	用 2 m 垂直检测尺检查
2	表面平整度	5	3	用 2 m 靠尺和塞尺检查
3	阴阳角方正	4	3	用直角检测尺检查
4	分格条(缝)直线度	4	3	拉 5 m 线，不足 5 m 拉通线，用钢直尺检查
5	墙裙、勒脚上口直线度	4	3	拉 5 m 线，不足 5 m 拉通线，用钢直尺检查

注：1. 普通抹灰，本表第 3 项阴角方正可不检查；
2. 顶棚抹灰，本表第 2 项表面平整度可检查，但应平顺。

6 屋面工程

6.1 屋面找坡不准、排水不畅

1. 现象

屋面找坡施工完成后，屋面坡度不准，局部有积水。

2. 原因分析

找坡施工前未弹控制线，且未做灰饼或灰饼间隔过大。

3. 预防措施

1）施工前技术员对现场施工进行技术交底，充分考虑屋面找坡、排水问题；

2）施工过程中用水准仪控制灰饼标高，质检人员进行过程检查。

4. 治理方法

凿除凸出的部分，用高一标号的水泥浆填压凹下的地方和凿除的毛面部分。

6.2 屋面找平层起砂、起皮

1. 现象

屋面找平层在施工完成后表面起砂、起皮。

2. 原因分析

1）配合比不正确；

2）养护不到位；

3）摸压收面不充分。

3. 预防措施

1）施工前先确定配合比，并将配合比挂牌，贴至砂浆搅拌区域；

2）安全技术交底中明确摸压次数、养护方法、养护周期，质检人员按交底进行巡视检查；

3）尽量避免在高温或严寒的情况下进行找平层施工。

4. 治理方法

剔除起砂起皮部分，用高一标号的水泥砂浆进行修补。

6.3 找平层开裂、空鼓

1. 现象

屋面找平层施工完成后出现开裂、空鼓现象。

2. 原因分析

1）基层清理不干净，施工前未洒水湿润；

2）施工时摸压收面不充分；

3）施工完成后养护不到位，屋面上人过早。

3. 预防措施

1）在进行屋面找平层施工前质检人员对基底的清理及湿润进行验收，合格后才可进行找平层施工；

2）技术交底中对摸压时间、摸压次数进行交底，施工过程中质检人员进行监督；

3）屋面找平层施工完成后在通道处拉警戒绳，在找平层强度未到时不允许上人。

4. 治理方法

用切割机沿裂缝切出“V”形切口，将切口清理干净后用沥青（或其他商定材料）进行修补，空鼓部位剔除后清理干净，再用高一标号水泥砂浆进行修补，修补完后做好养护工作。

6.4 防水卷材开裂

1. 现象

防水卷材施工完成后，局部在短期内出现卷材开裂现象。

2. 原因分析

1）卷材在应力集中、基层变形大、阴阳角、套管、洞口边等部位未铺附加层；

2）卷材质量部符合要求；

3）卷材铺贴前未清理，搭接宽度不符合要求。

3. 预防措施

1）在应力集中、基层变形大的部位，如屋面板拼缝处等，先干铺一层卷材条作为缓冲层，使卷材能适应基层伸缩的变化。在阴阳角、套管、洞口边等部位铺设一层不小于500 mm宽的附加层；

2）选用合格的卷材，腐朽、变质的不能应用于实体工程中；

3）卷材铺贴前，其表面应加以清理，并反卷过来。卷材搭接宽度应符合施工规范的要求。卷材铺贴后，不得有粘结不牢或翘边等缺陷。

4. 治理方法

将开裂卷材切割整齐，周边清理干净后用同材质卷材粘贴修补，粘贴宽度满足要求。

6.5 防水卷材起鼓

1. 现象

防水卷材施工完成后局部出现鼓泡现象。

2. 原因分析

1）卷材施工前找平层未清理干净；

2）卷材施工前找平层含水率过高；

3）在雨天、大雾、大风或风沙天施工。

3. 预防措施

1）找平层应平整、清洁、干燥，冷底子油涂刷均匀；

2）原材料在运输和贮存过程中，应避免水分侵入，尤其是要防止卷材受潮。卷材铺贴应先高后低，先远后近，分区段流水施工，并注意掌握天气预报，连续作业，一气呵成；

3）防水层施工前，应将卷材表面清刷干净；铺贴卷材时，胶结料应涂刷均匀，并认真做好压实工序，以增强卷材防水层与基层的粘结能力；

4）不在雨天、大雾、大风或风沙天施工，防止基层受潮；

5）当屋面基层干燥确有困难，而又急需铺贴卷材时，应采用排气屋面做法。

4. 治理方法

将起鼓的卷材切割整齐，周边清理干净后用同材质卷材粘贴修补，粘贴宽度满足要求。

6.6　防水卷材在转角、立面和卷材接缝处粘接不牢

1. 现象

防水卷材在转角、里面和卷材接缝处粘接不牢。

2. 原因分析

1）转角处未做钝角或圆弧；

2）卷材清理不干净，铺贴卷材是胶结料涂刷不均匀，按压不紧实；

3）在雨天、大雾、大风或风沙天施工。

3. 预防措施

1）转角处应按规定做成钝角或圆弧，垂直面与屋面之间的卷材应分层搭槎；

2）防水层施工前，应将卷材表面清刷干净；铺贴卷材时，胶结料应涂刷均匀，并认真做好压实工序，以增强卷材防水层与基层的粘结能力；

3）不在雨天、大雾、大风或风沙天施工，防止基层受潮。

4. 治理方法

将转角处做成钝角或圆弧后重新铺设卷材，卷材粘贴不牢固的清理干净后重新粘贴。

6.7　防水涂料涂膜粘结不牢

1. 现象

防水涂料涂膜粘结不牢。

2. 原因分析

1）屋面基础不平整，清理不干净；

2）施工前未刷冷底子油；

3）施工时温度过低或过高；

4）施工时基层含水率过高；

5）材料不合格。

3. 预防措施

1）屋面基层必须平整、密实、清洁。局部有高低不平处，应事先修补平整，并清扫干净；

2）施工前刷一道冷底子油；

3）涂料的施工温度以10～30 ℃为宜。不能在负温下施工，以选择晴朗、干燥的天气为佳。涂料施工时，基层含水率宜控制在8%以下，且不允许基层表面有水珠，同时不应在雾天或雨天操作；

4）防水层每道工序之间一般应有12～24 h的间歇，并以24 h为佳。整个防水层施工完后，应至少有一周以上的养护期限（自然干燥）；

5）不得使用已经变质失效的涂料。

4. 治理方法

将粘结不牢的涂料涂膜用刀切除，周边切直，清理完成后刷冷底子油，再用相同材料重新涂刷，新涂刷的涂料涂膜与原涂刷的搭接宽度不小于10 cm。

6.8　防水涂料开裂、脱皮、流淌、鼓包

1. 现象

防水涂料开裂、脱皮、流淌、鼓包。

2. 原因分析

1）防水涂料一次涂刷过厚；

2）两层防水涂料涂刷时下层涂料表面清理不干净；

3）防水涂料施工时基层含水率过高。

3. 预防措施

1）坚持按施工程序施工，待屋面上其他工程全部完工后，再涂刷防水层；

2）防水层施工前必须将基层清理干净，并严格控制基层含水率；

3）薄质涂料的一次成膜厚度为0.2～0.3 mm，并不大于0.5 mm；厚质涂料的一次成膜厚度为1～1.5 mm，并不大于2 mm；

4）防水层施工后一周以内严禁上人。

4. 治理方法

将开裂、脱皮、鼓包的涂料切除，周边切直，清理完成后刷冷底子油，再用相同材料重新涂刷，新涂刷的涂料涂膜与原涂刷的搭接宽度不小于10 cm。

6.9　倒置式屋面防水层破损及渗漏

1. 现象

倒置式屋面防水破损及渗漏。

2. 原因分析

1）防水材料不合格；

2）屋面阴阳角、穿墙管、套管等特殊部位未做加强处理；

3）倒置式屋面保温隔热材料未使用憎水性保温材料；

4）保温层施工前未做蓄水试验。

3. 预防措施

1）选用延伸率大，耐用年限要高于15 a的卷材；

2）屋面阴阳角及有穿墙管等特殊部位需做细部加强处理；

3）倒置式屋面的保温隔热材料采用低吸水率和长期浸水不腐烂的憎水性保温材料；

4）倒置式屋面防水工程完成后，应进行 24 h 蓄水检验，坡屋面应进行持续 3 h 淋水检验，检验合格后方可进行保温工程施工。

4. 治理方法

找到防水层破损部位，清除保护层及保温层，将防水层破损处切除修复，满足搭接要求，再将保温层及保护层修复。

6.10　倒置式屋面含水率过大

1. 现象

倒置式屋面含水率过大。

2. 原因分析

1）卷材施工前未对基层做含水率测试；

2）卷材及保温层施工时天气情况较差；

3）保温材料未使用憎水材料；

3. 预防措施

1）在防水层施工前，需对基层含水率进行检测，基层含水率必须满足设计要求；

2）在防水层和保温层施工时，有雨雪、大风天气禁止施工；

3）保温材料使用憎水性材料。

4. 治理方法

晾晒至含水率合格后进行施工。

6.11　倒置式屋面保护层材料超重

1. 现象

倒置式屋面保护层材料超重。

2. 原因分析

施工前未先进行受力计算。

3. 预防措施

1）在进行保护层施工前必须经受力计算，确保材料不超重；

2）条件允许情况下，应尽量选用轻质材料。

4. 治理方法

换用轻质保温材料。

6.12　倒置式屋面排水不畅

1. 现象

倒置式屋面排水不畅。

2. 原因分析

找坡施工前未弹控制线，且未做灰饼或灰饼间隔过大。

3. 预防措施

1）找平层施工时，在女儿墙周边及套管上弹控制线，在屋面中部做灰饼；

2）若为板块保护层时在板块铺砌前应根据排水坡度挂线以满足排水要求，铺砌的块体应横平竖直，板块的接缝应对齐；

3）若为卵石保护层时宜在卵石下铺设带支点的塑料板排水网，通过空腔层排水；

4）内部排水的水落口周围应做成略低的凹坑。

4. 治理方法

1）若为砌块保护层，将块体调整顺直；

2）若为卵石保护层时宜在卵石下铺设带支点的塑料板排水网，通过空腔层排水；

3）若为钢筋混凝土保护层，在低洼处用钢丝网做抗裂筋，并用水泥砂浆找坡。

附　录

表 6-12-1　屋面防水卷材搭接宽度　　单位：mm

卷材种类 \ 铺贴方法		短边搭接		长边搭接	
		满粘法	空铺、点粘、条粘法	满粘法	空铺、点粘、条粘法
沥青防水卷材		100	150	70	100
高聚物改性沥青防水卷材		80	100	80	100
合成高分子防水卷材	胶粘剂	80	100	80	100
	胶粘带	50	60	50	60
	单缝焊	60，有效焊接宽度不小于 25 mm			
	双缝焊	80，有效焊接宽度 10 mm×2＋空腹宽			

7　幕墙工程

7.1　后置埋件漏放、歪斜、偏移

1. 现象

土建施工时漏埋后置埋件，后置埋件位置进出不一、偏位。

2. 原因分析

1）预埋件漏放：

① 土建主体结构施工时，幕墙施工单位尚未选定，因此无埋件设计图；

② 旧建筑安装幕墙时，原有建筑无埋件。

2）预埋件歪斜、偏移：

① 建安装的模板不垂直，支撑不牢固；

② 预埋件埋设时没有复验；

③ 预埋件固定不牢。

3. 预防措施

1）预埋件漏放：

① 幕墙施工单位应在主体结构施工前确定；

② 后置埋件必须有设计的预埋件位置图；

③ 旧建筑安装幕墙，不宜全部采用膨胀螺栓与主体结构连接，应每隔 3～4 层加一层锚固件连接。膨胀螺栓只能作为局部附加连接措施，使用的膨胀螺栓应处于受剪力状态。

2）预埋件歪斜、偏移：

① 后置埋件焊接固定，应在模板安装结束并通过验收后方可进行；

② 后置埋件安装时，应进行专项技术交底，并有专业人员负责埋设。埋件应牢固，位置准确，并有隐蔽验收记录；

③ 后置埋件钢板应紧贴于模板侧边，宜将锚筋点焊在主钢筋上予以固定。埋件的标高偏差不应大于 10 mm，埋件位置与设计位置的偏差不应大于 20 mm。

4. 治理方法

对漏埋埋件的情况，应采用化学锚固，并做拉拔试验，不得以作为补救措施使用膨胀螺栓锚固的，应做抗拔试验来确定锚固强度和锚固数量；与幕墙立柱相连的主体构件应可靠，其混凝土强度不宜低于 C30。

7.2　连接件与后置埋件之间锚固或焊接不符合要求

1. 现象

连接件与后置埋件节点处理不符合要求；连接件与空心砖砌体及其他气质墙体连接强度差。

2. 原因分析

1）幕墙与主体结构的连接处理，没有设计图和大样图；

2）焊缝未通过计算，焊工无上岗证；

3）施工空心砖及轻质墙体结构时，未考虑与幕墙连接件的连接。

3. 预防措施

1）幕墙设计应由有资质的设计单位承担，或厂家进行二次设计后，经有资质的设计单位进行审核；

2）幕墙设计时，要对各连接部位画出的节点大样图，对材料的规格、型号、焊缝等要求应注明；

3）连接件与后置埋件之间锚固或连接时应严格按现行规范进行；

4）施工空心砖砌体及轻质墙体时，宜在连接部位的墙体现浇埋有后置埋钢板的 C30 混凝土枕头梁，其截面应不小于 250 mm×500 mm，或连接件穿过墙体，在墙体背面加横扁担铁加强。

4. 治理方法

对于连接件与后置埋件之间锚固或焊接不符要求的进行返工处理。

第四章

海工工程

1　港池、航道内的浅点

1. 现象

港池航道范围内存在局部高于设计底标高的位置，对船舶安全形成一定的隐患。

2. 原因分析

1）开挖过程中存在的漏挖的情况；

2）后期出现的边坡塌方的情况；

3）回淤现象。

3. 预防措施

1）开挖过程中严格按照施工方案分条分块开挖；

2）严格进行阶段性检查，发现浅点及时处理；

3）边坡的开挖严格按照设计要求进行施工；

4）根据不同海域的回淤情况，定期进行检测。

4. 治理措施

对于施工过程出现的浅点现象采取挖泥船重新挖除的措施进行处理，但是不同海域，土质和自然条件不同，会存在一定程度的回淤，根据阶段性的测量情况，定期安排清淤。

2　港池、航道开挖位置偏差

1. 现象

港池航道的开挖边线与设计不符

2. 原因分析

1）坐标计算错误；

2）开挖控制误差。

3. 预防措施

1）加强开挖前的测量放样的计算复核工作，避免出现计算错误；

2）开挖过程严格按照设计要求进行边线和角点的控制；

3）技术人员阶段性的进行检查复核。

4. 治理措施

采用挖泥船补挖没有开挖到位的区域，挖至满足设计要求为止。

3　重力式码头过大位移和不均匀沉降

1. 现象

投产不久或在施工过程中产生过大位移和不均匀沉降，码头胸墙、面层出现“错台”现象

2. 原因分析

1）基槽槽底土质未达到设计要求；

2）基槽内清淤未达到要求；

3）同断面基床厚度相差较大，基床夯实未达到要求或不均匀；

4）倒滤层失效或破坏，填料级配不良，回填密实度不够；

5）码头前沿局部疏浚超挖；

6）基床施工未预设倒坡；沉箱内回填不及时而后方回填速度过快；

7）使用荷载超过设计荷载；

8）设计问题。

3. 预防措施

1）严格按设计要求、规范规定进行施工、验收；

2）严格按设计荷载使用码头；

3）加强基床施工的过程控制，确保施工质量。

4. 治理措施

沉降对于重力式码头来说是不可避免的，但是在码头使用一段时间后就会趋于稳定。混凝土面层可以根据实际情况，凿除 50 mm 左右，统一标高后再重新浇筑一层混凝土面层。联锁块面层可以拆除联锁块，调整砂垫层的厚度，来实现面层的统一标高。

4　重力式码头沉箱安装偏差过大

1. 现象

沉箱与沉箱之间的缝隙超过规范要求。

2. 原因分析

1）沉箱预制的尺寸偏差；

2）安装时的定位偏差；

3）基床的处理不当引起的沉箱不均匀沉降而造成的安装偏差。

3. 预防措施

1）严格控制预制沉箱的外形尺寸，偏差控制在规范允许范围内；

2）安装过程中严格定位，特别是第一个沉箱，必须有可靠的方法把安装偏差控制在规范允许范围之内；

3）严格按照设计及规范要求进行基床施工。

4. 治理措施

由于沉箱安装是重力式码头的关键，根据沉箱安装偏差的大小，请设计单位核算其能否满足使用功能，若不能满足，则需要把沉箱吊起重新定位，直到安装满足设计要求为止。

5　沉箱内和沉箱后回填引起的沉箱位移

1. 现象

沉箱出现向前和侧向位移。

2. 原因分析

1）回填速度快、回填方式不符合要求；

2）回填料不符合设计规范要求；

3）回填没有分层均匀回填。

3. 预防措施

1）严格控制回填料的规格，符合设计和规范要求；

2）沉箱内特别是沉箱后方回填必须严格控制回填速度；

3）采取分层回填的方式，严禁从后方直接向前推进；

4）加强过程的沉降位移观测，指导后续施工。

4. 治理措施

通过监测，发现有较大位移或者有位移的趋势时，立即停止后方的回填施工，会同监理、设计分析原因，同时制定处理措施，按照制定的措施进行处理。

6　重力式码头面层混凝土表面缺陷

1. 现象

面层出现不规则裂缝、或者相邻板块之间出现错台。

2. 原因分析

1）面层下部回填料施工不符合设计和规范要求，而造成的不均匀沉降；

2）面层切缝不及时，养护不到位；

3）码头面层超负荷使用。

3. 预防措施

1）严格按照设计和规范要求进行面层下部的回填料施工；

2）严格按照规范要求进行面层施工，收面后即时进行切缝，并按照规范要求保湿养护足够时间；

3）严禁码头超负荷施工。

4. 治理措施

对于无配筋的码头面层，该类裂缝可以不处理，有配筋的面层可采用环氧或者沥青进行封闭处理，比较严重的采取凿除重新浇注。

7　高桩码头混凝土桩桩顶劈裂掉棱

1. 现象

混凝土方桩、管桩桩顶劈裂掉棱的情况。

2. 原因分析

1）桩身混凝土强度偏低；

2）桩顶面不平整、桩锤选型不当、打桩时桩锤偏心、替打质量差，桩垫缓冲效果差；

3）贯入度控制不当；

4）凿截桩头造成桩顶劈裂。

3. 预防措施

1）加强预制桩桩身质量的控制；

2）合理选用桩垫、锤型，沉桩控制不偏心锤击，按照设计及规范要求进行沉桩过程控制；

3）改变截桩的工艺，采用切桩工艺替代凿桩工艺。

4. 治理措施

根据桩顶劈裂的程度不同采取不同的处理措施，如果仅桩顶部位出现局部劈裂且劈裂位置不在设计桩顶标高范围内，则不需要处理；如果出现劈裂且有纵向裂纹延伸到设计桩顶标高一下，则采取截除受损部位，然后降低上部结构的标高，或者在桩外加钢护筒浇筑成实心混凝土桩。

8　钢管桩的防腐涂层损坏

1. 现象

钢管桩防腐层局部损坏，影响钢管桩的防腐效果。

2. 原因分析

1）钢管桩吊装、施打过程中保护不当；

2）施工船舶的撞击；

3）上部结构施工过程中，对桩顶局部位置防腐涂层的破坏。

3. 预防措施

1）钢管桩的吊装、施打过程采用吊带代替钢丝绳；

2）钢管桩沉桩完成后采用竹席、土工布等材料对施工水位上下部位进行防护；

3）上部结构施工时，夹桩前采用土工布、竹排包裹。

4. 治理措施

对于桩顶部处于水位变动区的为主出现防腐涂层被破坏的情况，应及时进行修补防腐涂层，水下区域则利用阴极保护进行防腐。

9　沉桩偏位

1. 现象

桩顶位置偏差超出规范要求。

2. 原因分析

1）在开挖后的基槽边坡上面沉桩；

2）测量定位偏差；

3）沉桩过程中偏心锤击造成的桩跑位；

4）后方回填造成的桩偏移。

3. 预防措施

1）在基槽边坡上沉桩，应先进行试沉桩，掌握并预留一定的提前量；

2）严格执行沉桩测量复核程序，设置单独的测量复核，下桩前确保桩位准确；

3）沉桩过程中保持打桩船船体稳定，保证锤芯、替打、桩身在一条直线上，避免偏心锤击现象；

4）桩后接岸位置的回填，严格按照设计和规范要求的时间、回填速度、回填方法进行回填，并严格控制回填料；

5）一旦出现桩位超出规范要求的情况，应及时跟设计院沟通制定处理措施，一般偏位超出规范但在一定范围内的采取扩大上部结构的方式处理，超出一定范围则需要采取补桩等其他措施。

4. 治理措施

对于偏位情况，一般事先与设计单位沟通，在一定的范围内可以通过扩大上部结构的形式进行处理。如果偏位超过一定数值，则采取在附近位置进行补桩处理。

10　预制扭王、四角块等块体外观质量差

1. 现象

四角块、扭王块等的外观质量差，影响工程整体美观。

2. 原因

混凝土块体结构不规则，外观质量控制存在一定困难。

3. 预防措施

1）采用定制模板，制定标准化施工工艺流程，并进行详细的技术交底；

2）在施工过程加强总结，优化施工工艺，减少气泡、砂线、面粗等外观质量问题。

4. 治理措施

对于一般气泡、砂线等问题采取高强度的水泥砂浆进行修补处理，对混凝土表面不平整的情况采用打磨机进行打磨处理。

11　预制沉管外观质量差

1. 现象

预制沉管的外观质量差。

2. 原因分析

1）模板拼缝不严密、漏浆；

2）施工缝处理不顺直；

3）施工作业人员的操作水平差；

4）振捣不到位或者振捣器碰到模板；

5）对拉丝杆孔处理不规范。

3. 预防措施

1）尽可能采用大型钢模板，止浆采用定制橡胶条或者海绵止水条；

2）对于施工缝的处理，设置限位措施，保证外观顺直；

3）对施工作业人员进行详细交底，组织各个工种的技能培训，提高施工作业人员的操作水平；

4）加强对振捣手的培训，制定标准化施工程序，规范施工方法；

5）采用大型钢模板，尽可能减少对拉丝杆的使用，在对拉丝杆时要求位置统一布置，采用圆台螺母工艺，修补时采用高一级别水泥砂浆或环氧沥青材料。

4. 治理措施

一般混凝土质量外观缺陷采用高强度的水泥砂浆或者环氧修补，严重的质量缺陷会同监理、设计共同制定处理措施，按照制定措施进行处理。

第五章

隧道工程

1　隧道开挖

1.1　开挖断面超欠挖

1. 现象

隧道在采用钻爆法开挖过程中，局部开挖轮廓线超出或未达到设计轮廓线尺寸，如图 1-1-1 所示。

2. 原因分析

1）爆破参数未随围岩的变化而及时调整，爆破参数设计不合理从而产生超欠挖；

2）隧道内光线暗，照明条件较差，致使测量人员在放样时误差较大，甚至错误，造成隧道外轮廓线偏离，从而产生超欠挖；

3）设备故障、钻爆台车设计不合理，致使钻孔质量差，孔位不正确，周边孔距、钻杆外插角控制不好，孔底深浅不一，也不在同一平面上，导致超欠挖严重；

4）火工产品不合格，炸药、导爆索不起爆，导致欠挖；

5）施工人员质量意识淡薄，只图省时省力不按设计钻孔、装药、联网，导致隧道局部超欠挖；

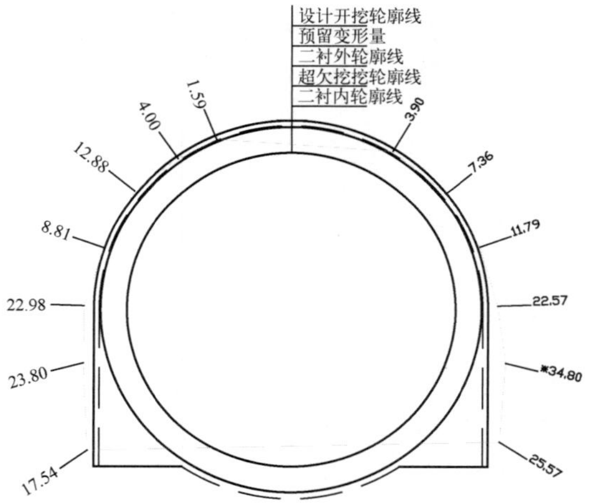

图 1-1-1　隧道开挖断面超欠挖示意图

6）隧道所处地区地形、围岩、结构复杂、多变，加大了隧道开挖过程的控制难度，导致局部超欠挖。

3. 预防措施

1）加强围岩的观测与判定，在每次爆破后认真分析爆破结果，并结合围岩的变化情况，及时修正爆破参数，将超欠挖控制在规定范围内；

2）加强隧道内照明质量，控制点按规定要求埋置并加以保护，定期对控制点进行复核测量、定期对仪器进行校准，降低放样误差，提高中线、高程、轮廓线放样精度；

3）加强风动设备的维护与保养，根据隧道结构尺寸合理设计钻爆台车，预留适当的空间便于作业；

4）严格控制火工产品的进货渠道，从源头上控制原材料的质量，不使用不合格产品，确保爆破质量；

5）实施标准化管理，坚决落实质量责任制度，自上而下明确各级质量责任人，明确各工序控制重点，定人定岗，加强对司钻人员的培训，并制定奖罚制度，确保每一道工序的施工质量；

6）施工过程中不间断地对围岩节理裂隙状态进行预测，据此调整爆破参数及施工方法，通过动态施工来控制超欠挖。

4. 治理方法

1）隧道欠挖部分需进行二次处理，可采用局部爆破或风镐凿除进行处理；

2）隧道超挖部分必须采用同级的混凝土进行回填。

1.2　光面爆破效果差

1. 现象

隧道爆破后岩壁面不平整规则，半孔率低，围岩壁面上有明显的爆生裂隙，如图 1-2-1 及图 1-2-2 所示。

图 1-2-1　光面爆破爆破效果好

图 1-2-2　光面爆破爆破效果差

2. 原因分析

1）爆破参数设计不合理，未根据不同的地质条件，合理选择周边孔爆破参数、装药结构以及起爆顺序和起爆时差来达到光面爆破效果；

2）钻孔的规格、质量差，特别是周边孔的精度低，影响光面爆破效果；

3）爆破技术本身的影响，炸药品种和装药量、起爆方法、堵塞质量等选取不当，控制不到位，从而导致光面爆破效果差；

3. 预防措施

1）根据不同的岩石性质和岩层构造选取不同的爆破参数，从而达到光面爆破效果；

2）保证钻孔的规格质量，特别是周边孔的质量应达到“平、直、齐”，进而提高光面爆破效果；

3）严格控制原材料质量，依据岩性和岩层合理分配装药量、选用装药结构，采用正确的起爆方法，尽可能减小周边孔的起爆时差，重视炮眼堵塞，提高炮眼的堵塞质量，完善爆破技术，确保光面爆破效果。

4. 治理方法

1）预留光爆层，在隧道空间允许的情况下，可采用预留光爆层的分次爆破工艺，提高光面爆破效果及质量；

2）分步开挖，减小爆破对周边围岩的扰动，降低整个爆破炸药消耗，获得较好的光面爆破效果。

1.3　坍塌

1. 现象

隧道在开挖过程中由于地压等作用，使围岩产生裂缝或破坏，或围岩内层理、节理等发生松弛、剥离，导致隧道内围岩发生大规模塌落的现象，如图 1-3-1 及图 1-3-2 所示。

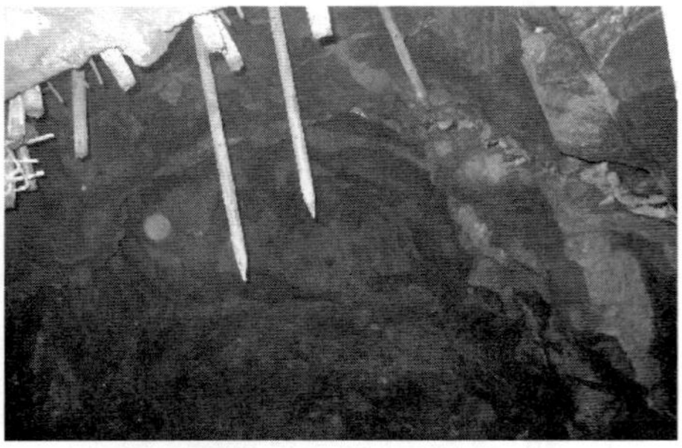

图 1-3-1　隧道拱顶坍塌

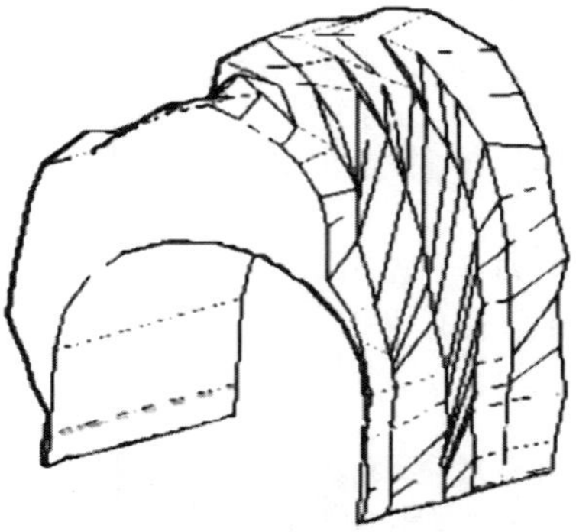

图 1-3-2　坍塌区体型

2. 原因分析

1）地形、地貌因素：

① 隧道埋深浅，上部覆盖层较薄；

② 隧道穿越地表水源如水库、水塘、沟槽、冲沟、水产养殖场等地段，如图 1-3-3 及图 1-3-4 所示；

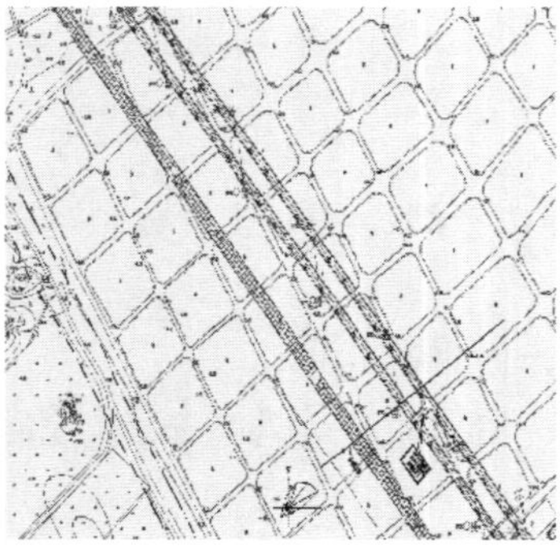

图 1-3-3　某隧道与虾塘养虾池位置分布图

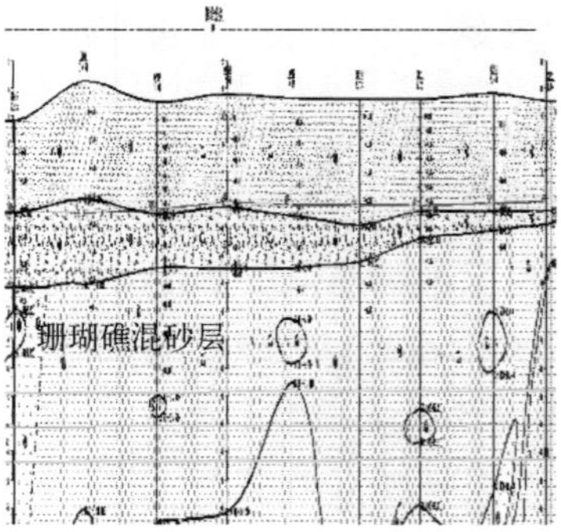

图 1-3-4　虾塘范围内隧道上方地质剖面图

2）不良地质因素：隧道穿过断层及其破碎带，或在薄层岩体的小曲褶，错动发育地段，一经开挖，围岩应力释放快，围岩失稳，小则引起围岩掉块、塌落，大则引起坍塌；隧道通过堆积体，由于结构松散，开挖后多引起坍塌；

3）地下水因素：地下水的软化、浸泡、冲蚀、溶解等作用加剧岩体的失稳和塌落。地下水冲刷带出结构面中的充填物质，分离岩体，有渗透压力，能鼓开一定厚度的断层等软弱带，导致围岩塌方，如图 1-3-5 及图 1-3-6 所示；

4）设计因素：隧道前期地质调查工作不仔细，设计初期支护参数不适合出露围岩，支护强度、刚度不足，导致围岩坍塌，如图 1-3-7 及图 1-3-8 所示；

5）施工本身的因素：施工顺序、方法、技术不恰当，不良的操作都有可能引起隧道坍塌。

图 1-3-5　单股涌水

图 1-3-6　线性流水

图 1-3-7　某隧道超前小导管被压弯

图 1-3-8　某隧道超前小导管被压夸

3. 预防措施

1）隧道施工过程中注重勘察，不但要查阅原始地形地质资料，并要深入现场仔细勘察，并对地形地质资料进行现场核实、补充。在做各种施工之前要预估出现意外的可能性并做好预防措施，做到有备无患。

2）做好超前预报工作，针对不同的围岩采用不同的施工方案如台阶法或预留核心土法，对于特殊围岩地质还要进行特别设计，必须制定必要的安全及防护措施。在软岩中严格控制每段工序施工及衔接时间，短进尺、弱爆破，减小爆破振动对围岩及支护结构的破坏，如图 1-3-9 及图 1-3-10 所示。

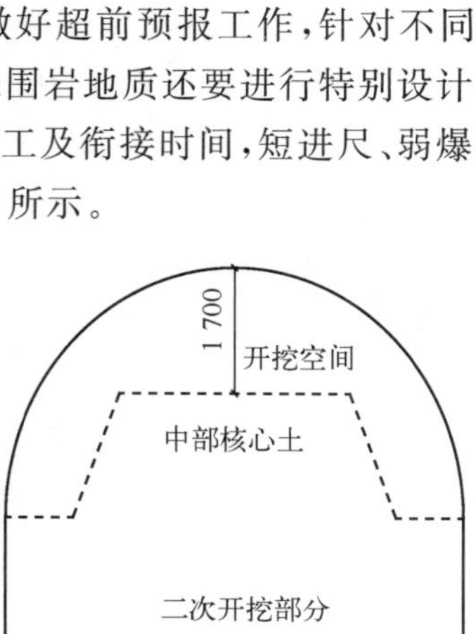

图 1-3-9　某隧道预留核心土开挖示意图

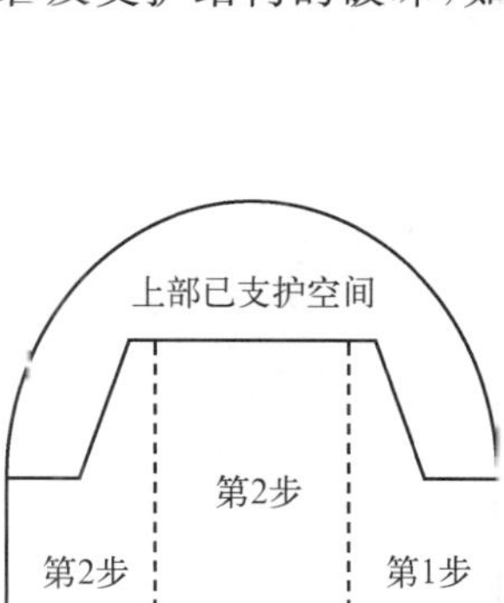

图 1-3-10　某隧道分台阶分步开挖示意图

3）有水地段先治水后开挖，做好超前探水工作。地下水治理应遵循“以排为主，防排结合，因地制宜，综合治理”的原则，保证隧道防水可靠，排水畅通，为隧道施工创造良好施工环境，加快施工循环，减少围岩暴露时间，常采用的防排水方法有喷混凝土防水、衬砌混凝土防水、注浆堵水、钻孔排水、机械排水、地表截水等，防、截、堵、排相结合，以形成完整的防排水体系。

4）注重地质勘察，设计过程中准确判断围岩情况，合理设计支护参数；施工过程中加强围岩预测及勘察，动态施工，合理调整支护参数，致使支护强度、刚度满足围岩初支要求。

5）隧道开挖过程中恪守“重勘察、防治水、预加固、强支护、分部挖、短进尺、少扰动、快封闭、勤量测”的原则。最大限度地利用围岩本身具有的支承能力，合理安排施工顺序，采取对围岩扰动少的开挖方法和方式。认真做好技术交底，使每个操作人员都做到心中有数，明确任务、内容、技术要求、技术关键、技术难度、质量要求。

4. 治理方法

1）处理坍塌应按“小堵清，大塌穿”及“治塌先治水”的原则进行，遵循新奥法的原理处理塌方。

2）小坍塌在塌方间歇中，抓紧时间处理。需先支后清，即先支护后清理塌方，边清边换刚性支撑，各工序要紧跟。如塌柱较高，可采用多层排架支护，顶层与塌穴壁要顶紧，条件适合时，也可用喷混凝土为临时支护处理塌方。如遇到岩石破碎地段，按隧道相应围岩支护方式加局部随机锚杆加强支护。

3）影响范围大的坍塌一般分为初期处理和塌体处理两部分。

A：初期处理：初期处理的目的是为防止坍塌体的继续发展，根据不同的坍塌情况制定合理的处理方案，一般先封闭塌体、加固塌体后方。如出现冒顶险情，则应先对塌方地表进行截水，待洞内处理结束后，再进行地表回填。塌体后方加固可采用临时支撑拱架或在塌体后方 5～10 m 范围内施做二次模筑衬砌，较稳妥的巩固后方，使之形成完整的支护体系，以阻止围岩继续变形坍塌；

B：塌体处理：塌体处理一般在初期处理完毕或塌方暂时达到自稳时进行。常用的方法有管棚法、超前注浆小导管支护法、分台阶开挖法、二次衬砌加强法及回填法，总之要安全的穿越塌方段防止二次坍塌，并在处理过程中加强监控量测，动态指导施工。

1.4 开挖轴线与设计轴线偏离

1. 现象

隧道开挖成型后，实际轴线偏离隧道设计轴线，影响结构体型，如图 1-4-1 及图 1-4-2 所示。

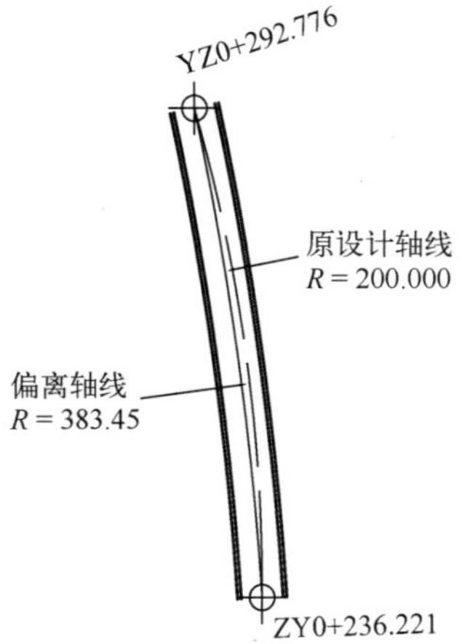

图 1-4-1　某隧道转弯段轴线偏离

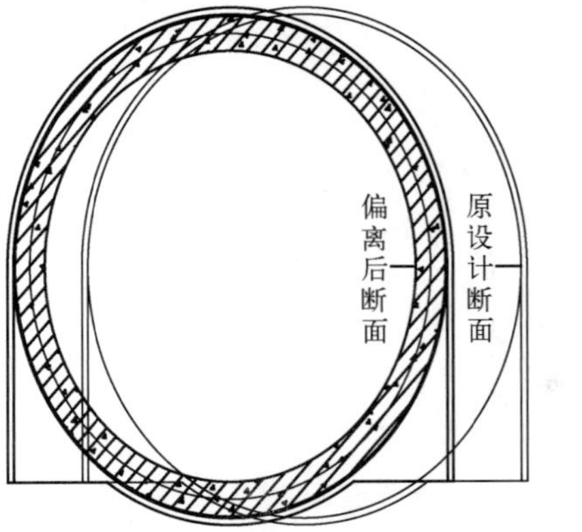

图 1-4-2　某隧道轴线偏离前后断面对比图

2. 原因分析

1）隧道内光线暗，照明条件较差，致使测量人员在放样时误差较大，甚至错误，造成隧道轴线偏离；

2）施工技术本身不足，施工人员意识差，开挖钻孔偏差大，角度偏差控制不好，未按测量点进行钻孔施工；

3）开挖纠偏不及时，或纠偏不到位。

3. 预防措施

1）加强隧道内照明质量，控制点按规定要求埋置并加以保护，定期对控制点进行复核测量、定期对仪器进行校准，降低放样误差，提高轴线、高程、轮廓线放样精度；

2）实施标准化管理，坚决落实质量责任制度，自上而下明确各级质量责任人，明确各工序控制重点，定人定岗，加强对司钻人员的培训，同时确保台车设备的合理设计与使用，以此减小轴线偏差；

3）定期、定长进行轴线复测，发现偏差及时纠偏，使隧道的开挖沿着正确的设计轴线前进直至贯通。

4. 治理方法

1）按设计轴线及轮廓线对欠挖一侧进行扩挖处理，超挖一侧进行超挖回填处理；

2）控制贯通误差，确保隧道沿设计轴线贯通，并且确保误差符合设计及规范要求。

1.5 底板开挖断面不足

1. 现象

隧道开挖过程中，底部结构未按设计尺寸轮廓线开挖到位形成欠挖，侵占二衬结构净空，且二次开挖影响工期，如图 1-5-1 所示。

2. 原因分析

1）底部开挖钻孔时，孔位偏差大，角度控制不好，司钻人员未按设计轮廓线及测量点进行钻孔施工；

2）底板爆破参数设计不合理，导致爆破后隧道底板欠挖；

3）隧道底部爆破出渣后未及时进行标高复核，导致隧道底板开挖断面不足时未及时处理纠偏；

4）隧道底部积水严重，底板钻爆开挖控制难度大，导致底板开挖断面不足。

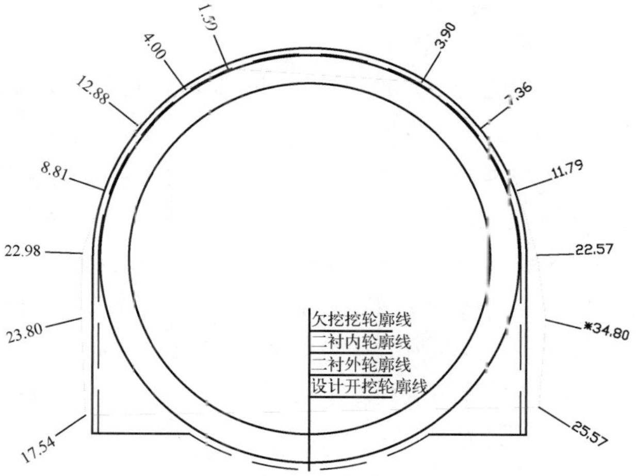

图 1-5-1 隧道底板开挖欠挖示意图

3. 预防措施

1）实施标准化管理，坚决落实质量责任制度，自上而下明确各级质量责任人，明确各工序控制重点，定人定岗，加强对司钻人员的培训，严格按照设计轮廓线及测量点进行钻孔施工；

2）根据底板出露围岩动态调整爆破设计参数，合理优化底板孔装药量，控制好孔位及角度，减少底板欠挖；

3）隧底爆破出渣后，及时进行清底及标高复测，跟班对底部开挖断面不足部位进行二次开挖处理，使其满足设计尺寸要求；

4）对掌子面积水及时进行抽排，隧底测量放线及钻孔时确保干燥环境，使测量放线到位，钻孔控制到位。

4. 治理方法

1）采用风镐或二次爆破处理，使其满足设计尺寸要求；

2）加强底部测量复核频率，调整孔位及角度，按点施钻，合理优化爆破参数，将底部虚渣、杂物和积水清理干净后再进行底板爆破施工。

2　初期支护

2.1　系统锚杆施工不规范

1. 现象

未根据岩体稳定要求，在整个开挖面上按一定的间排距及规范要求角度等，有规律的布置系统锚杆，如图 2-1-1 所示。

图 2-1-1　系统锚杆施工不规范

2. 原因分析

1）钻孔时未按设计孔位及角度进行施工，导致孔位偏差，系统锚杆不规范；

2）未按设计要求加工制作系统锚杆，锚杆长度不足；

3）锚杆孔堵孔或塌孔，造成锚固长度不足；

4）锚杆注浆及安装不规范，锚杆孔内灌注砂浆等锚固材料不饱满密实；

3. 预防措施

1）根据设计图纸测量放点，保证钻孔的规格质量，孔位偏差控制在允许范围以内，按设计图纸要求布置锚杆数量、间距、方向；

2）按材料采购和进场验收要求对进场原材料进行检验、试验，仔细核对半成品、成品锚杆的类型、规格、长度是否满足设计要求，不合格产品严禁使用；

3）锚杆孔钻孔后及时采用高压风进行清孔；

4）锚杆安装宜采用“先注浆后插杆”的程序进行，必要时，通过“注浆密实性试验”决定注浆工艺，安装后，孔内必须填满砂浆或锚固材料，孔口应采用临时性固定措施，锚杆安装后，在砂浆或其他锚固材料凝固之前不得敲击、碰撞或拉拔锚杆，确保锚杆与孔壁紧密结合。

4. 治理方法

1）对不符合设计要求及规范要求的系统锚杆重新造孔安装，使其满足设计、规范要求；

2）对堵孔或塌孔无法清理至设计深度的，应重新造孔至设计深度后进行锚杆安装；

3）对锚固不牢的系统锚杆重新进行锚固处理，确保锚杆抗拔力符合设计及规范要求。

2.2　钢支撑施工不规范

1. 现象

主要表现在：钢支撑构件扭曲，安装不垂直，间距偏大，连接不规范，钢支撑底部不坚实、承载力不足，钢支撑发生沉降，如图 2-2-1 所示。

图 2-2-1　隧道钢支撑安装

2. 原因分析

1）钢支撑制作设备精度不足，冷弯过程中钢架发生扭曲；

2）钢支撑安装过程中未进行横向、高程和垂直度定位，钢支撑安装偏差大；

3）钢支撑安装过程中未进行定位测量，导致间距偏大；

4）钢支撑各节钢架间连接板焊接不牢固，连接螺栓未拧紧或螺栓孔眼误差大，导致钢架连接不牢固、螺栓无法入孔；

5）钢支撑安装前未清除底脚虚渣及杂物，软基岩未进行处理，导致钢支撑底部不坚实、承载力不足。

3. 预防措施

1）定期校核冷弯机液压系统，提高设备精度，防止钢架发生扭曲；

2）钢支撑安装前进行定位测量，确保横向和高程满足设计要求，安装后可进行掉线检查垂直度，并对其进行复核；

3）严格按照设计间距进行定位测量，钢支撑安装过程中进行定线复测，保证安装间距满足设计要求；

4）提高连接件焊接质量，对螺栓孔进行对准定位，对连接螺栓进行复查，确保其拧紧；

5）安装前清除底脚虚渣及杂物，软基岩地基承载力不足时应对钢支撑底脚进行硬化处理再安装钢支撑，确保钢支撑基础稳定。

4. 治理方法

1）对钢支撑构件进行扭曲矫正，确保构件平顺，钢支撑加工后进行试拼装，拼装误差满足规范要求后方可投入使用；

2）对已安装的不规范钢支撑可校准的，现场进行复测调整，保证钢支撑安装规范、稳定；

3）对已安装的钢支撑不可调整的，应予以拆除。

2.3　喷射混凝土表面不平整

1. 现象

混凝土表面坑洼不平，钢支撑等钢骨架形状外现，如图 2-3-1 及图 2-3-2 所示。

图 2-3-1　钢支撑未喷射饱满

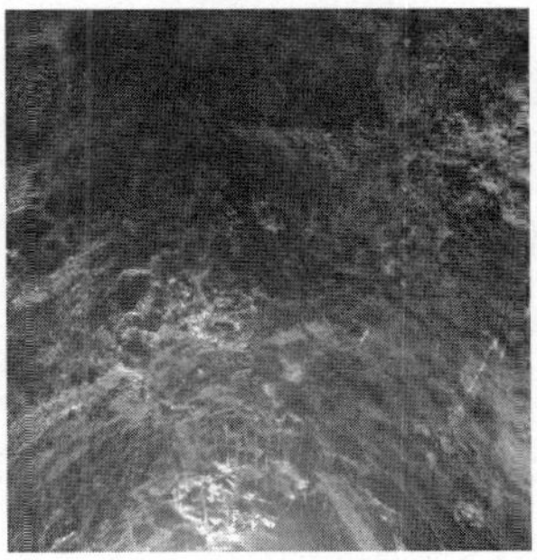

图 2-3-2　喷射混凝土面凹凸不平

2. 原因分析

1）隧道断面开挖不平顺，未清理松动岩块等杂物，导致喷射面凹凸不平；

2）喷射混凝土质量不稳定，回弹量大，影响最终喷射质量；

3）工艺操作不科学，喷射手本身经验及技术不足，质量和安全意识差，导致喷射混凝土外观质量差。

3. 预防措施

1）切实做好光面爆破及预裂爆破施工，提高开挖断面平整度，检查开挖断面净空尺寸，清除松动岩块等杂物，岩面有较大凹洼时，应在初喷时找平；

2）严格控制原材料质量及混凝土的质量，优化配合比，在保证强度的前提下，根据施工机械、环境条件、工人技术水平等做适当调整，已达到最优效果；

3）在喷射断面上加混凝土厚度标识，合理调整风压等施工参数。喷射手的经验和技术直接决定喷射混凝土的质量，对喷射手进行专业培训，使其具备优良的专业技能。

4. 治理方法

喷射完成并初凝后，进行人工修整平面。工人喷射完毕后，可以用一把铁锹，铲除结团、凸出的混凝土，确保表面平整美观。

2.4 喷射混凝土背部空洞

1. 现象

喷射混凝土的强度不足，喷射不密实，导致隧道初期支护与围岩之间形成空洞，如图 2-4-1 所示。

图 2-4-1 喷射混凝土背部空洞

2. 原因分析

1）喷射混凝土时作业人员不重视施工质量和安全的重要性，不认真施作，导致钢筋网、钢架背后人为造成空洞；

2）隧道超欠挖严重，导致喷射混凝土不平整形成空洞；

3）隧道开挖后岩壁渗水严重，喷射混凝土施做后靠岩壁混凝土脱落形成空洞。

3. 预防措施

1）喷射混凝土时作业人员要从思想上高度认识施工质量和安全的重要性，端正工作态度，树立职业责任感，认真按规范及操作要求施作，避免钢筋网、钢架背后人为造成空洞；

2）依据“浅孔、密布、弱爆、循序渐进”的原则切实做好光面爆破及预裂爆破施工，严格控制超欠挖，将超欠挖指标控制在规范允许范围内；

3）当渗水不大或局部有一股水流出时，可以用塑料软管将水引开后直接喷，考虑采用干喷，不用湿喷；如果水压力大，裂隙发育，壁面到处都是股流时，可以采用水幕围帘止水，利用超细水泥＋水玻璃浆液提前对开挖四周进行预注浆，起到填堵围岩裂隙止水效果，开挖后围岩裂隙水被封堵住，喷射混凝土与岩壁紧密结合，有效降低了喷射混凝土背部空洞形成的可能性。

4. 治理方法

1）对较小的空洞和缺陷，采用高标号早强水泥用 1∶1 的水泥砂浆进行打孔压浆处理；

2）对较大的空洞采用开仓的方法，用大于喷射混凝土标号的混凝土填充，并预留注浆孔，待混凝土凝固后用 1∶1 的水泥砂浆充填。

3　二次衬砌

3.1　钢筋施工不规范

1. 现象

二衬钢筋施工过程中，受力钢筋间排距过大，焊接质量差，搭接不规范，二衬混凝土保护层厚度过大或过小，如图 3-1-1 所示。

图 3-1-1　隧道二次衬砌钢筋施工

2. 原因分析

1）施工管理人员素质、操作人员水平参差不齐，质量意识不强，对施工规范、规程不熟悉，检查不细致、及时，施工操作人员不熟悉施工操作规程，导致钢筋施工质量差，不规范；

2）钢筋加工质量不符合要求，钢筋端头有翘曲，钢筋轴线不垂直，导致现场安装发生偏差；

3）定位钢筋不准确，钢筋安装后造成偏差未及时纠偏，导致钢筋安装不规范，保护层厚度过大或过小。

3. 预防措施

1）加强技术交底工作，根据设计图纸及规范要求，层层落实交底内容，操作人员培训上岗，熟练掌握操作规程，层层落实责任制，严格控制钢筋连接质量，坚持现场见证随机取样制度，重视钢筋接头外观质量检查，严把力学性能试验关，以保证钢筋施工质量；

2）定期对钢筋加工机械进行校准，提高机械设备精度，按材料采购和进场验收要求对进场原材料进行检验、试验，仔细核对半成品、成品钢筋的类型、规格、确保其质量后再投入使用；

3）定位钢筋放样、安装准确，施工时严格按定位施工，减小钢筋安装误差，准确预留保护层厚度。

4. 治理方法

1）在进行钢筋连接时应根据需要合理选择钢筋连接方式，严格按施工规范、规程和施工工艺要求进行钢筋连接，消除质量隐患，正确发挥钢筋连接的作用，确保结构安全；

2）钢筋安装的位置、间距、保护层及各部分钢筋的大小尺寸，均应符合设计文件的规定，钢筋安装的偏差不得超过规范偏差。

3.2　(防水施工不规范)二衬结构面渗漏水

1. 现象

二衬防水工程质量不符合设计及规范要求，地下防水工程施工完毕后，混凝土面仍出现渗漏水现象，如图 3-2-1 及图 3-2-2 所示。

2. 原因分析

1）初期支护面不平整，防水层材料铺设后基面形成空洞，导致渗漏水现象；

2）防水层材料施工不到位，降低防水效果，导致渗漏水现象；

3）防水结构工程施工质量差，主体结构施工结束后仍出现渗漏水现象；

4）地下工程引排水治理不到位，主体结构施工后，渗涌水从混凝土温度收缩裂缝中渗出。

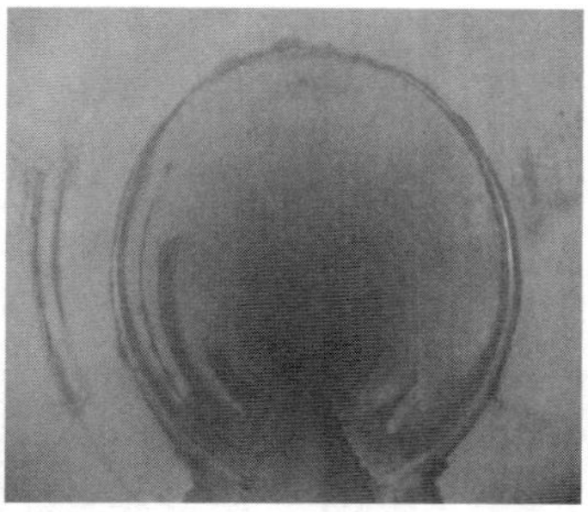

图 3-2-1 隧道二次衬砌混凝土伸缩缝处渗漏水

图 3-2-2 隧道二次衬砌混凝土面渗漏水

3. 预防措施

1）初期支护面为防水施工基层面，保证初期支护混凝土喷射面要坚实、平整、清洁、干燥、无疏松麻面、无浮杂污物，防水层铺设后无空洞形成；

2）防水层材料铺设、搭接、收头符合设计及规范要求，防水层严禁出现渗漏现象；

3）加强防水混凝土施工质量控制，从模板施工至养护工序严格把关，确保止水带（条）按设计及规范要求安装到位；

4）除进行防水施工外，应关注隧道内渗涌水的引排工作，切实做好隧道内排水系统，防排结合，综合治理。

4. 治理方法

1）对于点及裂纹渗漏水的，采用凿槽堵漏方案；

2）对于面渗漏水的，视渗水轻重程度分别采用堵漏和注浆方案；

3）对于施工缝的渗漏水或混凝土面大面积渗漏水的，采用注浆或引流方案。

3.3 二次衬砌厚度不足

1. 现象

二次衬砌混凝土施工厚度小于设计结构厚度，隧道衬砌安全系数减小。

2. 原因分析

1）隧道局部欠挖严重，未对欠挖部分进行处理就继续施工，导致欠挖部分侵占二次衬砌结构尺寸引起厚度不足；

2）地质条件复杂，围岩变形量大，隧道沉降、收敛变形等作用影响，导致衬砌厚度不足；

3）测量出现偏差，轴线偏离导致隧道一侧衬砌厚度不足；

4）隧道拱顶混凝土浇筑不密实，形成空洞，导致拱顶衬砌厚度不足；

5）防水板与围岩不密贴造成混凝土衬砌厚度不足。

3. 预防措施

1）做好隧道欠挖处理，严格按照设计及规范要求控制隧道超欠挖，严禁出现欠挖侵占二衬结构尺寸的现象；

2）设计单位根据隧道穿越地质条件，充分考虑围岩因素，合理设计预留变形量；

3）加强测量管理，不间断进行复测及校准，确保隧道轴线不偏离设计轴线；

4）密切关注混凝土施工质量，加强拱顶混凝土振捣工作，确保拱顶混凝土浇筑密实，不留空洞；

5）尽量保证开挖轮廓线平顺，进一步优化防水板的铺设工艺，掌握防水板张弛度，避免防水板与围岩之间出现较大空隙。

4. 治理方法

1）由于二衬混凝土背部空洞造成的混凝土厚度不足，采用注浆方式进行处理；

2）采取观测方法，进行混凝土变形分析，如不影响二衬整体质量，不进行拆除处理；

3）如混凝土变形分析不利于隧道安全和整体质量，即进行人工拆除修补。人工凿除二衬混凝土，混凝土凿除后对欠挖区域进行复测，并在欠挖电商标示出欠挖控制范围和厚度，然后人工对欠挖围岩进行处理，完成后再次进行复测，直至合格为止。欠挖处理完成后，按照施工工序依次进行初期支护、修复防水施工、二衬混凝土施工。

修补施工工艺详见图 3-3-1。

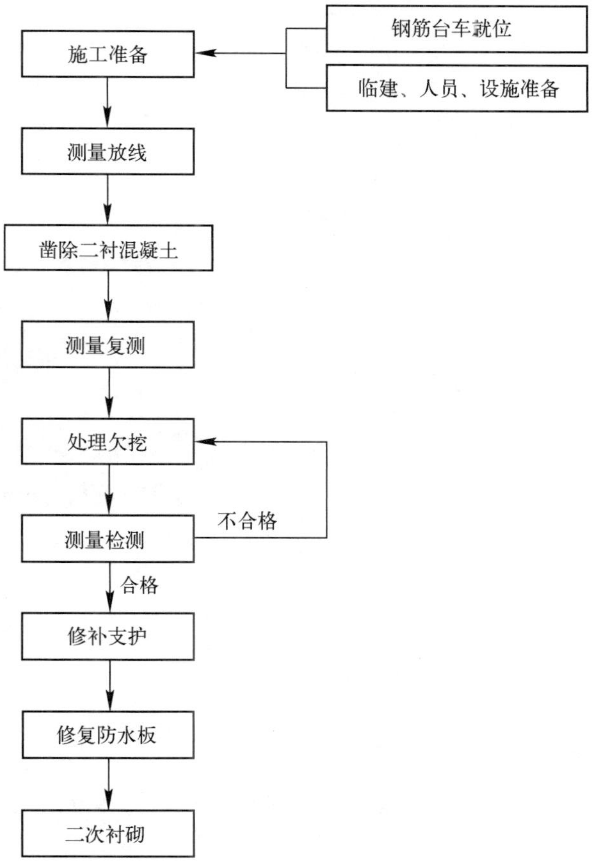

图 3-3-1 修补施工工艺程序框图

3.4 二次衬砌混凝土面裂缝

1. 现象

二衬混凝土浇筑结束后，硬化过程中混凝面出现裂纹或裂缝。

2. 原因分析

1）光面爆破效果欠佳，超挖回填不密实在衬砌背部形成空洞，大断面开挖施工工序前合理，未适时施做二次衬砌、模板拱架变形等原因造成二衬结构局部承受偏载等因素导致二衬混凝土面开裂；

2）原材料使用不当，施工配合比控制不严，水灰比过大，养护不到位，水泥水化热产生的温度应力及由于混凝土失水引起的干缩应力超过混凝土抗拉强度时，出现温度裂缝和干缩裂缝；

3）混凝土施工不规范、不连续导致二次衬砌混凝土产生裂缝；

3. 预防措施

1）规范隧道开挖施工，合理安排开挖及二衬工序，提高光面爆破质量，改善施工工艺，减小衬砌结构偏载，以此避免二衬混凝土开裂；

2）避免结构突变产生应力集中，在易产生应力集中的薄弱环节采取加强措施；

3）合理选用原材料及外加剂，精心设计混凝土配合比，有利于控制水灰比，降低混凝土水化热及收缩比。重视混凝土养护工序确保混凝土保湿保温到位，减小混凝土开裂现象；

4）层层落实责任制，加强混凝土施工管理，改善施工技术，采用新的混凝土施工工艺，防止因施工不当而出现施工裂缝。

4. 治理方法

1）对于细小的无害裂缝采取表面涂抹法；

2）对于裂缝宽度相对较大的边墙处采取填充法；

3）对于裂缝宽度相对较大的拱墙部分采取灌浆法。

3.5 二衬拱顶空洞

1. 现象

二次衬砌拱顶面混凝土与初衬或基岩面未紧密结合，导致二衬拱顶面脱空形成空洞，如图 3-5-1 所示。

图 3-5-1 隧道二次衬砌拱顶空洞

2. 原因分析

1）初支面不平顺，局部存在较深的凹坑，未对超挖部位进行找平处理，在混凝土浇筑后形成空洞；

2）防水材料挂设张弛度不适，混凝土浇筑过程中因受挤压形成折皱，在折皱之间留下空隙造成空洞；

3）混凝土施工配合比水灰比偏大、混合料坍落度大、混凝土振捣不密实、混凝土自重下沉、混凝土收缩徐变留有空隙造成空洞；

4）用输送泵送混凝土时，拱顶面的混凝土在输送过程中把部分空气密闭在狭小的空间内无法排出，留有空隙造成空洞；

5）挡头板安装不及时，封堵不密实，端头处出现空隙；

6）拆管和拆除模板时间过早，造成低强度混凝土过量承载，导致衬砌开裂和下沉脱空；

7）拱架与模板强、刚度低，混凝土加载完后模板和拱架产生变形或下沉。

3. 预防措施

1）隧道开挖后，欠挖部位应先加以凿除对喷射混凝土表面凹凸显著部位应分层喷射找平。外露的锚杆头及钢筋网头应齐根切除并用水泥砂浆抹平，使混凝土表面平顺；

2）进一步优化防水板的铺设工艺，掌握防水板张弛度，避免防水板与围岩之间出现较大空隙。防水板挂设时焊接点数量和间距要满足设计要求，保证拱部防水板挂设稳固，防止防水板因挂设不稳在混凝土浇筑过程中掉落后压入两侧混凝土造成拱部空洞；

3）在浇筑拱部时，适当调整混凝土的水灰比或采用适量的膨胀混凝土减小混凝土干缩徐变。浇筑过程中振捣密实，尽量排除在混凝土浇筑时被挤压到拱部的空气；

4）在拱部混凝土浇筑时，将泵送管深入模板外接近拱顶的部位使拱部混凝土由上向下浇筑。混凝土泵送管可选在台车标高较高的一端入模。混凝土浇筑到拱部时设置观察孔，安排技术员或质检员值班观察浇筑情况，确保拱部混凝土填筑饱满；

5）拱部堵头板安装时注意接缝密贴，可采用双面胶等措施，保证混凝土浇筑后不漏浆、不跑浆；

6）混凝土浇筑完成后不急于拆下输送管，须待混凝土有一定自稳能力后再拆除.在拆下同时迅速关闭窗口，以免混凝土掉落；模板拆除因根据规范要求，混凝土达到设计及规范要求强度后才可拆模；

7）验算拱架与模板的承载能力，确保其满足混凝土浇筑强度，混凝土加载完后拱架和模板不发生变形或下沉。

4. 治理方法

1）由于二衬混凝土背部空洞造成的混凝土厚度不足，采用注浆方式进行处理；

2）混凝土与防水板之间有较大空洞时，采用开天窗的方法进行处理，将防水板固定至基面后回填混凝土将窗口进行封闭。

参考文献

朱祖熹，陆明，柳献．隧道工程防水设计与施工．北京:中国建筑工业出版社:2012.

GB 50208—2011　地下防水工程质量验收规范

GB 50210—2001　建筑装饰装修工程质量验收规范

GB 50210—2001　建筑装饰装修工程质量验收规范

GB 50207—2012　屋面工程质量验收规范

GB/T 21086—2007　建筑幕墙规范

JGJ/T 139—2001　玻璃幕墙工程质量检验标准

GB 50210—2011　建筑装饰装修工程质量验收规范

JGJ/T 205—2010　建筑门窗程施工检测技术规范

GB 50210—2011　建筑装饰装修工程质量验收规范

JGJ/T 29—2003　建筑涂料工程施工及质量验收规程

GB 50210—2011　建筑装饰装修工程质量验收规范

GB/T 9776—2008　建筑石膏板

GB/T 11981—2008　建筑用轻钢龙骨

GB 50209—2010　建筑地面工程施工质量验收规范

GB 50210—2011　建筑装饰装修工程质量验收规范

GB 50202—2002　建筑地基基础工程施工质量验收规范

JGJ 94—2008　建筑桩基技术规范

JGJ 79—2002　建筑地基处理技术规范